重点领域气候变化影响与风险丛书

气候变化影响与风险

气候变化对沙漠化影响与风险研究

丁文广　许端阳　著

"十二五"国家科技支撑计划项目

科学出版社

北　京

内 容 简 介

本书以中国北方为研究区，在 3S 技术的支持下，针对气候变化对沙漠化演变影响评估的关键问题，在重建 20 世纪 70 年代以来中国北方沙漠化时空过程的基础上，尝试构建出一种动态模拟和评估沙漠化风险的评估方法，随后基于多模式气候变化情景数据，对未来 30 年气候变化造成的沙漠化风险进行预估。

第 1 章对沙漠化研究的背景、意义及国内外研究现状、研究目的及思路进行了介绍；第 2 章将中国北方的沙漠化研究区分成 3 个大区和 20 个小区，并对各个地区的地理人文环境进行了简要的描述；第 3 章对中国北方 20 世纪 70 年代以来的沙漠化土地变化状况进行了遥感影像解译和分类，得出中国北方及各个地方研究区的沙漠化土地面积变化状况；第 4 章对沙漠化过程中的非气候因素作用进行了定量分离；第 5 章对气候变化对沙漠化的影响进行了评估；第 6 章对未来 30 年气候变化对沙漠化的可能影响进行了风险评估，得出不同气候变化情景下的未来沙漠化风险状况；第 7 章对我国未来沙漠化的治理提出了一些对策建议。

本书适合从事环境科学、沙漠化、气候变化相关专业的研究者。

图书在版编目（CIP）数据

气候变化影响与风险：气候变化对沙漠化影响与风险研究 / 丁文广，许端阳著. —北京：科学出版社，2017.4

（重点领域气候变化影响与风险丛书）

ISBN 978-7-03-049296-8

Ⅰ. ①气… Ⅱ. ①丁… ②许… Ⅲ. ① 气候变化－影响－沙漠化－风险评价 Ⅳ. ①P467 ②P941.73

中国版本图书馆CIP数据核字（2016）第150147号

责任编辑：万　峰　朱海燕 / 责任校对：何艳萍
责任印制：徐晓晨 / 封面设计：北京图阅盛世文化传媒有限公司

科 学 出 版 社 出版
北京东黄城根北街 16 号
邮政编码：100717
http://www.sciencep.com

北京京华虎彩印刷有限公司 印刷
科学出版社发行　各地新华书店经销

*

2017年4月第 一 版　开本：787×1092　1/16
2018年1月第二次印刷　印张：12
字数：285 000

定价：96.00元

总　　序

气候变化是当今人类社会面临的最严重的环境问题之一。自工业革命以来，人类活动不断加剧，大量消耗化石燃料，过度开垦森林、草地和湿地土地资源等，导致全球大气中 CO_2 等温室气体浓度持续增加，全球正经历着以变暖为主要特征的气候变化。政府间气候变化专门委员会（IPCC）第五次评估报告显示，1880～2012年，全球海陆表面平均温度呈线性上升趋势，升高了0.85℃；2003～2012年平均温度比1850～1900年平均温度上升了0.78℃。全球已有气候变化影响研究显示，气候变化对自然环境和生态系统的影响广泛而又深远，如冰冻圈的退缩及其相伴而生的冰川湖泊的扩张；冰雪补给河流径流增加、许多河湖由于水温增加而影响水系统改变；陆地生态系统中春季植物返青、树木发芽、鸟类迁徙和产卵提前，动植物物种向两极和高海拔地区推移等。研究还表明，如果未来气温升高1.5～2.5℃，全球目前所评估的20%～30%的生物物种灭绝的风险将增大，生态系统结构、功能、物种的地理分布范围等可能出现重大变化。由于海平面上升，海岸带环境会有较大风险，盐沼和红树林等海岸湿地受海平面上升的不利影响，珊瑚受气温上升影响更加脆弱。

中国是受气候变化影响最严重的国家之一，生态环境与社会经济的各个方面，特别是农业生产、生态系统、生物多样性、水资源、冰川、海岸带、沙漠化等领域受到的影响显著，对国家粮食安全、水资源安全、生态安全保障构成重大威胁。因此，我国《国民经济和社会发展第十二个五年规划纲要》中指出，在生产力布局、基础设施、重大项目规划设计和建设中，需要充分考虑气候变化因素。自然环境和生态系统是整个国民经济持续、快速、健康发展的基础，在国家经济建设和可持续发展中具有不可替代的地位。伴随着气候变化对自然环境和生态系统重点领域产生的直接或间接不利影响，我国社会经济可持续发展面临着越来越紧迫的挑战。中国正处于经济快速发展的关键阶段，气候变化和极端气候事件增加，与气候变化相关的生态环境问题越来越突出，自然灾害发生频率和强度加剧，给中国社会经济发展带来诸多挑战，对人民生活质量乃至民族的生存构成严重威胁。

应对气候变化行动，需要对气候变化影响、风险及其时空格局有全面、系统、综合的认识。2014年3月政府间气候变化专门委员会正式发布的第五次评估第二工作组报告《气候变化2014：影响、适应和脆弱性》基于大量的最新科学研究成果，以气候风险管理为切入点，系统评估了气候变化对全球和区域水资源、生态系统、粮食生产和人类健康等自然系统和人类社会的影响，分析了未来气候变化的可能影响和风险，进而从风险管理的角度出发，强调了通过适应和减缓气候变化，推动建立具有恢复力的可持续发展社会的重要性。需要特别指出的是，在此之前，由IPCC第一工作组和第二工作组联合发布的《管理极端事件和灾害风险推进气候变化适应》特别报告也重点强调了风险管理对气候变化的重要性。然而，我国以往研究由于资料、模型方法、时空尺度缺乏可比性，导致目前尚未形成对气候变化对我国重点领域影响与风险的整体认识。《气候变化国家评估报告》、《气候变化国家科学报告》和《气候变化国家信息通报》的评估结果显示，目前我国气候变化影响与风险研究比较分散，对过去影响评估较少，未来风险评估薄弱，气候变化影响、脆弱性和风险的综合评估技术方法落后，更缺乏全国尺度多领域的系统综合评估。

气候变化影响和风险评估的另外一个重要难点是如何定量分离气候与非气候因素的影响，这个问题也是制约适应行动有效开展的重要瓶颈。由于气候变化影响的复杂性，同时受认识水平和分析工具的限制，目前的研究结果并未有效分离出气候变化的影响，导致我国对气候变化影响的评价存在较大的不确定性，难以形成对气候变化影响的统一认识，给适应气候变化技术研发与政策措施制定带来巨大的障碍，严重制约着应对气候变化行动的实施与效果，迫切需要开展气候与非气候影响因素的分离研究，客观认识气候变化的影响与风险。

鉴于此，科技部接受国内相关科研和高校单位的专家建议，酝酿确立了"十二五"应对气候变化主题的国家科技支撑计划项目。中国科学院作为全国气候变化研究的重要力量，组织了由地理科学与资源研究所作为牵头单位，中国环境科学研究院、中国林业科学研究院、中国农业科学院、国家海洋环境预报中心、兰州大学等16家全国高校、研究所参加的一支长期活跃在气候变化领域的专业科研队伍。经过严格的项目征集、建议、可行性论证、部长会议等环节，"十二五"国家科技支撑计划项目"重点领域气候变化影响与风险评估技术研发与应用"于2012年1月正式启动实施。

项目实施过程中，这支队伍兢兢业业、协同攻关，在重点领域气候变化影响评估与风险预估关键技术研发与集成方面开展了大量工作，从全国尺度，比较系统、定量地评估了过去50年气候变化对我国重点领域影响的程度和范围，包括农业生产、森林、草地与湿地生态系统、生物多样性、水资源、冰川、海岸带、沙漠化等对气候变化敏感，并关系到国家社会经济可持续发展的重点领域，初步定量分离了气候和非气候因素的影响，基本揭示了过去50年气候变化对各重点领域的影响程度及其区域差异；初步发展了中国气候变化风险评估关键技术，预估了未来30年多模式多情景气候变化下，不同升温程度对中国重点领域的可能影响和风险。

基于上述研究成果，本项目形成了一系列科技专著。值此"十二五"收关、"十三五"即将开局之际，本系列专著的发表为进一步实施适应气候变化行动奠定了坚实的基础，可为国家应对气候变化宏观政策制定、环境外交与气候谈判、保障国家粮食、水资源及生态安全，以及促进社会经济可持续发展提供重要的科技支撑。

刘燕华

2016年5月

序

    沙漠化是全球面临的最严重的土地退化问题之一，也是全球可持续发展面临的巨大挑战之一。我国是世界上沙漠化最严重的国家之一，全国沙漠、戈壁和沙化土地普查及荒漠化调研结果表明，我国荒沙化土地面积为 262.2 万 km^2，占国土面积的 27.4%，约 4 亿人口受到沙漠化的影响，中国因沙漠化造成的直接经济损失约 541 亿人民币。应对沙漠化的扩张，需要对沙漠化的成因、发展历史、时空格局、风险评估等有一个相对全面系统的综合研究和评估。总体来讲，联合国首届荒漠化大会之后，国际社会加大了对沙漠化研究的力度。我国沙漠化研究主体始于新中国成立之后，并逐步得到加强，特别是改革开放之后，国家投入了大量人力、物力和财力开展了沙漠化防治工作，研究深度也达到了前所未有的程度，尤其是进入 21 世纪，国家设立了多个沙漠化研究和防治技术的项目，大大推进了我国沙漠化及其相关问题的研究。长期以来，许多学者，尤其是中国科学院和中国林业科学院围绕我国北方沙漠化过程及其防治，开展了多学科综合考察和研究，取得了一些创新性成果，逐步完善了我国沙漠化学科的理论体系和方法论，也推动了学科的发展。研究成果的推广也产生了较好的生态、社会和经济效益，使我国沙漠化科学在国际同类领域中占有重要的地位。

    当前，人类社会面临新的挑战，许多问题，包括沙漠化发展和逆转出现了新的不确定性。这一不确定性主要来自于全球变暖及由此导致的地球系统和人类社会经济等一系列的剧烈变化。近百年以来全球变暖的速率和幅度是近 2000 年甚至是近 1 万年以来最大的。全球气候变化已经对并且将会持续对自然系统和人类社会产生重大影响。全球变暖以及日益频发的极端天气气候事件已经对我国粮食安全、水安全、生态安全、城市安全，以及人民生命财产安全等造成严重威胁。因此，系统开展气候变化对沙漠化及其他重点领域的影响及适应战略是应对气候变化的重要研究内容，对我国可持续发展具有重要的现实意义和战略意义，也是我国争取全球治理主导权的必然选择。同时，新的科技革命和产业变革也为我国强化适应气候变化战略部署提供了良好的机遇。相关研究人员应该抓住这个难得的历史机遇，从理论研究、科技创新、政策制定、治理体系等多个方面加强跨学科研究和探索，为我国制定的 2030 年气候变化应对战略目标的实现提供理论依据和决策建议。

    "气候变化对沙漠化影响与风险研究"是"十二五"国家为应对气候变化而专门设立的科技支撑计划项目的下设课题之一。该课题由兰州大学丁文广教授牵头，并与中国科学技术信息研究所和中国科学院地理科学与资源研究所的科学家密切合作。课题开始于 2012 年 1 月，结束于 2015 年 12 月。在该课题的实施过程中，团队成员克服困难，协同攻关，在气候变化对我国北方沙漠化的影响评估与风险预估关键技术研发与集成方面开展了大量的实际工作，系统、定量地展现了过去 50 年不同时期我国北方沙漠化时空格局的变化，探索出能够较好定量分离沙漠化发展过程中气候因素及非气候因素影响的方法，揭示了过去 50 年气候变化对沙漠化的影响程度和地区差异，发展了我国气候变化风险评估的一些关键技术，预估了未来 30 年气候变化情景下，不同升温程度对沙漠化的潜在影响与风险。为了客观地认识气候变化对沙漠化的影响，迫切需要对影响沙漠化的气候与人为因素进行科学的定量分离研究。定量分离和短尺度预测既是该课题研究的难点也是其创新所在，可喜的是在这两个方面均取得了一些进展，这将成为沙漠化领域应对气候变化的重要决策依据之一。

基于该课题的研究成果，研究团队及时完成了《气候变化对沙漠化影响与风险研究》的科技专著。专著共分 7 章，第 1 章主要是介绍这一研究的背景、意义、进展和思路；第 2 章作者对课题涉及的内蒙古及长城沿线、西北干旱区和三江源地区三大区域的 20 个小区的自然地理和沙漠化状况给出了较详细介绍；第 3 章主要是基于遥感资料反演的归一化植被指数来刻画不同区域的沙漠化 10 年间隔的变化历史。在此基础上，第 4 章对沙漠化过程中的非气候因素作用进行了定量分离，第 5 章为气候变化对我国北方沙漠化的影响评估，第 6 章为未来 10 年、20 年、30 年气候变化对我国沙漠化的可能影响的评估，第 7 章结合国内外经验和主要作者长期担任 NGO 专家的经历，提出了我国沙漠化防治的一些政策建议。值此"十二五"收关、"十三五"即将开局之际，本专著的出版为国家制定沙漠化领域适应气候变化行动奠定了较坚实的基础，为国家及地方政府应对沙漠化的扩张、制定相关治理政策、促进社会经济和生态环境的可持续发展提供了重要的科技支撑。

中国科学院院士

兰州大学副校长教授

兰州大学西部环境教育部重点实验室主任

陈发虎

2016 年 12 月

目　　录

第1章 引 言

1.1 研究背景及意义

1.1.1 气候变化事实

研究表明，自工业革命以来，随着生产的发展，化石燃料的大量应用，以及森林植被破坏和土壤碳的分解，使空气中的 CO_2 等温室气体浓度显著上升（沙万英等，2002）。CO_2 浓度从工业化之前的 280ppm[①]增加到 2013 年的 400ppm，与此同时，政府间气候变化专门委员会（IPCC）第三次评估报告指出，20 世纪全球平均气温升高 $0.6\pm0.2℃$，照这样下去，预计到 21 世纪中叶，全球气温将升高 $1.5 \sim 4.5℃$。东北地区是中国对变暖响应最敏感的地区之一，年平均气温在过去 20 年中上升了 1℃ 以上（马玉玲等，2004）。全球气温上升了 $0.3 \sim 0.6℃$，北半球气温上升趋势更加明显，增温达到 1℃ 以上，而 20 世纪 80 年代以来，增温最为迅速，统计学上达到突变程度，中国气温的变化趋势与北半球大致相似。国际政府间气候变化委员会在 1992 年曾指出，温室气体的排放如不加控制，到 21 世纪全球平均气温每 10 年升高 0.3℃，到 21 世纪中叶比 20 世纪 90 年代高 3℃。同时还指出，CO_2 等温室气体效应将导致高纬度亚洲季风区年降水及中纬度冬季降水增加，但是这个模型的结果尚难以定论，也就是说气温上升会导致降水增加还是减少难以定论。然而有一点是可以肯定的，即随着人口增加与工业化发展，人为排放的 CO_2 等温室气体会增加，使全球气温普遍增高的趋势是存在的。关于我国气温变化和降水，20 世纪中国气温变化的总趋势是不断变暖，可分为四个阶段：① 1903 ~ 1918 年为低温期也是 20 世纪我国最冷的一段时期；② 1919 ~ 1953 年为高温期；③ 1954 ~ 1986 年为低温期；④ 1987 年以来为高温期，尤其 20 世纪 90 年代是 20 世纪我国最暖期。我国北方大部分地区处于干旱半干旱地区，气温和降水备受关注。根据我国 160 个气象台站资料统计（1951 ~ 2000 年），90 年代平均气温（12.90℃）比 50 年代升高 0.68℃，其中黄河以北地区明显变暖，内蒙古中部、东部、北部和北疆地区升高 1.2℃，东北地区升高 1.0℃，华北地区升高 0.8℃。关于降水量及降水和气温之间的关系北方各个地区有差异。有研究表明，近 50 年是 400 年以来中国西部年降水量最丰沛的时期，多雨主要发生在气候急剧变暖的 20 世纪最后 30 年。白美兰等（2006）利用 1951 ~ 2004 年的温度和降水资料分析了内蒙古东部地区的气候变化，结果表明近 54 年来东部地区温度呈显著的升高态势，降水量波动性较大，总体上呈缓慢的增加趋势，但趋势不明显，属于气候自然波动的范围；白美兰等（2005）又利用 1961 ~ 2003 年 43

[①]用溶质质量占全部溶液质量的百万分比来表示的浓度，也称百万分比浓度。

年的气象资料分析了内蒙古中部地区的浑善达克沙地气候变化，结果表明，气温在不断升高，而降水量在减少。对于西北地区的气候变化，各方面专家都估计为变暖，对降水量的预测，各方面意见有很大不同，特别是对于 20 世纪 90 年代以来新疆等地降水量增多的现象，是属于西北全区由暖干型气候向暖湿转型，还是属于西北西部局部地区的转型，是属于长期的时间上的变化趋势，还是仅属于年际的、十年的波动，不同学者有各种不同意见。说明我国北方的地区气温在升高，但是降水量变化并不稳定。

1.1.2　沙漠化发展现状

1. 国外沙漠化现状的严重性

沙漠化、荒漠化被称为"地球癌症"，是人类当前面临的严重的生态环境灾难。据统计（朱震达，1982），全球沙漠化面积达 4560 万 km^2，占全球陆地面积的 35%。荒漠和荒漠化土地在非洲占 55%，北美洲和中美洲占 19%，南美洲占 10%，亚洲占 34%，澳大利亚占 75%，欧洲占 2%。荒漠和荒漠化土地在干旱地区和半干旱地区占土地面积的 95%，在半湿润地区占土地面积的 28%。世界平均每年约有 5 万～7 万 km^2 土地荒漠化，以热带稀树草原和温带半干旱草原地区发展最为迅速。半个世纪以来，非洲撒哈拉沙漠南部荒漠化土地扩大了 65 万 km^2，萨赫勒地区已成为世界上最严重的荒漠化地区。因此，沙漠化研究逐渐备受关注，成为研究的热点。沙漠化形势严峻，不仅破坏生态环境，破坏生产建设，而且威胁人类生存，每年给人民的生命财产造成的直接、间接经济损失不可估量。

2. 我国沙漠化现状

沙漠化对环境、社会和经济产生的影响受到普遍关注（王涛，2009；张凯等，2005；王存忠等，2010；Lee and Sohn，2011）。目前，我国土地沙化也相当严重，据不完全统计，我国北方沙漠化仍以每年 2460km^2（相当于每年吃掉一个中等规模的县）的速度扩展（Beakok et al.，1983）。沙漠化不仅使我国的生态环境日益恶化，而且吞噬着人类的生存空间，给国民经济和社会可持续发展造成极大危害。根据全国沙漠、戈壁和沙化土地普查及荒漠化调研结果表明（www.mlr.gov.cn），中国荒漠化土地面积为262.2 万 km^2，占国土面积的 27.4%，近 4 亿人口受到荒漠化的影响。

我国北方地区占有全国后备土地资源的 68%（石竹筠，1993），全国适宜开垦种植农作物、人工牧草和经济林木约 33.33×10^{6}hm^2 荒地中，有 12×10^{6}hm^2 分布在西北干旱区，10×10^{6}hm^2 分布在东北的湿润、半湿润地区（王万茂和番文珠，1985；石玉林等，1985）。因此这些地区的开发成为人们关注的焦点。然而，在开发过程中伴随极其严重的问题——沙漠化，沙漠化的结果使草地退化，农田土壤肥力下降和砂质化，因而导致沙漠化地区人民生活普遍贫困。贫困者为了生存不得不从事难以持久的经济活动，结果步入一种对经济效益和生态环境都极其有害的恶性循环中。因此，如何合理地开发利用干旱半干旱地区土地，打破"沙漠化—贫困化"这一恶性循环成为我国土地开发利用研究中的一项极为重要的内容。

1.2　国内外研究进展

1.2.1　沙漠化遥感解译研究

目前，基于遥感的沙漠化土地信息解译方法主要有目视解译法、自动分类法（包括监督、非监督分类法）、决策树分类法、人工神经网络分类法、定量遥感模型法等。

1. 目视解译法

目视解译是指专业人员通过直接观察或借助判读仪器先在遥感图像上解译绘制沙漠化信息草图，再结合野外典型地段线路考察验证，最终获得沙漠化土地信息。许多研究者使用目视解译法提取沙漠化土地信息，主要有：吴薇（1997）在探讨了沙漠化遥感动态监测方法的基础上，利用 TM 遥感资料目视解译出了毛乌素沙地不同时期土地沙漠化信息，并指出该方法能够揭示出研究区内沙漠化土地时空分布及其变化规律。张玉贵等（1998）利用 TM 影像，使用计算机屏幕解译方法对科尔沁沙地土地荒漠化进行监测，制作了 1：20 万科尔沁沙地荒漠化土地分类影像地图。陈建平等（2002）使用 TM 影像和 CBERS 卫星 CCD 数据，通过建立解译标志，人工目视解译得到北京及邻区土地荒漠化分布数据和动态演化趋势结果。王涛等（2004）利用航空相片、卫星遥感数据，通过目视解译提取沙漠化信息，对中国北方近 50 年沙漠化土地时空变化进行了分析，指出中国北方沙漠化土地主要分布在农牧交错带及其以北的草原牧业带、半干旱雨养农业带和绿洲灌溉农业与荒漠过渡带。这种方法工作强度大、效率低，受人为因素的影响大，特别是对不同程度的沙漠化土地，用人眼目视判别存在较大困难。同时这种传统的遥感信息提取方法对遥感信息的利用程度低，从而限制了丰富的遥感信息在沙漠化监测中发挥的应有作用。

2. 自动分类（监督、非监督分类法）

自动分类方法包括监督分类、非监督分类两种常规图像分类方法，监督分类与非监督分类都是在遥感数据多光谱特征的基础上利用某一判别准则实现地物信息的分类归并，不同的是监督分类事先需要实地调查若干个验样本资料，而非监督分类则不需要。研究者在这方面的工作大多利用可见光波段的数据直接划分沙漠化类型和程度，主要包括：Ringrose 等（1990）利用 Landsat MSS 多时相数据，采用最大似然法进行土地利用覆盖的监督分类，然后根据植被类型将土地利用覆盖类型归纳为五种土地退化类型，对 1978～1987 年博茨瓦纳东南草地退化及成因进行了研究。Li 等（2004）使用监督分类方法对 1986～2000 年吉林省西部土地荒漠化进行了监测和驱动力分析。毛晓利等（2005）用非监督分类对毛乌素沙地南部边缘的定边县的土地沙漠化进行了动态监测。Li 等（2007）用非监督分类方法结合人机交互对海南岛西部的荒漠化进行了监测。自动分类方法工作量小，分类速度快，但这种方法仅以影像光谱特征信息为依据，由于沙漠化土地类型和程度复杂多变，存在着严重的"同物异谱"与"异物同谱"现象，因此影响到分类精度，尤其在大范围的分类与动态监测中，这一问题显得尤为突出。

3. 决策树分类法

决策树是遥感图像分类中的一种分层次处理结构，适用于下垫面地物复杂并模糊的状况。其基本思想是逐步从原始影像中分离并掩膜每一种目标作为一个图层或树枝，避免此目标对其他目标提取时造成干扰及影响，最终复合所有的图层以实现图像的自动分类。在决策树分类法中经常采用的特征变量有光谱值、通过光谱值算出的指标（如归一化植被指数（NDVI）、（MSAVI）、光谱的算术运算（如和、差、比值等）和主成分分析等。杜明义（2006）利用 1999 年 TM 影像数据，采用决策树方法从类型和强度两个方面对阜新地区土地荒漠化进行了分类。买买提沙吾提等（2008）利用 Landsat ETM+ 影像，分析了沙漠化土地的光谱特征及其波段间的相互运算，利用修改型土壤调整植被指数（MSAVI）、归一化差异水体指数（NDWI）和遥感图像缨帽变换后的亮度（brightness）、绿度（greenness）、湿度（wetness）等复合识别指标建立决策树，提取了塔克拉玛干沙漠南缘土地沙漠化信息。王晓慧等（2005）在地物光谱特征分析的基础上，用分层分离的方法，以植被覆盖度为依据，确定了不同程度沙漠化土地对应的植被覆盖度与 NDVI 的对应关系，用 NDVI 阈值进行划分得到沙漠化土地程度图。王晓云（2009）将遥感定量反演结果植被覆盖度、地表温度和纹理分析结果引入沙漠化监测过程中，运用决策树分类方法提取分析了敦煌市 20 年来的土地沙漠化态势。决策树分类法综合考虑了各种因素的影响，可以有效地排除和避免提取地物时所有多余信息的干扰，使沙漠化信息提取更加客观、准确。但是，该方法解译结果的精度很大程度上取决于建立的决策树的优劣，因为它要求解译者不仅了解不同类型和不同程度的荒漠化土地在影像上的表现，而且掌握自然条件、社会经济条件等方面的因素对土地荒漠化的影响。

4. 人工神经网络分类方法

人工神经网络是随着计算机技术的发展而迅速发展的一个概念，于 1988 年应用于遥感图像分类。神经网络分类是一种非线性分类方法，具有强抗干扰、高容错性、并行分布式处理、自组织学习和分类精度高等特点。它除了以其神经计算能力进行低层次图像视觉识别外，其非符号的连接主义的知识处理能力使其能与地学知识、地理信息和遥感信息互相融合，来完成深层影像理解及空间决策分析，近年来在遥感研究中得到了广泛的应用（Atkinson and Tatnall, 1997）。用神经网络方法进行荒漠化信息的提取，有一些研究者进行了尝试，并且得到了很好效果，如杜明义等（2002）采用基于径向基函数的神经网络分类模型进行土地荒漠化分类，分类精度达到90%以上；乔平林等（2004）以甘肃民勤县地区土地荒漠化分布信息为训练样本，用神经网络方法提取荒漠化土地，网络的输出精度达到96%，并将训练结果应用于内蒙古境内克什克腾旗西北部地区，得到土地荒漠化信息提取的精度为84%。

5. 定量遥感模型方法

沙漠化土地分级信息提取的定量遥感模型方法建立在土地沙漠化发生发展过程与沙漠化土地分级遥感定量指标相互关系的基础上，这种指标可以有一个，也可以有多个共同参与，其目的就是充分挖掘遥感信息，将以往确定沙漠化程度定性、半定量的方法转换为定量模式，确定沙漠化与遥感指标之间的定量关系，从而建立基于定量遥感模型的沙漠化指数，提取沙漠化土地分级信息。定量遥感模型方法包括单指标指数、多指标组合指数两种方法。

（1）单指标指数指仅用一个定量遥感指标来提取沙漠化土地分级信息，很多研究中都使用植被指数。早在 20 世纪 90 年代初期，Tucker 和 Dregne（1991）利用 NOAA-AVHRR 卫星数据获取归一化植被指数，并依此指数监测了 1980 ~ 1990 年、1980 ~ 1995 年两个时段，撒哈拉大沙漠的分布与进退，并证明沙漠的进退与降水变化存在着密切相关关系。李宝林和周成虎（2001）利用 RS 和 GIS，根据 NOAA-AVHRR 数据建立的沙质荒漠化监测指标（MSAVI），对东北平原西部沙地沙质荒漠化现代过程进行了动态监测，在此基础上利用 TM 数据对沙质荒漠化的发展方式与成因进行了深入的探讨，并有针对性地提出了区域沙质荒漠化的防治对策。王澄海和惠小英（2005）用 NDVI 作为描述荒漠化的指标，定性地讨论我国荒漠化与干旱草原区近 10 年的变化，结果表明，NDVI 可以用来作为荒漠化特征的指标。宫恒瑞（2005）用数字植被盖度模型（DVCM）提取新疆艾比湖地区的土地荒漠化信息。林年丰等（2006）通过计算归一化植被指数和植被覆盖指数，反演求得荒漠化指数（DI），得到松嫩平原荒漠化面积，取得了很好的研究结果。

（2）多指标组合指数是指将两个或两个以上的定量遥感指标通过某种方法组合在一起来提取沙漠化土地分级信息，多指标组合指数综合了植被、土壤、地表能量特征等多个沙漠化监测定量遥感指标，在一定程度上提高了沙漠化信息提取的精度。Goetz（1997）发现植被指数和地表温度（LST）之间存在明显的负相关关系，Le 和 Shafiqul（2001）利用 NDVI 和地表温度的空间分布估计出 Priestley-Taylor 方程中的土壤湿度参数进而计算出地表蒸散门，提出了综合利用可见光与热红外波段的遥感数据计算植被覆盖率、土壤湿度和地表蒸散发的方法，这种被称为"三角形"的方法能够将这些地表参量变化的轨迹在植被指数和地表温度组成的特征空间中得到直观的描述，实现了从新的角度表达和审视地表参数变化的过程。曾永年等（2006）、曾永年和冯兆东（2007）先后探讨了沙漠化与 NDVI-LST 特征空间、沙漠化与 Albedo-NDVI 特征空间之间的数量关系，建立了综合反映沙漠化土地生物物理特征沙漠化遥感监测差值指数（DDI）模型，并应用到黄河源区土地沙漠化时空变化遥感分析中，取得了较好的效果。

1.2.2 气候变化对沙漠化的影响

沙漠化土地生态系统作为陆地生态系统的一部分，深受气候变化的影响。气候变化通过改变降水、温度、日照，以及风速等气候因子来影响沙漠化地区植被的生长，从而影响沙漠化的正逆发展。

在气候变化对沙漠化影响方面，我国学者对不同气候带不同沙漠化区域做了大量的研究。周廷儒等（1992）、丁仲礼等（1998）分别通过古土壤层和风成层的交替、孢粉谱的变化、湖盆沉积，以及古文化遗迹等资料对中国北方农牧交错区不同地点人类历史时期以来的环境演变作了不同时间尺度的详细研究，普遍认为在这段时期内，研究区的气候发生过数次的寒暖变迁和干湿波动，但是由于代用气候资料的局限性，具体的温度和降水变化不是十分清楚，而人类历史时期沙漠化的研究和土地利用方式的改变主要来源于一些文献记载，并无翔实可靠的数据资料，沙漠化土地的发生发展又往往在几年之内就会有明显质的变化，所以作者认为，依据目前现有的资料只能对人类历史时期沙漠化的成因有一个初步的了解而无法作出可靠的论证，因此对研究区沙漠化成因的分析主要集中在资料比较翔实的近50年内（薛娴等，2005）。韩海涛等分析了玛曲地区1971～2005年的气温、降水、大风，以及沙尘暴的变化趋势，认为该地区气候的暖干化是沙漠化发展的重要原因（韩海涛和祝小妮，2007）；李宝林对松嫩沙地地区的气候变化与沙漠化关系的研究表明，该地区20世纪趋于干冷，沙漠化自然因素增强，但是目前温室效应引起全球变暖，使东部季风区边缘降水增加，两种因素交互作用，使得沙漠化自然因素不会明显增加（李宝林，1996）；魏文寿等对古尔班通古特沙漠气候变化与沙漠化的关系表明，该地区的沙漠是由于4000a B.P.前的气候突然干旱所造成现存的格局，从北疆40年气候变化序列分析，湿润指数在减小，从沙漠化气候特征意义上讲，这些变化对沙漠的作用是极为不利的，并且更加快了沙漠化的正过程发展（魏文寿和刘明哲，2000）。

国外的学者也就气候变化对沙漠化影响的历史数据资料分析和未来情景模拟两方面做了相当的研究。Tucker和Dregne（1991）用1980～1989年10年间NDVI的变化得出撒哈拉沙漠，年扩展率为41000km^2，而沙漠面积年际变化的83%是由降水引起的，只有17%由其他因子引起。Ojima等（1993）根据3种全球生态区的划分方法，用GFDL/GCM模型预测了2040年CO_2加倍的情况下天然草地和旱地(干燥指数为0.05～0.8)面积的变化，结果表明前两种划分方法（方法A、B）的面积分别提高了2.96%和14.38%，而后一种划分方法（方法C）的面积减少了21.01%，尽管3种生态区的划分方法得出的结果相差甚远，但却从一个侧面反映了气候变化对荒漠化气候类型区的可能影响。

1.2.3　气候因素和非气候因素对沙漠化影响的贡献率

方法一：基于沙漠化发展过程中流沙面积变化模型和植被盖度变化模型，结合沙漠化监测资料，提供了一种定量确定自然因素在沙漠化中贡献的方法，从而也可以间接地推算人为因素在沙漠化中的贡献率。李振山等（2006）以内蒙古奈曼旗现代草地沙漠化为例应用模型，效果良好，并发现人类活动停止后，沙漠化所造成的流动沙一般在经过4～5年自动消失，说明在计算时段内草地沙漠化中自然因素的贡献率为零（http://www.8wen.com/doc/936029）。

方法二：层次分析法，是一种定性和定量相结合的系统分析方法，适合分析纯定量化无法解决的问题。主要包括目标层、准则层和因子层的确定，构造判断矩阵，层次单排序和层次单排序一致性检验等步骤，此法可以计算因子层中各种因子的权重值。胡良温等利用层次分析法，通过计算影响江河源区生态环境演变的各种因素的权重值，将自然因素和人文因素作用强度予以分离，从而得出各种自然因素和人文因素对江河源区生态环境演变过程的作用强度（胡良温等，2009）。

方法三：近期国外学术界提出"社会 - 生态系统"（social-ecological system）整合理论来研究社会-生态复杂系统。社会-生态系统是一个复杂适应系统，具有非线性相关、阈值效应、历史效应和多种可能结果等特征。在时间序列上社会 - 生态系统将依次经过开发、保护、释放和更新四个时期，构成一个适应循环，系统内不同等级尺度上的循环通过"记忆"或"反抗"相互依赖。这种外部干扰下的社会 - 生态系统演化轨迹可以通过对其恢复力、适应力和转化力三个属性的定量分析加以研究，其中应用到 GIS 和统计分析方法，运用数学模型定量计算系统恢复力，分析时间序列上不同人为措施对系统恢复力的影响，从而可以分析人为因素对生态系统的作用效果。

方法四：主成分分析法，将复杂的数据集简化，即将 P 个指标所构成的 P 维系统简化为一维系统。例如，作物病虫害猖獗指数、危害指数及综合气象指标等，这些指数是由各种加权成分组成的，在某种意义上，这些权定量反映了各种成分的相对重要性。该方法可以应用在生态系统演替中，研究各种因子的贡献率。董玉祥等（1999）应用主成分分析法研究了雅鲁藏布江流域土地沙漠化的成因，结果得出该流域沙漠化过程中，人为因素和自然因素起着近乎相似的功效。

1.2.4　沙漠化生态风险评估研究

生态风险评估是指一个或多个胁迫因素影响后，对不利的生态后果出现的可能性进行的评估（李国旗等，1999）。它利用环境学、生态学、地理学、生物学等多学科的综合知识，采用数学、概率论等量化分析技术手段来预测、分析和评价具有不确定性的灾害和事件对生态系统及其组分可能造成的损伤（Ladis et al.，1998）。因此，它为沙漠化研究提供了新的研究思路与方法。

迄今为止，国外学术界已经开展了若干生态风险估价案例研究，在研究内容、方法、技术、范式、模型构建等方面取得了阶段性的成果。美国在推动生态风险评估研究过程中起了重要作用。从 1984 年起，美国政府就把风险评估作为制定环境管理政策不可缺少的部分，并在经济上加大投资力度，从理论和方法上不断丰富生态风险评价的内容，使其更好地为风险管理服务。在研究方法和步骤方面，Louks（1985）将生态风险评估分为危害评价、暴露评价、受体分析和风险表征。Barnthouse 等（1988）概述的生态风险评估的一般程序包括：选择评价终点，定性和定量描述风险源，鉴别和描述环境效应，采用适宜的环境迁移模型，评估暴露的时空模式，定量计算生物暴露水平与效应之间的相关性，最后综合以上步骤得到最终的风险评估结果。Hunsaker 等（1990）在 Barnthouse 和 Suter 所提出的生态风险评估的框架结构总结了区域上生态风险评估的方法。目前美国已出版了许多关于生态风险评估和管理方面的专著。其出版的专著对生态风险评估理论和方法进行了系统和详细的阐述。主要的专著包括由 Linthurst、

Buotdeuat 和 Tardif 三位学者编写的《评价化学物质对生态系统影响的方法》。该专著强调从区域尺度上进行生态风险评估的重要意义。1995 年，Gheorghe 和 Micolet-Monnrier 合编了《区域综合风险评估》一书（白古雄，2006）。对环境中不同类型的生态风险评估程序和方法进行分析。20 世纪 90 年代以后，生态风险评估的成果不断得到应用，已经成为美国国家环保局制定环境保护和环境管理政策的重要依据之一（Levin et al.，1987）。

生态风险评估的理论和方法在其他国家也得到了重视，从 20 世纪 80 年代末日本开始把环境管理体制从传统的按照环境标准来确定立法转向立法和预防对策相结合。自 1988 年成立了风险评估协会——日本分会后致力于系统和综合风险评估研究工作并在成立后三年对风险概念内涵达成共识。为了适应 21 世纪发展的需要，日本提出了风险分析综合框架作为 21 世纪研究议程，并首先提出风险交流在风险分析综合框架中起重要作用。在荷兰生态风险评估和管理的概念也得到了应用，成为管理环境中风险问题的一个重要手段。荷兰在 20 世纪 80 年代中期执行了环境保护的双轨政策，即通过调整环境政策和污染源政策来实现保护环境的最终目标。

相对发达国家而言，我国有关生态风险评估的研究还刚刚起步，目前还处于初级阶段。主要表现在两方面：一是处于对国外生态风险评估理论和方法的综述和分析阶段；二是处于引进国外生态风险评估理论和方法研究我国环境中的风险问题阶段。到目前为止，我国颁布的比较接近的相关文件有《环境影响评估技术导则——非污染生态影响》，主要适用范围是对生态环境造成影响的建设项目和区域开发项目环境影响评估中的生态影响评估；《建设项目环境风险评估技术导则》，适用于涉及有毒有害和易燃易爆物质的生产、使用、储运等的新建、改建、扩建和技术改造项目（不包括核建设项目）的环境风险评估。但是还没有发布诸如生态风险评估技术导则等技术性文件。研究实例有：①城镇化生态风险，周启星和王如松（1998）采用变量相关的生态学方法进行了城镇化过程中生态风险评估的研究；②重金属带来的生态风险评估，这方面例子很多，如刘文新等（1999）对乐安江沉积物中金属污染的潜在生态风险评估；③区域生态风险评估，付在毅等（2001）对黄河三角洲和辽河三角洲湿地区域的景观生态风险分别进行了评估；④其他，张学林和张博（2001）对区域农业景观生态风险评估进行初步构想，提出区域农业景观生态风险评估框架和方法。

由于风险源及风险受体的地域差异性，区域生态风险评价日益受到重视，但无论在国际还是国内，目前的研究主要集中在对各种污染的生态风险评估，而有关沙漠化风险评估的研究非常少。因此，促进这方面研究的进步，通过生态风险评估的理论与方法对沙漠化进行评估是认识沙漠化影响因素及其作用新的途径，是沙漠化定量化研究新的手段。

1.3　研究目的及研究思路

本书以"气候变化对沙漠化影响与风险评估技术"为总目标，从沙漠化这一陆地表层过程入手，在重建过去 50 年沙漠化时空过程的基础上，认识我国沙漠化的时空演变规律、区域特征，构建用以评价气候变化（气候变干、变暖、暴雨的增强等）对我国沙漠化发展过程影响的标准技术和方法体系，阐明沙漠化与气候变化之间的相互作用机理，客观、全面、系统地评估过去50年气候变化对我国土地沙漠化过程的影响，并对未来40年气候变化对土地沙漠化造成的风险进行预估，为我国沙漠化防治和适应气候变化提供支撑。

本书在研究思路上总体分为两个阶段。第一阶段为过去50年气候变化对我国沙漠化影响的评估，第二阶段为气候变化对未来40年沙漠化的可能影响与风险预估。其中第一阶段对过去沙漠化的时空过程进行重建，并在此基础上对影响沙漠化的气候和非气候因素进行定量分离，然后对气候变化对沙漠化的影响进行评估。第二阶段在对未来气候变化进行预测的基础上，采用模型方法对气候变化对沙漠化的可能影响和风险进行预估。

参 考 文 献

白古雄. 2006. 基于生态风险评价的宁夏海原地区防灾减灾预案研究. 北京: 北京林业大学.

白美兰, 邸瑞琦, 沈建国, 等. 2005. 浑善达克沙地生态环境灾变的气候成因. 中国气象学会2005年年会论文集, 8.

白美兰, 郝润全, 邸瑞琦, 等. 2006. 内蒙古东部近54年气候变化对生态环境演变的影响. 气象, 2(06): 31~36.

陈建平, 王功文, 厉青, 等. 2002. 北京及邻区荒漠化动态演化的遥感综合研究. 遥感信息, (3): 17~20.

丁仲礼, 孙继敏, 余志伟, 等. 1998. 黄土高原过去130ka来古气候事件年表. 科学通报, 43(6): 567~574.

董玉祥, 李森, 董光荣. 1999. 雅鲁藏布江流域土地沙漠化现状与成因初步研究. 地理科学, (1): 35~40.

杜明义. 2006. 决策树方法在土地荒漠化分类中的应用研究. 测绘科学, 31(2): 81~82.

杜明义, 武文波, 郭达志. 2002. 多源地学信息在土地荒漠化遥感分类中的应用研究. 中国图象图形学报, 7(7): 740~743.

付在毅, 许学工, 林辉平, 等. 2001. 辽河三角洲湿地区域生态风险评价. 生态学报, 21(3): 365~373.

宫恒瑞. 2005. 基于遥感技术的艾比湖地区荒漠化监测研究. 乌鲁木齐: 新疆农业大学硕士学位论文.

韩海涛, 祝小妮. 2007. 气候变化与人类活动对玛曲地区生态环境的影响. 中国沙漠, 27(4): 608~613.

胡良温, 冯永忠, 杨改河, 等. 2009. 江河源区生态环境演变的过程及主导因素确定研究. 干旱地区农业研究, 02: 253-259+264.

李宝林. 1996. 松嫩沙地沙漠化的气候因素与沙地发育特征. 中国沙漠, 9: 253~258.

李宝林, 周成虎. 2001. 东北平原西部沙地近10年的沙质荒漠化. 地理学报, 56(3): 307~315.

李国旗, 安树青, 陈兴龙, 等. 1999. 生态风险研究述评. 生态学杂志, 18: 57~64.

李振山, 贺丽敏, 王涛. 2006. 现代草地沙漠化中自然因素贡献率的确定方法. 中国沙漠, 26(5): 687~692.

林年丰, 汤洁, 斯蔼, 等. 2006. 松嫩平原荒漠化的EOS-MODIS数据研究. 第四纪研究, 26(2): 265~273.

刘文新, 栗兆坤, 汤鸿宵. 1999. 乐安江沉积物中金属污染的潜在生态风险评价. 生态学报, 19(2): 206~211.

马玉玲, 余卫红, 方修琦. 2004. 呼伦贝尔草原对全球变暖的响应. 干旱区地理, 01: 29~34.

买买提沙吾提, 塔西甫拉提·特依拜, 丁建丽, 等. 2008. 基于决策树分类法的塔克拉玛干南缘沙漠化信息提取方法研究. 环境科学研究, 21(2): 109～114.

毛晓利, 赵鹏祥, 王得祥, 等. 2005. 非监督数字化分类与GIS在土地沙漠化动态监测中的应用. 西北林学院学报, 20(3): 6～9.

乔平林, 张继贤, 林宗坚. 2004. 基于神经网络的土地荒漠化信息提取方法研究. 测绘学报, 33(1): 58～62.

沙万英, 邵雪梅, 黄玫. 2002. 20世纪80年代以来中国的气候变暖及其对自然区域界线的影响. 中国科学(D辑: 地球科学), 04: 317～326.

石玉林, 康庆禹, 赵存兴, 等. 1985. 中国宜农荒地资源. 北京: 北京科学技术出版社.

石竹筠. 1992. 我国后备土地资源质量与潜力. 中国科学院院刊, (3): 223～228.

王澄海, 惠小英. 2005. 以植被指数0.12为指标看我国的荒漠化与草原界限的变化. 中国沙漠, 25(1): 88～92.

王存忠, 牛生杰, 王兰宁, 等. 2010. 中国近50a来沙尘暴变化特征. 中国沙漠, 30(4): 933～939.

王涛. 2009. 沙漠化研究进展. 中国科学院院刊, (3): 290～296.

王涛, 吴薇, 薛娴, 等. 2004. 近年来中国北方沙漠化土地的时空变化. 地理学报, 59(2): 203～212.

王万茂, 番文珠. 1985. 土地资源管理学. 合肥: 安徽科学技术出版社.

王晓慧, 李增元, 高志海, 等. 2005. 沙化土地信息提取研究. 林业科学, 41(3): 82～87.

王晓云. 2009. 基干RS和GIS的敦煌市土地沙漠化研究. 兰州: 兰州大学硕士研究生学位论文.

魏文寿, 刘明哲. 2000. 古尔班通古特沙漠现代沙漠环境与气候变化. 中国沙漠, 20(2): 178～183.

吴薇. 1997. 沙漠化遥感动态监测的方法与实践. 遥感技术与应用, 12(4): 14～20.

许学工, 林辉平, 付在毅. 2001. 黄河三角洲湿地区域生态风险评价. 北京大学学报(自然科学版), 37(1): 112～121.

薛娴, 王涛, 吴薇, 等. 2005. 中国北方农牧交错区沙漠化发展过程及其成因分析. 中国沙漠, 25(3): 320～328.

曾永年, 冯兆东. 2007. 黄河源区土地沙漠化时空变化遥感分析. 地理学报, 62(5): 529～536.

曾永年, 向南平, 冯兆东, 等. 2006. Albedo-NDVI特征空间及沙漠化遥感监测指数研究. 地理科学, 26(1): 76～81.

张凯, 高会旺, 张仁健, 等. 2005. 我国沙尘的来源、移动路径及对东部海域的影响. 地球科学进展, 20(6): 627～636.

张学林, 张博. 2001. 区域农业景观生态风险评价初步构想. 地球科学进展, 15(16): 712～716.

张玉贵, F R Beernaert, 刘华. 1998. TM影像的计算机屏幕解译和荒漠化监测. 林业科学研究, 11(6): 599～606.

周启星, 王如松. 1998. 城镇化过程生态风险评价案例研究. 生态学报, 18(4): 337～342.

周廷儒, 张兰生, 等. 1992. 中国北方农牧交错带全新环境演变及预测. 北京: 地质出版社.

朱震达. 1982. 世界沙漠化研究的现状及其趋势. 世界沙漠研究, (2): 125.

Atkinson P M, Tatnall A R L. 1997. Neural networks in remote sensing . Remote Sensing, 18(4): 699～709.

Barnthouse L W, Suter G W, Bartell S M. 1988. Quantifying risks of toxic chemical on aquatic populations and ecosystems. Environmental Science Policy, 17: 1487.

Beakok T, Riler J, Russel H E. 1983. Ecology and Environment——What do you know about Desertification. American Association for the Advancement of Science Annual Meeting. Detroit, (4): 163～172.

Goetz S J. 1997. Muti-sensor analysis of NDVI, surface temperature and biophysical variables at a mixed grassland site. International Journal of Remote Sensing, 18(1): 71～94.

Hunsaker C T, Graham R L, Suter G W, et al. 1990. Assessing ecological risk on regional scale.

Environmental Management, 14: 325～332.

Ladis W G. Moore D R J, Norto S. 1998. Ecological Risk Assessment: Looking In, Looking Out. In: Douben P E T. Pollution Risk Assessment and Management. Chiehester: Jolin Wiely and SonsLtd, 273～310.

Le J, Shafiqul I. 2001. Estimation of surface evaporation map over southern Great Plains using remote sensing data. Water Resources Research, 37(2): 329～340.

Lee E H, Sohn B J. 2011. Recent increasing trend in dust frequency over Mongolia and Inner Mongolia regions and its association with climate and surface condition change. Atmospheric Environment, 45(27): 4611～4616.

Levin M A, Seidler R, Borquin A W, et al. 1987. EPA developing methods to assess environment release. Nature Biotechnology, 5: 38～45.

Li F, He Y F, Liu Z M, et al. 2004. Dynamics of sandy desertification and its driving forces in western Jilin Province. Chinese Geographical Science, 14(1): 57～62.

Li S, Zheng Y, Luo P, et al. 2007. Desertification in western Hainan Island, China. Land Degradation & Development, 18: 473～485.

Louks O K. 1985. Looking for surprise in managing stressed ecosystems. Bioscience, 35: 428～432.

Ojima D S, Dirks B O M, Glenn E P, et al. 1993. Assessment of C budget for grassland and drylands of world. Water Air & Soil Pollution, 70: 643～657.

Ringrose S, Matheson W, Tempest F, et al. 1990. The development and causes of range degradation features in Southeast Botswana using multi-temporal Landsat MSS imagery. Photogrammetic Engineering and Remote Sensing, 56(9): 1253～1262.

Tucker C J, Dregne H E. Newcomb W W. 1991. Expansion and contraction of the Sahara Desert from 1980 to 1990. Science, 253: 299～301.

Tuckerm, et al. 2000. Desertification, aridity and vegetation: A case study in Sahel, West Africa. Meteorological Science and Technology, 2: 41～46.

第 2 章　研究区概况

中国北方土地沙漠化主要发生在包括内蒙古、宁夏、甘肃、新疆、青海、西藏、陕西、山西、河北、吉林、辽宁和黑龙江等部分地区的北方干旱、半干旱及部分半湿润地区，其中贺兰山以东地区的沙地基本上是古沙丘活化而成，除乌兰布和沙漠和库布齐沙漠的大面积流动沙地外，其余都认为是沙漠化土地（王涛和朱震达，2001）。为了便于讲述，这里将中国北方土地沙漠化区域分为三个大的研究区（分别为内蒙古及长城沿线、西北干旱区和三江源地区），鉴于内蒙古及长城沿线、西北干旱区面积较大，又分别将两者分别分为 9 个和 10 个研究区（图 2-1）。下面将分别介绍 19 个小块研究区以及三江源地区的基本概况。

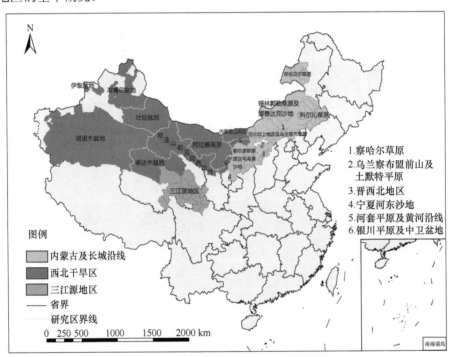

图 2-1　中国北方沙漠化研究区

2.1　内蒙古及长城沿线

2.1.1　呼伦贝尔草原

呼伦贝尔草原是我国东北和整个东北亚的重要生态屏障，并且是一个生态脆弱的地理单元。呼伦贝尔草原是世界著名的草原之一，草场总面积 6.66 万 hm², 水草丰美，地域辽阔，是理想的牧场。呼伦贝尔草原景观多样，有森林草原过渡带、典型草原、草甸草原等类型，野生动植物种类繁多，是我国东北地区重要生态屏障，并且是一个生态脆弱的地理单元。呼伦贝尔草原位于蒙古高原东北缘的呼伦贝尔高平原上，海拔为 500 ～ 800 m, 地势比较平坦。该区属温带半湿润和半干旱气候，年均气温 –3 ～ 0℃, 年降水量为 240 ～ 400 mm, 集中于 7 ～ 8 月；漫长的冬季寒冷干燥，春季多大风，短暂的夏季比较温暖。境内有海拉尔河、克鲁伦河、乌尔逊河、根河等流贯，湖泊众多，其中呼伦湖系我国第四大淡水湖。呼伦贝尔沙地位于呼伦贝尔高平原中部，东部为大兴安岭西麓丘陵漫岗，西至呼伦湖（达赉湖）和克鲁伦河，南与蒙古国相连，北达海拉尔河北岸，东西长约 270km, 南北宽约 170km。呼伦贝尔草原地理坐标为：117°10′ ～ 121°12′E、47°20′ ～ 49°59′N, 面积约 10 万 km²。自然区属温带半干旱、半湿润区，行政区划上属内蒙古自治区的呼伦贝尔市（图 2-2）。

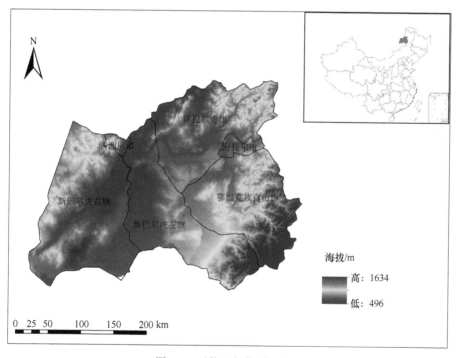

图 2-2　呼伦贝尔草原行政区

　　呼伦贝尔沙地气候具有半湿润 - 半干旱的过渡特点：冬季严寒漫长，夏季温和短暂，春季多风干旱，秋季晴朗气爽。因为地处纬度偏高，年平均气温较低，为 –2.5 ～ 0℃, 绝对最低气温可达 –49℃。年 ≥ 10℃积温 1800 ～ 2200℃。年日照时数 2900 ～ 3200 小时，无霜期 90 ～ 100 天。年降水量 280 ～ 400mm, 多集中于夏、秋季。年蒸发量 1400 ～ 1900mm, 干燥度 1.2 ～ 1.5, 相对湿度 60% ～ 70%。年大风日数 20 ～ 40 天，年平均风速 3 ～ 4m/s（万勤琴，2008）。据调查，1961 ～ 2005 年，年均气温升高 0.14℃, 四季升温幅度为 111 ～ 119℃, 近 45 年来呼伦贝尔沙地冬季增温趋势最为明显，其次是春季，夏季和秋季增温幅度最小（赵慧颖，2007）。呼伦贝尔沙地四季降水量和年降水量均呈现波动式的变化。20 世纪 60 年代降水量较少，从 70 年代中期开始一直到 90 年代降水总量有所增加，而进入 21 世纪至今，四季和年降水量均急剧下降，并降到 60 年代以来的最低值。据 2002 年统计，呼伦贝尔市耕地面积 12.23 万 hm²，占总土地面积 4.9%；林地 1353 万 hm²，占总土地面积的 53.4%；牧草地 845.77 万 hm²，占总土地面积 33.44%；建设用地比例逐年增加，面积 1.98 万 hm²，占总土地面积的 0.79%；水域面积 5.39 万 hm²，占总土地面积 2.13%；还有少量园地和 172.65 万 hm² 未利用土地。

呼伦贝尔草原沙漠化土地主要分布于呼伦贝尔高原上的海拉尔河南岸、乌尔逊河与东部辉河之间的地带，由三条沙带组成。北部沙带长约 110km，宽 6～30km，除嵯岗以北部分沙丘分布于海拉尔河北岸外，绝大部分分布于海拉尔河南岸；中部沙带沿甘珠尔庙西北沼泽地边缘—阿木古朗镇—辉河公社一线分布，沙带长约 100km，宽为 5～18km，呈 "L" 形沿辉河古河道分布；南部沙带长约 50km，宽约 10km，东南起伊敏河上游头道桥，西北至甘珠尔庙附近的沼泽边缘。三条沙带大致沿海拉尔河阶地和辉河阶地分布，大致东西走向，主要由固定、半固定的新月形沙丘和蜂窝状沙丘组成。除上述三大沙带外，伊敏河中下游沿岸、乌尔逊河东岸、呼伦湖东岸及西南岸，以及海拉尔西山等地，也有零星沙丘分布，多为半固定或流动的单个新月形沙丘。

卫星遥感动态监测表明（董建林和雅洁，2002），呼伦贝尔沙地沙漠化土地面积 1997 年比 1987 年增加 2800km²；2002 年调查表明，呼伦贝尔沙漠化土地总面积比 20 世纪 90 年代增长了 31.27%；2004 年全国沙漠化普查结果表明，呼伦贝尔沙漠化土地总面积为 13100km²，比 2002 年增长了 11.48%。

2.1.2 科尔沁沙地

科尔沁沙地位于内蒙古自治区东南部及毗邻的吉林、辽宁的部分地区，是我国著名的四大沙地之一。地理坐标为：42°41′～45°15′N，118°35′～123°30′E。海拔 178.5（通辽）～631.9m（巫丹）。平均海拔 100～300m，总面积 1200 万 hm²，其中沙地面积 518 万 hm²，沙地的主体处在西辽河下游干支流沿岸的冲积平原，北部沙地零散分布在大兴安岭山前冲积洪积台地上。行政区域包括内蒙古自治区通辽市、赤峰市，吉林省的西部和辽宁省的西北部。主要旗县有科尔沁右翼中旗、扎鲁特旗、阿鲁科尔沁旗和巴林右旗的南部、翁牛特旗东半部，敖汉旗北部，奈曼旗中部、库伦旗北部、科尔沁左翼后旗大部、科尔沁左翼中旗北部、开鲁县和彰武县北部及康平县西北部等（图 2-3）。

科尔沁沙地属于温带半干旱大陆性季风气候。年平均气温 5.2～6.4℃，≥10℃积温为 3000～3200℃。年降水量为 343～500mm，降水空间分布为北部少南部多、东部多西部少。降水集中在夏季，占全年的 70% 以上，年平均风速为 3.5～4.5m/s。西辽河呈东西向贯穿全区，向东注入辽河流出区外，地表水总量约为 26.4 亿 m³。沙地中常年或季节性积水的湖、泡 600 多个，储水 14 亿 m³，地下水以降水补给为主。地下埋水深 1～4m。地带性土壤主要有暗棕壤、栗钙土和黑垆土；非地带性土壤主要有风沙土、新积土、草甸土和盐碱土。本区内由于土壤母质以砂为主，形成了一个特殊土种沙土，其中风沙土是科尔沁沙地目前分布面积最大的一类土壤，可分为固定风沙土、半固定

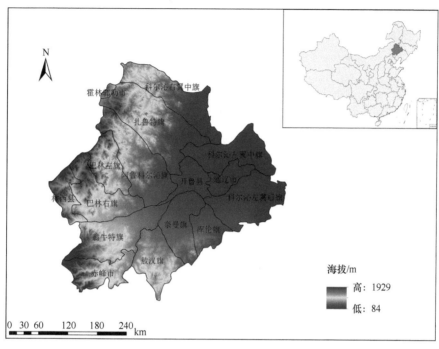

图 2-3　科尔沁沙地行政区

风沙土、流动风沙土。植被类型有以下 5 种：①流动、半流动沙地先锋植被；②固定、半固定沙地灌木、半灌木植被；③固定沙地草本植被；④沙质草甸植被；⑤沙地森林植被。2013 年，科尔沁沙地 13 个旗市县统计，全区国内生产总值 3497.97 亿元，人均国内生产总值 47008 元，其中，第一产业占 14.93%，第二产业占 58.17%，第三产业占 26.90%。

据调查（杨丽桃，2006），近 45 年来，科尔沁沙地平均气温各月均逐渐增高，这种趋势在 2 月增温最为明显，其次是 3 月、4 月和 9 月，6 月和 10 月其次，其他月不明显。从季节来看，冬季增温幅度最大，其增幅为 0.529℃/10a，春季次之为 0.409℃/10a，秋季为 0.32℃/10a，夏季最小为 0.189℃/10a。20 世纪 60 年代降水量较多，70 年代降水量明显减少，80～90 年代降水量有所增加，21 世纪以来降水量明显减少，为 60 年代以来最低值。

20 世纪 50 年代末期，科尔沁沙地沙漠化面积仅占总土地面积的 22%，到 20 世纪 80 年代末期占 48%，年均发展速率为 3.94%，到 90 年代末，沙漠化面积已占总面积的 53.8%，其发展速度虽较前 30 年有所减缓，但仍高达 1.2%（赵哈林等，2000）。研究结果表明（段翰晨等，2012），沙漠化重心的空间分布自西向东依次为"极重度沙漠化→重度沙漠化→中度沙漠化→轻度沙漠化"，1975～2010 年轻度沙漠化土地重心向东北方向偏移了 6.35 km，中度沙漠化土地重心向西南方向偏移了 7.24 km，重度沙漠化向东北偏移了 2.35km，极重度沙漠化向西北方向偏移了 2.62 km。

2.1.3　锡林郭勒草原及浑善达克沙地

锡林郭勒草原位于内蒙古自治区锡林郭勒盟境内，面积 107.86 万 hm²，1985 年经内蒙古人民政府批准成立锡林郭勒草原自然保护区，1987 年被联合国教科文组织接纳为"国际生物圈保护区"网络成员，1997 年晋升为国家级，主要保护对象为草甸草原、典型草原、沙地疏林草原和河谷湿地生态系统。锡林郭勒盟位于内蒙古自治区中部，北与蒙古国接壤，国境线长 1098km；东邻内蒙古自治区赤峰市、通辽市、兴安盟，西接乌兰察布市，南与河北省承德、张家口毗邻。锡林郭勒盟属于中温带半干旱大陆性气候。大部地区年降水量 200～300mm，自东向西递减。5～8 月太阳辐射约占全年45% 左右，是全年光照时间最长，太阳辐射最强的时期。光、热、水同季，对动植物的生长发育是十分有利的。锡林郭勒盟的主要气候资源，同全国主要牧区相比较，属中等偏上。加之锡林郭勒盟地势平坦开阔，土质较好，草场类型多，水草丰富，使锡林郭勒盟拥有发展畜牧业经济得天独厚的优越自然条件（图 2-4）。

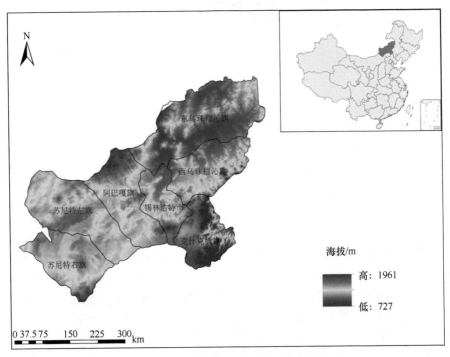

图 2-4　锡林郭勒草原及浑善达克沙地行政区

　　由于近几十年来只利用，少管理，放牧制度不科学，加之牲畜头数逐年增加，对草场的啃食践踏日渐严重，使该沙地草场发生严重退化、沙化，其荒漠化发展速度成为全国少数几个超过 4% 的地区之一（范建友，2004）。不仅造成草场生产力的显著下降，制约畜牧业的健康发展，而且成为京津地区最主要的沙尘源之一。有研究认为（马清霞等，2011），锡林郭勒草原沙化、荒漠化严重，沙化面积位居内蒙古自治区第一，荒漠化面积位居内蒙古自治区第二。锡林郭勒草原春夏季降水趋势存在准 25 年气候振动，年代际变化特征比较突出，干旱发生的频率较高。这种气候变暖给锡林郭勒草原干旱带来较大的影响。沙尘暴频发与干旱相互影响，同时对锡林郭勒草原草场生态资源产生一定的影响。生态环境恶化，导致大面积土地资源和生物资源丧失。恶化的生态环境已经影响到了锡林郭勒草原社会经济的发展。

　　浑善达克沙地是我国的四大沙地之一，也是气候变化及人类活动影响较为敏感的地区之一（马清霞等，2011）。浑善达克沙地地处北方农牧交错带，该区在 20 世纪 70 年代有沙漠化土地面积 $20.85×10^3km^2$，80 年代沙漠化土地面积为 $23.2×10^3km^2$，90 年代沙漠化土地面积已达 $26.55×10^3km^2$；70 年代中期至 80 年代中期土地沙漠化扩张平均速度为 $235km^2/a$，80 年代中期至 90 年代末期土地沙漠化扩张平均速度增加到 $335km^2/a$（康相武等，2009）。2000～2005 年，紧急启动的京津风沙源工程，使当地严重沙漠化土地，因人工保护性措施而得到了控制和初步恢复，但沙漠化土地的空间分布范围基本没变（刘树林等，2007）。统计结果表明，约 $330.7km^2$ 的严重沙漠化土地得到了控制和逆转，减少的严重沙漠化土地之中，主要是逆转为较轻程度的沙漠化土地。其他类型的沙漠化土地虽有一定好转，但尚未发生质的变化。仅有约 $65km^2$ 的沙漠化土地恢复为非沙漠化土地。这说明沙漠化土地的恢复需要一个漫长的过程。

　　该区在 10～15 年的时间尺度内，土地沙漠化程度加重与减轻存在渐变与跃变两种变化方式，因此对该区土地的开发利用需要极其慎重，防止开发利用措施不当导致短时间内发展成为重度或极重度沙漠化土地。该区的土地沙漠化演变过程在空间分布与土壤类型、地形地貌等环境因素之间的耦合关系很密切，如土地沙漠化程度加重的区域主要分布在半固定风沙土土壤类型区域内、在坡地与坡脚地形区域内、在沿河谷与河岸地貌区域内，土地沙漠化程度减轻的区域主要分布在河流沿岸、湖泊周围、沙地中的地势较低处，土地沙漠化程度始终保持稳定的区域地形多为山地、丘陵、河岸，土壤类型多为栗钙土和黑钙土。

　　不同程度的沙漠化土地在空间分布上却比较集中（乌兰图雅等，2001）。阿巴嘎旗和正蓝旗的沙区即作业区，不仅土地沙化率较高，而且它们的重度沙漠化土地占该旗沙漠化总土地面积的比例也很高，是流动沙丘集中分布的地区。苏尼特右旗、正镶白旗和多伦县的重度沙漠化土地比例虽不及上述旗县高，但与其他旗县相比还是比较大。另外，该三旗中度沙漠化土地在总沙漠化土地中的比例较高，仍然是沙漠化发生发展的危险区。其余的几个旗县则主要以轻度沙漠化土地为主，是浑善达克沙地相对理想的地段。在空间分布上，除了沙地北部的锡林浩特市外，其余旗县都有广泛的沙漠化土地分布。其中，土地沙漠化最严重的是苏尼特左旗、正蓝旗、正镶白旗和镶黄旗等旗县的沙区，土地沙化率均在 60% 以上。

2.1.4　察哈尔草原

　　由于察哈尔地区沙漠化的相关研究较少，这里分旗县对该地区作简要介绍。正蓝旗位于内蒙古自治区中部，锡林郭勒盟南端，是距离北京最近的草原牧区，属京津一级经济圈腹地。地理坐标为 $115°00'～116°42'E$，$41°56'～43°11'N$，地处阴山山脉北麓东端，由低山丘陵和浑善达克沙地两大地貌构成，地势总的特点是东高西低，海拔 1200～1600m。北部地处浑善达克沙地中段腹地，系沙地草原，占全旗总面积的66%；南部为低山丘陵，是燕山北缘的低山丘陵与大兴安岭南缘的低山丘陵交汇地带，系典型草原和草甸草原，占全旗总面积的34%。该区气候属中温带半干旱大陆性季风气候，雨季为 7～8 月。全旗平均日照数为 2947～3127h，年平均气温 1～4℃，年平均降水量 365mm，蒸发量为 1925.5mm。最高温度为 35.9℃，最低温度零下 36.6℃。冬季寒冷漫长，春季多风少雨，夏季温热短促，秋季凉爽湿润，气温变化剧烈、温差大，日照时间长，光能充沛，降雨季节分布不均，多年平均大风日数 49～74 天，无霜期 110 天，冬季平均积雪期 180 天左右，最大积雪厚度 20cm。风大沙多，干旱少雨，草场退化沙化严重，自然灾害频繁是正蓝旗生态环境的主要特征。正蓝旗总面积 10182km²，辖 3 个镇，3 个苏木，2 个牧场。全旗总人口 8.3 万人，其中牧业人口 3.3 万人，人口密度为 8.15 人/km²。是一个以蒙古族为主体，汉、满、回、藏、土、鄂温克、达斡尔等多个民族聚居的地区（图 2-5）。

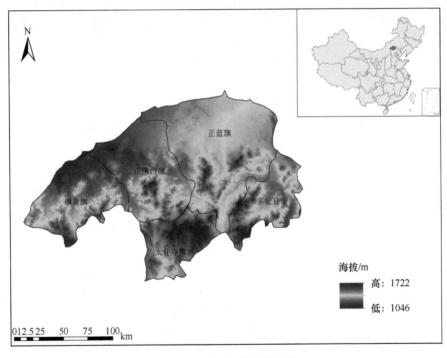

图 2-5　察哈尔草原行政区

　　多伦县地处内蒙古波状高原的南缘，地理坐标为 115°54′～116°55′E，41°46′～42°39′N。东与河北省围场县接壤；南与丰宁、沽源交界；西与镶白旗、蓝旗为邻；北与赤峰市克什克腾旗毗邻，县境南北长 110km，东西宽 70km。地貌为平缓起伏的沙地，土壤以发育在砂性母质上的风沙土为主，也有草原栗钙土，间有风沙土、棕钙土和草甸土等土类，植被以典型的草原植被为主，气候属于温带半干旱向半湿润过渡的典型大陆性气候。目前，多伦县已演化为沙漠化较重的地区，其北部为著名的浑善达克沙地，它不但为多伦的沙化提供了大量的物质来源，而且对多伦的沙漠化演变有着明显的控制作用。

　　1960 年内蒙古多伦县沙漠化土地面积 215.22km²，其中轻度沙漠化土地和严重沙漠化土地占主导地位。除已沙漠化土地外，还有潜在沙漠化危险的土地面积 244.84km²，为总沙漠化土地面积的 1.14 倍。1975 年沙漠化土地面积已达 469.25km²。在沙漠化土地中仍然轻度沙漠化土地所占面积最大，中度沙漠化土地所占面积次之。除此之外，潜在沙漠化土地面积为 389.67km²，为总沙漠化土地面积的 0.83 倍。轻度及中度沙漠化土地占了沙漠化土地面积的 67.42%，潜在、轻度以及中度沙漠化土地面积较大，有利于沙漠化发展。这说明内蒙古多伦县很大面积的土地已经进入沙漠化发展阶段，面临着严重沙漠化的危险；1987 年沙漠化土地面积已达 642.62km²。在沙漠化土地中轻度沙漠化在沙漠化土地中所占面积最大，占沙漠化土地面积的 32%；中度沙漠化土地所占面积次之，占沙漠化土地面积的 28%。除已沙漠化土地外，潜在沙漠化土地面积为 253.11km²，为总沙漠化土地面积的 0.39 倍。轻度及中度沙漠化土地占了沙漠化土地面积的 74%，说明内蒙古多伦县大面积土地已经进入沙漠化发展阶段，重度和严重沙漠化土地面积日益扩大，沙漠化正在迅速发展，面临着严重沙漠化的危险；1995 年多伦县沙漠化土地面积已达 854.88km²。除此之外，有沙漠化危险的潜在沙漠化土地面积为 263.25km²。在已沙漠化土地中轻度沙漠化土地面积比例最高，中度沙漠化土地次之。已沙漠化土地和潜在沙漠化土地面积共 1118.13km²。自 1987 ~ 1995 年的 8 年间，研究区沙漠化土地的净增加量为 212.26km²，土地沙漠化呈现快速发展态势；2000 年已沙漠化土地面积为 728.32km²。在沙漠化土地中度沙漠化土地面积最大，轻度沙漠化土地所占面积次之。除此之外，潜在沙漠化土地面积为 252.41km²。与 1995 年监测的结果相比，局部地区经过几年的治理出现逆转趋势，沙漠化土地面积减少，程度有所减轻，到 2000 年沙漠化土地总面积减少了 126.56km²；2005 年已沙漠化土地面积减少到 427.70km²，其中轻度沙漠化土地占 37.31%，中度沙漠化土地占 20.08%，重度沙漠化土地占 26.9%，严重沙漠化土地占 15.7%，有沙漠化危险的潜在沙漠化土地为 224.09km²。与 2000 年监测的结果相比，经过几年的治理有所逆转，沙漠化土地面积减少 300.62km²，程度有所减轻。

　　正镶白旗位于锡林郭勒盟西南，内蒙古高原东南边缘。介于 114°15′ ~ 115°37′E，42°05′ ~ 43°02′N。正镶白旗属阴山山脉东延部分，内蒙古高原的东南边缘，地形南高北低，中部微隆起，由东南向西北倾斜，海拔为 1100 ~ 1400m。最高点是八支箭汗海日罕山，海拔 1764m。地处浑善达克沙地南缘与丘陵相接地区，南半部为丘陵和低山区，面积 26.37 万 hm²，地势起伏较大，有着广阔的天然牧场。北半部为大面积沙丘沙地，面积为 27.90 万 hm²，占全旗总面积的 45%。介于低山丘陵与沙地之间为一窄长的低丘地，面积为 7.67 万 hm²。根据地貌形态，全旗地貌可分为低山丘陵、丘间沟谷洼地、低丘、河谷平地及风积沙地等六类。河谷平地分布范围较小，主要分布在卓伦河两岸，物质组成由上新统的冲积、洪积、砂砾、碎石和黏土组成，地形平坦开阔，植被覆盖好，是良好的天然放牧场和打草场；风积沙地，分布在北部的乌兰察布苏木和伊和淖尔苏木的大部分，多为固定、半固定沙丘，中间有流动沙丘，固定、半固定沙丘上分布有红柳、黄柳丛生及沙生植被，河谷地区有低湿的甸子地。

　　正镶白旗气候属中温带半干旱大陆性季风气候，寒冷、风大、干旱、无霜期短，温差大，降水量少且分布不均。年平均气温 1.9℃，寒冷期长达半年之久，从 10 月到来年 4 月，最冷月（1 月）平均气温 –17.7℃，极端最低气温达 –35.9℃，最热月（7 月）平均气温 19.1℃，极端最高气温达 34.9℃，年平均无霜期 111 天。年平均风速达 4m/s，全年大风日数 75 天（7 ~ 8 级风）。年平均日照时数 2888 小时，年均日照率 65%。正镶白旗年平均降水量 363mm，多集中在 7 ～ 9 月，占全年降水量的 68%，降雪量年平均 27.1mm。年均蒸发量为 1932mm，是降水量的 5 倍多。正镶白旗境内有 4 条季节性小河，较大的有布日嘎斯太河。无较大的湖泊，多为季节性的沼泽淖共 105 处，较大的有沙日盖淖、伊克淖、乌兰淖、车根淖、沙日布日都淖等，都分布在北部地区。土壤以栗钙土为主。植被有地带性典型草原植被和隐域性草甸草原植被、沙地植被。

镶黄旗位于内蒙古中部，锡林郭勒盟西南端（113°22′ ～ 114°45′E，41°56′ ～ 42°4′N），总面积 4960km²，其中草原面积占总面积的 97.84%。旗北部为波状起伏的高原，常出现地表基岩裸露；南部为起伏较大的丘陵和盆地，丘陵的局部有低山。平均海拔 1400 ～ 1500m，年日照时数 3031.6h，年均温 3.1℃；年降水量 267.9mm，主要集中在夏季的 6 ～ 8 月，约占全年降水量的 65.2%。镶黄旗土壤分为栗钙土、石质土、草甸土、风沙土 4 个土壤类型。旗北部由于浑善达克沙地的入侵，形成了砂质土壤，大多为固定和半固定沙丘。

2.1.5 河北坝上地区及乌兰察布草原

河北坝上位于该省北部，系内蒙古高原的南缘，包括张家口市尚义、沽源、康保、张北四县的全部和承德市围场、丰宁两县的一部分。共 84 个乡（镇），4 个省属林、牧场，19 个区（林管局）县属林、牧场。总人口达 120 余万，总面积 18391km²，占河北省总面积的 9.8%，在册耕地 85.87 万 hm²。呈丘陵状态，间有宽阔谷地；中部是典型的高原地貌，地势波状起伏，岗梁、滩地相间分布；东部是大兴安岭向西南延伸的丘陵地带。与海拔不到 20m 的北京海拔相差 1100m 以上，是大北京地区的上风地带和水源地（隆学文，2003）。

平均海拔 1200 ～ 1500m，≥ 10℃ 的年积温 1600 ～ 2200℃，年降水量 367 ～ 479mm，大部分属温带半干旱草原地带，是河北省沙漠化最严重、最难治理的地区（邢存旺，2000）。该区生态环境的好坏，直接影响着京津地区的大气环境和水源安全（吕贤如，2001）。坝上地区所辖县均为国家"八七扶贫攻坚县"，2000 年农民人均收入仅 1189 元，人均纯收入只相当于全国同期的 52.7%，全省的 47.9%。随着人口的增长和经济开发的不断深入，坝上地区的生态问题变得越来越突出，可持续发展成为人们关注的焦点（"河北省坝上生态农业建设与改善京津环境质量研究"课题组，2000）（图 2-6）。

1956 ～ 2007 年河北坝上地区，年均气温表现为波动上升趋势，年均气温的气候倾向率为 0.364℃ /10a。年降水量总体呈波动减少趋势，气候倾向率达 –20.76mm/10a。刘全友（1994）对河北坝上的气候与沙化关系进行了研究，他认为：坝上地区近 30 年以来，气温上升了 0.78℃，雨量增加了 13.8mm，大风减少了 23.7 个大风日，沙暴减少了 9.2 个沙暴日，气温升高后降水也随之增加。

该区沙尘暴频发，风沙危害严重。现有沙漠化土地 114 万 hm²，占总土地面积的 49.11%，风蚀模数达 3000t/（km²·a），沙尘暴年发生 8 ～ 12 天（邢存旺，2000），沙化日趋严重，沙化面积年均扩展速率在 4% 以上。据调查（候秀瑞和焦会玲，2000），坝上地区平均每年刮蚀表土深 5cm，几大风口地带深达 15cm，草场退化，盖度降低，草场盖度由 90% 降低到 44%。虽经多年的治理，但该区土地沙漠化年扩展速率仍在 4%

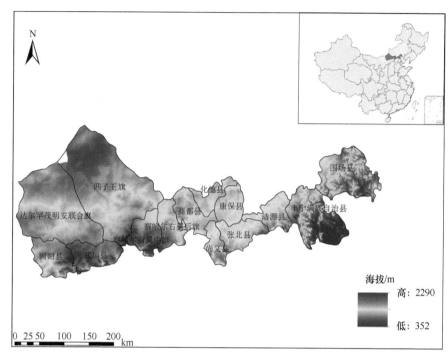

图 2-6　河北坝上地区及乌兰察布草原行政区

以上，是河北省京津周围沙漠化最严重也是我国土地沙漠化发展最迅速的地区。

乌兰察布市地处我国正北方，内蒙古自治区中部，39°37′ ~ 43°28′N，109°16′ ~ 114°49′E。总土地面积 5.45 万 km²，现有耕地面积 60 万 hm²。海拔 1595 ~ 2150m。全市辖 11 个旗县市区，包括四子王旗、察哈尔右翼前旗、察哈尔右翼后期、察哈尔右翼中旗、商都县、化德县、卓资县、兴和县、凉城县、丰镇市和集宁区。是一个以蒙古族为主体，汉族人口居多数的少数民族地区。

乌兰察布市属中温带干旱半干旱大陆性季风气候，因大青山横亘中部的分隔，形成了前山地区比较温暖，雨量较多，大部分为黄土丘陵区，水土流失严重。后山地区气候干燥多风，土壤瘠薄，风蚀作用沙化严重。年均降水量 200 ~ 300mm，无霜期 95 ~ 145 天，大风日数 80 天以上。2008 年，全市社会从业人员达 107.6 万人，实现生产总值 43468 万元，完成财政总收入 350525 万元。农业是乌兰察布市的主导产业。乌兰察布市东部与河北省接壤，东北部与内蒙古锡林郭勒盟相邻，南部与山西省相连，西部与自治区首府呼和浩特毗连，北部与蒙古国交界，国境线长 100 多千米。"乌兰察布"系蒙古语，汉译为"红色的山口"。改革开放以来，乌兰察布市的国民经济和社会发展突飞猛进，草原皮都、马铃薯之都、空中三峡、神舟家园、区域物流中心已成为闻名遐迩地区名片（孔萌，2014）。

近 20 年乌兰察布市的气温总变化趋势呈增温的状态，平均年增温 0.04℃；而降水与之相反，呈减少趋势，平均年减少 2.04mm。乌兰察布市呈现出降水量减少、气温上升的干暖化格局，气候变暖与变干同时出现，气温与降水的负相关系数为 −0.2563。据调查（付志强等，2013），乌兰察布市年降水量呈减少趋势，减少速率为 −0.95mm/a，其中春季、秋季降水为增加趋势，增加速率分别为 0.53mm/a、0.29mm/a，夏季、冬季降水量变化呈减少趋势，减少速率为 −1.77mm/a 和 −0.02mm/a，其中夏季降水变化趋势通过 0.05 显著性检验。近 40 年乌兰察布市年平均气温为 4.15℃。区域平均气温距平序列表现出明显的上升趋势，年增温速率达到 0.47℃/10a，春季增温速率为 0.42℃/10a，夏季增温速率为 0.51℃/10a，秋季增温速率为 0.43℃/10a，冬季增温速率为 0.51℃/10a。四季增温速率以冬、夏季为最大，春季为最小。

近 20 年间，耕地总面积保持先增加后减少的变化趋势。1990 ～ 2000 年耕地整体增加，净增地 1.20 万 hm²，以草地变耕地为主；2000 ～ 2010 年耕地整体减少，净减少耕地 3.71 万 hm²，减少的耕地以耕地变草地、林地为主。1990 ～ 2000 年耕地增加的速度低于 2000 ～ 2010 年耕地减少的速度。自退耕还林以来耕地面积逐年减少，从 2000 年的耕地面积占总土地面积的 18.96% 减少到了 2008 年的 11.6%。林地的面积逐年增加，从 2000 年的不到 10% 增加到了 2008 年的 38.29%。草地面积和水域面积变化基本不大（吴海燕和李青丰，2011）。

2.1.6　乌兰察布盟前山和土默特平原

人们习惯上将大青山以南部分称为前山地区，以北部分称为后山地区。地理位置处于 111°2′ ～ 113°40′E，40°5′ ～ 41°26′N。前山地区处于内蒙古高原向黄土高原的过渡地带，地形复杂、丘陵起伏、沟壑纵横、间有高山，平均海拔 1152 ～ 1321m，其中乌兰察布最高点苏木山主峰海拔为 2349m。北部丘陵山间盆地相间，有大小不等的平原。最南部为黄土丘陵。前山地区的旗县市区有：集宁区、兴和县、丰镇市、察哈尔右翼前旗、凉城县、林格尔县和托克托县。本书研究的区域也包括包头市郊（图 2-7）。

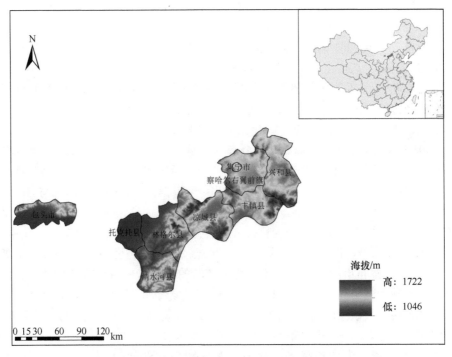

图 2-7　乌兰察布盟前山和土默特平原行政区

　　该区地处中温带大陆性季风半干旱气候冬季较长而寒冷，多风干燥；夏季短促，雨水集中而温热；春秋天气多变而剧烈。降水偏少，蒸发量大。年平均气温为 5℃左右，年日照时数 >3000 小时，年均降水量为 350～450mm，降水少且不稳定，蒸发大，暖干化趋势下生态较脆弱。

　　该区内有汉族、蒙古族、回族、满族、朝鲜族、达斡尔族、俄罗斯族、白族、黎族、锡伯族、维吾尔族、壮族、鄂温克族、鄂伦春族等民族。

　　该区矿产资源丰富，其中凉城县已探明的矿种有 20 余种，盛产优质品高的花岗岩，墨玉质地坚硬细腻，金、金刚砂、石榴子石等储藏量丰富；兴和县盛产石墨、膨润土矿；丰镇县的玄武岩储量极为丰富等。

　　该区畜牧业发达，其中察哈尔右翼前旗天然牧场达 176.611 万 hm^2。可利用草场达8.7 万 hm^2。主要草场类型有山地干草原草场、丘陵干草原草场、低温草甸草场。大部分为优良牧草。森林面积小，覆盖率低，并且森林资源、水资源储量都很丰富。

2.1.7　晋西北地区

　　晋西北地区位于山西省北部的雁北地区西部，在内、外长城之间。行政区划上包括左云、右玉、平鲁、偏关、河曲、保德、大同市郊、怀仁、山阴、朔州、神池、五寨、岢岚、岚县、兴县，位于 110°06′～112°58′E，38°43′～40°17′N，土地总面积约 15500km^2，总人口约 123.8 万人，是黄土高原的重要组成部分。晋西北地区西临黄河与陕西省隔河相望，东接大同盆地与大同市为邻，南端以芦芽山为界，北部与内蒙古自治区接壤，地理上属于一个独立的自然实体。地貌上以起伏和缓的黄土丘陵为主，全区平均海拔1300～1500m，相对高差为 100～200m，呈现高原形态，习惯称晋西北高原（图 2-8）。

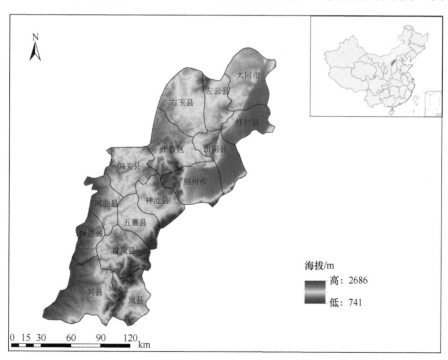

图 2-8　晋西北地区行政区

晋西北地区位于黄土高原东北缘的沙黄土地区，相应地，处于中纬度温带半干旱干草原亚带和半湿润森林草原亚带，因此晋西北地区具有温带大陆性季风气候的特点，干旱气候显著。年均气温 3.6 ～ 7.5℃；年平均降水量为 380 ～ 500mm，干燥度为 1.2 ～ 2.4，相对湿度 50% ～ 60%。并且 1 月平均气温在 −16.0 ～ −10.0℃，极端最低气温为曾达到 −40℃；7 月份平均气温 19.0 ～ 22.5℃，极端最高气温 34 ～ 38℃。无霜期 100 ～ 130 天，热量略显不足（马义娟和苏志珠，2002）。

苏志珠和马义娟（1997）根据野外调查和测年资料分析，认为晋西北地区土地沙漠化过程，至少在有史记载以前的晚更新世末期（即 25000 ～ 12000aB.P.）就已断续存在。根据 1986 年 TM 影遥感资料的判读与数据处理结果，该区沙漠化土地总面积为 1126km^2，其中受风沙影响的面积为 10064km^2，占山西省总土地面积的 6.4%（中国科学院黄土高原综合科学考察队，1991）。按沙漠化过程的发展程度来划分，轻度沙漠化土地面积为 708km^2，中度沙漠化土地面积为 211km^2，严重沙漠化土地面积为 207km^2。

2.1.8　鄂尔多斯草原和毛乌素沙地

鄂尔多斯位于内蒙古自治区西南部，地处鄂尔多斯高原腹地，属于草原向荒漠草原过渡地带。北有库布齐沙漠和镶嵌在黄河南岸的冲积平原，南有梁、滩、沙相间分布的毛乌素沙地，东为严重侵蚀丘陵地区，西为低山波状高平原，地理环境复杂多变。东部、北部和西部与呼和浩特市、陕西省、包头市、巴彦淖尔市、宁夏回族自治区、阿拉善盟隔河相望，南部与陕西省榆林市接壤。东西长约 400km，南北宽约 340km，总面积 8.68 万 km^2，属于典型的温带大陆性气候。年日照时间为 2716.4 ～ 3193.9 小时。年平均气温在 5.3 ～ 8.7℃，平均月最低气温为 −10 ～ 13℃，7 月平均气温为 21 ～ 25℃，全年气温日差为 11 ～ 15℃，年差为 45 ～ 50℃。东部地区降水量为 300 ～ 400mm，西部地区降水量为 190 ～ 350mm，全年降水量集中在 7 ～ 9 月。蒸发量大，年蒸发量为 2000 ～ 3000 mm（图 2-9）。

1981 ～ 1990 年，鄂尔多斯地区非沙漠化、轻度沙漠化以及重度沙漠化土地面积有所增加，其他类型的沙漠化土地面积则出现不同程度的降低。1991 ～ 2000 年，非沙漠化土地与轻度沙漠化土地面积增加明显，中度、重度以及极严重沙漠化土地均有不同程度的下降，而这一时段内不同类型沙漠化土地的逆转与发展趋势与 1981 ～ 1990 年时段内的一致。在 2000 ～ 2010 年，非沙漠化土地、轻度沙漠化土地以及中度沙漠化土地面积均有所增加，其中 2010 年鄂尔多斯地区轻度沙漠化土地面积相对 2000 年增加了近 1.5 倍，占全区沙漠化土地面积的 30.4%；而重度和极重度沙漠化土地面积相对 2000 年分别减少了 65.9% 和 65.2%，分别占全区沙漠化土地面积的 12.1% 和 5.8%。

1981 ～ 1990 年，鄂尔多斯地区降水量增加明显，干湿指数整体下降，气候趋于湿润，有利于植被的恢复。1991 ～ 2000 年，鄂尔多斯地区温度增加明显而降水量则呈下降趋势，干湿指数整体上升，气候趋于干燥，不利于植被的生长，其特征也符合该时段内气候变化对沙漠化作用的总体特点。

毛乌素沙地位于陕西省榆林地区和内蒙古自治区鄂尔多斯市之间，地理坐标为 37°27′ ～ 39°22′N，107°20′ ～ 111°30′E，其沙化记载已有千年之久，它还是我国重要的

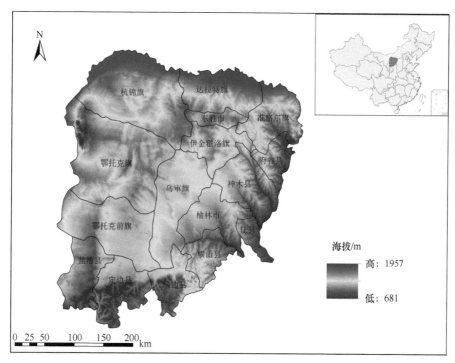

图 2-9　鄂尔多斯草原和毛乌素沙地行政区

生态屏障，对我国有重要的社会和生态意义。

从气候带讲，毛乌素沙地是一个由西北向东南干旱—半干旱—半湿润的过渡带。年均降水量从东南部约 400mm，向西递减为 200mm，冬春季的 6 个月里降水很少，通常不多于 20 ～ 30mm，大致由森林草原过渡到荒漠草原的降水范围。年均气温的地理分布自东南向西北、东北递减，年均气温 6.0 ～ 8.5℃，1 月平均气温 –12 ～ –9.5℃，7 月平均气温 22 ～ 24℃，年 ≥ 10℃的积温 3000℃。该地区的太阳辐射相对较为丰富，在西北为3000 ～ 3100 小时，东南部为 2800 ～ 2900 小时。年蒸发量 1800 ～ 2500mm，干燥度1.0 ～ 2.5，大于 5m/s 的起沙风平均每年有 220 ～ 580 次。海拔为 1100 ～ 1300m，西北部稍高，为 1400 ～ 1500m，个别地区可达 1600m 左右，东南部河谷低至 950m。气候类型为中温带向暖温带过渡地带，多年平均气温为 6.0 ～ 8.5℃，多年平均降水量为 250 ～440mm，降水在时间分布上主要集中于 7 ～ 9 月，占全年降水 60% ～ 75%,尤以 8 月为多；降水在空间分布上具有自东南向西北递减的特征，东部年降水量达 400 ～ 440mm，西北部降水量为 250 ～ 300 mm。毛乌素沙地农牧业利用较多，西北部为牧业区，向东南部和东部分别向农业区和工矿区过渡，是一个农、林、牧、工、矿交错出现的生态脆弱区。该区人口压力很大，是人口密度较高的沙区。

1981 年由国家林业局主持的陕西、宁夏、内蒙古三省（区）综合治理毛乌素沙地，将该地区沙漠化范围按照行政区确定为：内蒙古鄂尔多斯市的伊金霍洛旗、乌审旗、鄂托克旗、鄂托克前旗、杭锦旗、达拉特旗、东胜市、准格尔旗；陕西省榆林市的神木县、榆阳区、横山县、靖边县、定边县、佳县、府谷；宁夏的盐池县。1994 ～ 1996 年国家林业局组织的全国沙漠化普查结果中毛乌素沙地总面积约为 7.8 万 km² （国家林业局，2005）。

据董光荣等（1998）研究，毛乌素沙地 20 世纪 90 年代末期比 80 年代中期略有扩展；另有研究表明（吴波和慈龙骏，1998），70 年代末至 90 年代初沙漠化速度远远低于 50 年代末至 70 年代末，并且某些地方出现沙漠化土地明显负增长，如榆阳区的芹河、金鸡滩、牛家梁；同时，沙漠化空间差异也很大，西北部鄂托克前旗、鄂托克旗和中部的乌审旗沙漠化扩展速度（0.94%/a 和 0.93%/a）远远高于东部的榆林（0.39%/a）和南部的定边和盐池（0.12%/a）。据吴薇等（1997）研究，1987～1993 年，毛乌素沙地榆林市部分流沙面积减少了 50%，沙漠化土地面积减少 10.4%。通过研究得出毛乌素沙地的气候有好转迹象，特别是 70～80 年代气候发生了很大变化，但是从整个时间序列来分析该地区的气候，总的来说还是比较恶劣，因此从气候的角度来看有利于该地区的沙漠化扩展，事实也是如此，从 50～90 年代毛乌素沙地沙漠化一直表现为扩展，然而沙漠化的速度在不同时期显著不同，70 年代末至 90 年代初沙漠化速度远远低于 50 年代末至70 年代末，说明在 70 年代到 80 年代不仅气候发生了很大变化，沙漠化的速度也变化明显，说明沙漠化速度的减小与气候好转相关联；进入 21 世纪，该地区的降水量、气温普遍升高，非常有利于植被生长，更加有利于沙漠化的固定，本书课题组调查的结果也证实了这一点。毛乌素沙地不同地区气候的空间差异很大，表现为东南部地区的气候条件比西北部地区的好，气候条件好有利于沙漠化固定，反之有利于沙漠化扩展，这一现象在实践中也得到证实，50～90 年代的沙漠化扩展过程中，西北部地区的扩展速度远比东南部快得多，在 80 年代榆林的部分地区已经开始出现逆转，而西北部地区沙漠化仍在扩展。进入 21 世纪，根据本书课题组调查，东南部地区沿长城一线的榆林市各县生态条件很好，在草地上有高大的乔木和灌木覆盖，低矮的草木生长很茂盛，农田周围生长着整齐的防护林带；西北部地区的乌审旗、鄂托克旗、杭锦旗等县生态环境有所好转，但是比起东南部地区差距很大，基本没有高大的乔木和灌木，都是低矮的蒿属植被，农田比例很少，没有防护林带，尤其是鄂托克旗最为突出，苏密图乡有类似于沙漠的景观。

近 50 年，沙地增温趋势显著，变化率为 0.33℃/10a。全区域年均温变化趋势的范围为 0.16～0.5/10a，且增温存在西北部最强、东南部最弱的趋势（王立新等，2010）。除 1976 年和 1984 年气温显著降低外，毛乌素沙地年平均气温呈波动上升趋势，倾向率为 0.401℃/10a，升温幅度与毛乌素沙地 30 年的 0.446℃/10a 和盐池县 50 年的0.380℃/10a 水平相当（徐小玲和延军平，2004）。1969～2009 年，毛乌素沙地年平均气温呈现出波动上升的趋势，平均上升 0.401℃/10a，年降水量和年平均相对湿度的变化趋势不明显，郭坚等（2008）、璩向宁和王惠荣（2006）的研究结果也证实了这一趋势。20 世纪 50 年代以来毛乌素沙地荒漠化扩展迅速，流动沙地和半固定沙地共增加了94.02 万 hm^2，占毛乌素沙地总面积的 24.84%，增长率为 60.37%，35 年间（以 1958～1993 年计算）平均每年增加 2.69 万 hm^2。流动沙地增长速度最快，平均每年增加1.55 万 hm^2；半固定沙地平均每年增加 1.14 万 hm^2；固定沙地平均每年减少 1.63 万 hm^2（吴波和慈龙骏，2001）。

2.1.9　宁夏河东沙地

本书研究的宁夏河东沙区仅限于黄河宁夏段东侧的灵武县和甘肃庆阳的环县。在空间上宁夏河东沙地是我国北方农牧交错区最具过渡性地域特征的沙地，生态环境极度脆弱，年降水量只有 200mm 左右，气候变化敏感，水资源季度短缺，由于干旱少雨、植被稀疏、植被组成成分简单、土壤疏松等自然因素及过度放牧、乱垦滥采挖草药、薪柴等人为因素，造成这一地区草原大面积退化沙化（王海珍等，2004）。宁夏北部黄河东岸的沙漠通称"河东沙"。宁夏河东沙地地处我国西北内陆，属鄂尔多斯台地，位于宁夏河套平原东部，地理位置介于 37°04′ ~ 38°10′N，106°30′ ~ 107°41′E，处于宁夏、内蒙古、陕西及甘肃 4 省（区）交界地带（图 2-10）。

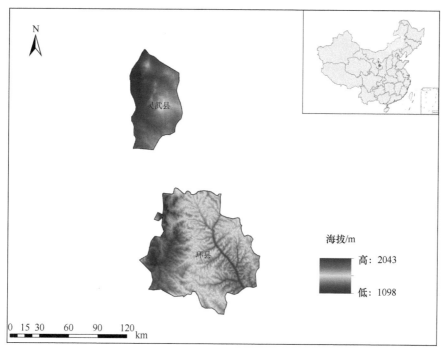

图 2-10 宁夏河东沙地行政区

河东沙地地处干旱和半干旱过渡地带，属典型的农牧交错区，该区以土地沙化为特征的荒漠化问题严重威胁当地经济的发展和生态安全。据 1954 ~ 2003 年的气象资料，盐池县多年平均降水量为 280mm，多年平均蒸发总量为 403.7mm，远远大于年降水量。属典型中温带大陆性气候，光能资源丰富，热量偏小。其北临毛乌素沙地，西部为腾格里沙漠，西北部为乌兰布和沙漠，年平均风速 2.8m/s，年平均大风和沙暴日数分别为 24.2 天和 20.6 天。自然条件极端恶劣，自然灾害频发，地区经济发展相对落后，人民群众生活相对贫困。

近 50 年来，这一区域由于湖泊湿地的强烈萎缩，大面积的湿滩地变为干滩地，风沙堆积日益严重，沙漠化土地面积有明显扩大趋势。单鹏飞等的研究指出宁夏河东沙地的形成是气候控制、自然反馈为主导，人为活动负反馈叠加增效的地貌过程（单鹏飞等，1994）。1986 年以后年平均气温出现突变，上升了 0.9℃；降水量的年际变化较大，但没有出现明显的升降趋势；1992 年以后年平均风速出现突变，上升 0.4m/s。20 世纪 80 年代中期以前年平均气温基本在波动中变化，没有明显的升降趋势，1986 年以后年平均气温出现突变，上升了 0.9℃，目前河东沙地正处于一个相对暖期。从降水量的年际变化看，近 50 年来河东沙地降水量的年际变化较大，但没有出现明显的上升或下降趋势，只是 50～60 年代略多，70～80 年代略少，90 年代以后略有回升（李艳春等，2006）。

　　关于宁夏河东沙地的气候分析，近年来我国学者相继进行了一些研究，如张高英等从干旱气候背景、环流状况、沙尘源、沙尘路径及天气系统等方面比较系统地分析了毛乌素沙地（包括宁夏河东沙地）对强沙尘暴形成的影响（张高英等，2004；苏永中等，2004）。1986～1995 年不同程度的荒漠化转入面积大于转出面积，荒漠化发展速率为 16.25km²/a，表现为荒漠化面积的扩张与程度的加剧；1995～2003 年不同程度荒漠化转入面积小于转出面积，荒漠化发展速率为 –51.85km²/a，年缩减率为 1.05%，表现为荒漠化面积的缩减和程度的减缓。

2.2　西北干旱区

2.2.1　准噶尔盆地

　　本书研究的准噶尔盆地包括新疆的奇台、木垒、吉木萨尔、阜康、米泉、昌吉、呼图壁、沙湾、乌鲁木齐市郊、玛纳斯、奎屯、精河、克拉玛依市郊、福海、吉木乃、哈巴河和布尔津（图 2-11）。

　　准噶尔盆地位于我国新疆维吾尔自治区北部盆地，大约位于 45°N，85°E。东北为阿尔泰山，西部为准噶尔西部山地，南为天山山脉。盆地呈三角形，是一个略呈三

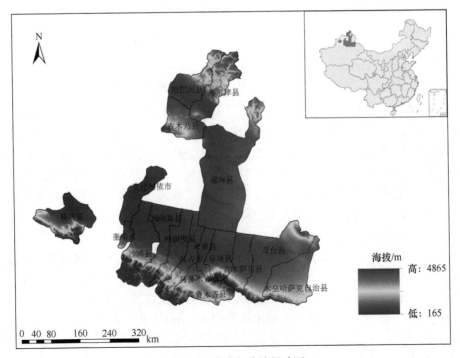

图 2-11　准噶尔盆地行政区

角形的封闭式内陆盆地。东西长 700km，南北宽 370km，面积约 38 万 km²。盆地一般海拔 400m 左右，东高（约 1000m）西低，盆地西部既有高达 2000m 的山岭，也有西南部海拔仅 190m 的艾比湖。盆地腹部为库尔班通古特沙漠，面积占盆地总面积的 36.9%，是中国第二大内陆盆地。

盆地边缘为山麓绿洲，日平均气温大于 10℃ 的温暖期为 140～170 天，栽培作物多一年一熟，盛产棉花、小麦。盆地中部为广阔草原和沙漠（库尔班通古特沙漠），部分为灌木及草本植物覆盖，主要为南北走向的垄岗式固定、半固定沙丘，南缘为蜂窝状沙丘。盆地南缘冲积扇平原广阔，是新垦农业区。发源于山地的河流，受冰川和融雪水补给，水量变化稳定，农业用水保证率高。除额尔齐斯河注入北冰洋外，玛纳斯、乌伦古等内陆河多流注盆地，潴为湖泊（如玛纳斯湖、乌伦古湖等）。北部的阿尔泰山区盛产黄金。

任艳群等（2014）对基于 TM 遥感影像建立新疆农八师石河子垦区 150 团地 NDVI-Albedo 特征空间，认为 2000～2005 年，沙地面积由 239km² 只减少到 219.4km²，极重度沙漠化土地由 65.1km² 降低为 36.5km²，中度沙漠化土地由 31.5km² 增加到 44.3km²，耕地面积由 77.7km² 增加到 103.1km²。主要原因在于人们对沙漠化土地的改造力度不够，且水资源的使用率较低。在 2005～2010 年，极重度沙漠化土地增加到 84km²，重度沙漠化土地增加到 28.8km²，中度沙漠化土地增加到 53.8km²，耕地面积则由 103.1km² 增加到 130.5km²。虽然沙地面积继续下降到 123.5km²，一部分沙地向其他类型土地转化，沙漠化程度减弱，但极重度、重度、中度、轻度及耕地的面积则逐年增加；其中，特别是西南部的沙漠面积减少了很多。有 96km² 的沙地转化为极重度、重度、中度、轻度沙漠化和耕地，其中 90% 转换为极重度沙漠化土地；极重度沙漠化土地中有 9.6km² 发生了变化；重度沙漠化土地中发生变化的面积有 5.4km²，占重度沙漠化面积的 24%；中度沙漠化土地变化不大，只有 6.6km²；轻度沙漠化面积中有 13.5km² 发生变化；而耕地的面积则有 18.1km² 产生了变化。

2.2.2 吐哈盆地

吐哈盆地是新疆三大含油气盆地之一，位于新疆的东部，呈东西向展布，南北分别与塔里木盆地、准噶尔盆地隔山相望。本书研究的吐哈盆地即新疆天山以东的吐哈地区，包括新疆的哈密、吐鲁番、托克逊、鄯善、巴里坤、伊吾，主要由吐鲁番地区和哈密地区组成，因为处于新疆最东端，俗称东疆。它地跨天山南北，东部、东南部与甘肃省酒泉地区肃北县、瓜州县、敦煌市为邻；南接巴音郭楞蒙古自治州若羌县；西部、西南部与昌吉回族自治州木垒县相连；北部、东北部与蒙古国接壤，有长达 586.66km 的国界线，土地面积占全疆土地总面积的 12.59%（图 2-12）。

其中吐鲁番地区是天山东部的形如橄榄状的山间盆地，东西长 245km、南北宽约 75km，总面积约为 7 万 km²，山区面积 1 万 km²，平原面积约 6 万 km²，四面环山；经历了地质年代中的侏罗纪、白垩纪、古近纪、新近纪、第四纪，在地质构造过程中盆地北缘的博格达山急剧上升，而盆地南缘的库鲁克塔格山上升幅度较小，两山之间断裂陷落，最终形成了北高南低、西宽东窄的不对称凹陷的古老盆地，中部有火焰山和博尔托乌拉山余脉横穿境内，有世界第二低地艾丁湖，低于海平面 155m，是我国最

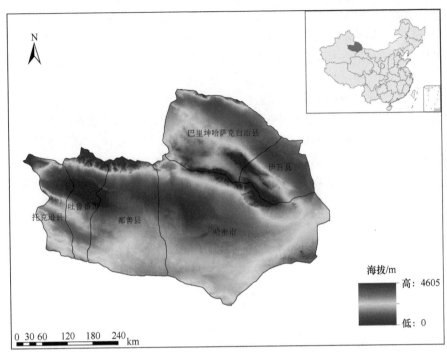

图 2-12　吐哈盆地行政区

低的盆地。以艾丁湖为中心，吐鲁番盆地呈环状分布，由三个环带组成。最外一环是高山雪岭组成，北面横亘着博格达山；南边有库鲁克塔格山；西面是北天山支脉的喀拉乌成山；东南有库姆塔格山，可谓四面群山环抱。盆地中环是长期以来山岭风化剥蚀，由流水搬运沉积下来的戈壁砾石带；盆地的第三环带是承载人类繁衍生息的绿洲平原带，包含了人类文明的历程，当今是内地连接新疆、中亚地区及南北疆的重要通道。

　　哈密地区总面积 15.3 万 km²，占全疆总面积的 9%，南北距离约 440km，东西相距约 404km。东部、东南部与甘肃省酒泉市为邻；南接巴音郭楞蒙古自治州；西部、西南部与昌吉回族自治州、吐鲁番地区毗邻；北部、东北部与蒙古国接壤，设有国家一类季节性开放口岸——老爷庙口岸，是我国与蒙古国发展边贸的开放口岸之一。其管辖哈密市、巴里坤哈萨克自治县和伊吾县，哈密市位于哈密地区南部，北接天山与伊吾县、巴里坤县为邻，总面积约 8.5 万 km²，占全疆总面积的 5.2%。哈密地区地形中间高南北低，为四山夹三盆的地貌特征，其中位于觉罗塔格山和天山主脉之间是哈密盆地，最低处沙尔湖，海拔仅 53m；处在天山主脉与支脉莫钦乌拉山之间的是巴里坤盆地 - 伊吾河谷地，是一个长条状构造盆地，是哈密地区重要的畜牧业基地；地处莫钦乌拉山与东准噶尔山地之间的是三塘湖 - 淖毛湖盆地，海拔在 1000m 以下，最低处海拔为 300 多米。哈密曾是古"丝绸之路"重镇，地处中原与西域文化交汇之地，具有丰富的文化底蕴，同时具有"新疆缩影"之称。

　　吐哈盆地自然条件脆弱，地质构造与气候条件复杂，地貌类型众多，流水作用、风力作用等都会造成吐哈盆地沙漠化土地的发育。刘丹慧和叶新苹（2003）根据吐鲁番市 1994 年与 1999 年沙化监测结果，认为吐鲁番市沙质沙漠化发展趋势是：面积增加缓慢，1999 年沙质沙化土地总面积比 1994 年净增 994hm²，其中流动沙地、固定沙地面积减少，半固定沙地面积增加。根据 2005 年卫星影像数据显示：目前托克逊县沙化土地 80.48 万 hm², 占全县总面积的 51.54%, 其中有沙质类沙化土地占沙化土地总面积的 5.77% 和沙砾质则占 94.23%。郭靖等（2009a）通过利用托克逊县 1990 年、1999 年、2005 年三期 TM 卫星影像数据及 2007 年实地调查数据的对比分析，指出托克逊县南部地区 1990～1999 年沙质土地处于扩展时期，1999～2005 年扩展加速；东部封育区 1990～1999 年风蚀劣地面积处于严重扩张时期，但自 2000 年采取封育措施以来，沙漠化的扩张明显得到遏制；1990～1999 年农田区沙质土地处于增加时期，并且在 1999～2005 年沙质土地仍处于扩展时期。托克逊县南部地区远离县中心，几乎不受人为因素影响，是研究新疆现代土地沙漠化过程及其驱动机制的重要地区。郭靖等（2009b）在 2009 年调查托克逊县南部地区土地沙化现象，指出该区沙漠化占总面积 98.74%, 剩余 1.26% 的非沙化土地为山地。

2.2.3 伊犁盆地

伊犁盆地位于新疆西端，行政区划隶属伊犁哈萨克自治州管辖，总面积 2.88 万 km²。北部为科古琴山、博罗霍洛山，南部为恰普恰勒山、依什基里克山，东部为阿吾拉勒山，西部与哈萨克斯坦国相接，呈一东窄西宽、向西开口的三角地带。地理坐标为 80°20′～84°00′E, 43°20′～44°28′N。山区平均海拔 2500～2900m, 最高在 4000m 以上，山顶常年积雪。盆地地势东高西低，水系发达，水源于高山区冰雪融化，较大的河流有喀什河、特克斯河、巩乃斯河等，回流后的河段称伊犁河。本书研究的伊犁盆地只局限于该区的霍城县（图 2-13）。

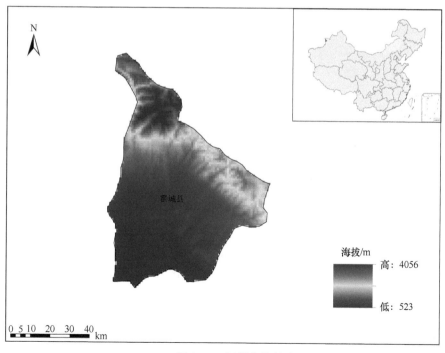

图 2-13　伊犁盆地行政区

该区属中亚大陆性气候，气温变化较大，冬季最低气温为 −40 ～ −30℃，夏季最高气温为 30 ～ 35℃；雨量丰沛，年降水量在 500mm 左右，一般 6 ～ 8 月为雨季，高山地区四季皆有降雪。由于雨量充沛，水资源丰富，气候温湿，主要河流两岸冲积平原区是良好的耕作区，低山丘陵区则是天然牧场，农牧业发展条件优越，所以人们称之为美丽的"塞外江南"。居民以哈萨克族为主，其他有汉族、维吾尔族、回族、蒙古族、锡伯族、俄罗斯族及藏族等。平原区农产品以小麦、玉米、油菜为主；丘陵区以牧业为主，每年可向国家提供大量的粮食和畜牧产品；山区森林及野生动物资源也较丰富。

伊宁国家气象观测站 1952 ～ 2005 年的气象资料分析伊犁盆地近 54 年来的气候变化情况。伊犁盆地气候增暖增湿现象较明显，增温率为 0.41℃ /10a，特别是冬季气温偏暖明显；降水偏多趋势较明显，增幅为 21.2mm/10a（殷剑虹和徐予洋，2007）。

朱磊等（2010）指出研究区耕地变化：在 20 世纪 90 年代被撂荒的耕地，受政策影响，21 世纪初又被重新开垦，这可能是导致耕地和高覆盖度林草地之间频繁转换的主要原因。沼泽变化主要由气候条件和伊犁河来水量等因素驱动。与 1990 年比较，2000 年研究区城镇用地面积变化最为剧烈，增长了 62.13%，水体、未利用地和林地面积减少，城镇用地、耕地和草地增加（包桂荣等，2008）。

2.2.4   塔里木盆地

塔里木盆地位于中国西北部的新疆，是中国面积最大的内陆盆地。北、西、南分别被天山、帕米尔和昆仑山、阿尔金山环绕，海拔 1000m 左右，东西长 1400 km，南北最宽 520km，呈不规则的菱形，地理坐标：75°06′ ～ 92°50′E，36°30′ ～ 42°10′N。在行政区划上包括巴州、阿克苏地区、克州、喀什地区、和田地区 5 个地（州）及其所管辖的 42 个县（市），以及新疆生产建设兵团农一师、农二师、农三师等辖属 48 个农牧团场。位于盆地中心的塔克拉玛干沙漠面积约 $33.76×10^4km^2$，占中国沙漠总面积的 47.2%（马金珠和李吉均，2001）（图 2-14）。

其独特的地理位置决定了海洋气流不易到达，从而决定了本区降水稀少，气温变化剧烈，气候极端干燥等特点，属于典型的暖温带大陆性极端干旱气候（金炯和董光荣，1994）。由于塔里木盆地地域辽阔，整个地势南高北低，自西向东缓倾，从而所受气流扰动影响不均一。这样，在主要气候要素（如气温、降水量、大风、蒸发量）的分布上，其南缘和北缘绿洲气候之间存在明显差异（樊自立，1993）。环塔里木盆地五地州，是一个区域相对封闭、经济发展相对落后、民生状况总体相对薄弱的地区。塔里木盆地也是多民族聚集地，最主要分布着汉族和维吾尔族，还有回族、哈萨克族、满族及其他民族，少数民族人口比例高，低收入人群比例较大，贫困问题突出。塔里木盆地土地资源十分丰富，后备土地资源充足，土地开发潜力很大。2011 年新疆统计局公布的第六次全国人口普查中新疆人口普查数据表明，全区常住人口为 2181.33 万人，南疆占 48%，北疆占 38%，东疆占 14%。内陆盆地石油天然气储量丰富，目前初步探明石油资源量 $1.08×10^{10}$t，天然气 $8.39×10^{12}m^3$，是中国陆上第二大油田，由于在中国能源结构中的作用不断发展扩大，塔里木油田被经济学家称为中国西部的能源经济动脉。塔里木盆地不但是我国重要的能源化工发展基地，而且是我国重要的粮、棉、瓜、果生产

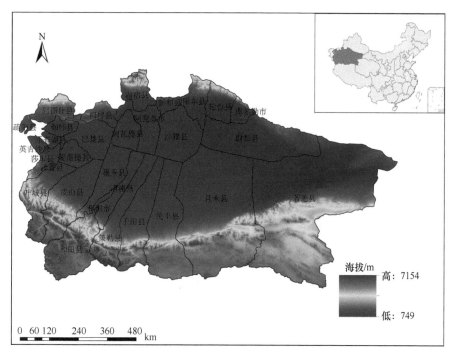

图 2-14 塔里木盆地行政区

基地，在西部大开发中，具有极为重要的战略意义（白春艳，2013）。

塔里木盆地自 20 世纪 70 年代后期所表现出来的年平均温度上升，尤其是冬季气温的明显升高、降水量增加的趋势与全球性气候变暖的趋势是一致的（李江风，1991）。近 40 年来塔里木盆地降水的多寡与全球气温变化的关系，也主要表现为暖湿—冷干的特征（任振球，1994）。很多研究表明，目前新疆气候是向暖湿转化，如施雅风等（2003）提出中国西北气候由暖干向暖湿转型的观点；胡汝骥等（2001）分析了新疆由暖干向暖湿转型的气候变化特征和气候变化对环境的影响；靳立亚等（2004）揭示了西北地区气候正由暖干向暖湿转型的事实和西北地区干湿状况时空分布。塔里木盆地边缘近 50 年气候变化与全疆同步（唐舰等，2006），即在 1959～2008 年呈缓慢的暖湿变化趋势。

地表的自然景观呈现为戈壁、沙漠、盐漠、风蚀残丘等。地表大部分地段寸草不生，自然环境异常恶劣。随着植被衰败、土壤风蚀和风积作用的加强，风蚀裸地和片状积沙在扩展，小的沙丘不断形成，固定和半固定沙丘向流动方向转化，土地沙漠化不断发展（吐尔逊·哈斯木等，2009）。目前阿拉干南约 10km 以南至罗布庄完全失去植被成为风蚀雅丹景观，218 国道多处受到风沙的严重威胁（朱朝阳等，2000）。

2.2.5 河西走廊和祁连山前

河西走廊是中国内地通往新疆的要道。东起乌鞘岭，西至古玉门关，南北介于南山（祁连山和阿尔金山）和北山（马鬃山、合黎山和龙首山）间，长约 900km，宽数千米至近百千米，为西北-东南走向的狭长平地，形如走廊，称甘肃走廊。因位于黄河以西，又称河西走廊。河西走廊的祁连山山前地带，分布着河西五地（市）大小近 110 个村镇，现有耕地 95 万亩（1 亩 ≈ 666.7m²），人口约 43.5 万，经济以农业为主。这里主要利用蓄引出山河（洪）水灌溉农田和人畜饮用。多年来，由于水文地质研究程度低、地质构造复杂、地下水埋深大且含水层不连续所导致的开采条件不明，地下水一直未能规模开采利用（丁宏伟等，2002）（图 2-15）。

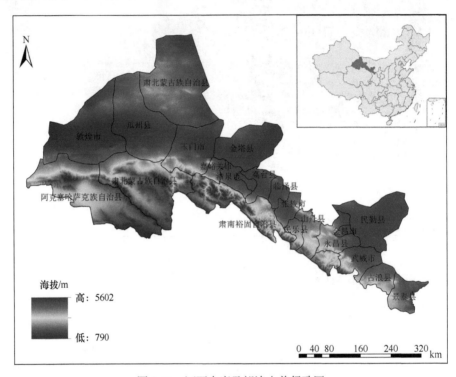

图 2-15   河西走廊及祁连山前行政区

祁连山东西长约 1000km，南北最宽处约 300km，最宽处位于酒泉市与柴达木盆地之间，主要分布在我国甘肃省西部和青海省东北部。它东起乌鞘岭的松山，与秦岭和六盘山相连；西到当金山口，北临河西走廊，南接柴达木盆地。由于高寒的气候背景、环境条件的恶劣，山区大部分地方人口稀少，经济以牧业活动为主，农业活动为辅，仅有的农业活动限于山区河谷和山前绿洲，人类活动相对较低，因此山区的自然植被保存基本完好。气候具有受大陆性气候和青藏高原气候综合影响的特点，气温变化剧烈，雨量分配不均，且温度和降水随海拔呈明显的垂直变化，土壤和植被也因地形和气候差异而具有明显的经向地带性和垂直带性。

祁连山区在 20 世纪 80 年代中后期气温持续升高，90 年代以后明显变暖，其中秋、冬季升温幅度较大；60 年代降水量最少，之后逐渐增多，80 年代达到最多，90 年代又减少，2000 年以来又明显增多（贾文雄等，2008）。40 年来祁连山区年平均气温整体上呈上升趋势，气候变化倾向率为 0.127℃/10a，增温幅度低于西宁地区，高于全国和青海其余地区。60 年代有 70% 的年份平均气温低于平均值，70 ~ 80 年代减少到 50% 的年份平均气温低于平均值，70 年代初期平均气温较高，80 年代负距平值之和高于 70

年代负距平值之和 0.5℃，气温不断上升。到 90 年代只有两年的平均气温低于平均值，气温偏高明显（张盛魁，2006）。

2.2.6　阿拉善高原

阿拉善高原处于 37°～ 43°N，97.1°～ 107°E，位于中纬度西风带中风力较强位置。在地理上位于我国中西部，深居内陆，远离海洋。西界马鬃山，东至贺兰山与黄河一线，南抵龙首山和毛毛山，北部是蒙古戈壁，平均拔海为 900 ～ 1500m。从地质构造部位上看是阿拉善地块、鄂尔多斯地块与祁连山褶皱带的交接地带。地貌上是阿拉善高原、黄土高原及青藏高原的交接部位；生物气候上是半干旱、干草原与干旱、极干旱荒漠的过渡带。由于该区的过渡性构造地貌和生物气候特征，从而成为我国全球变化的一个敏感区，并被划为中国环境生态的严重危急 - 危急区，更由于本区作为沙尘暴多发中心之一，使得本区在今天的西部环境与生态研究上占有重要的地位（图 2-16）。

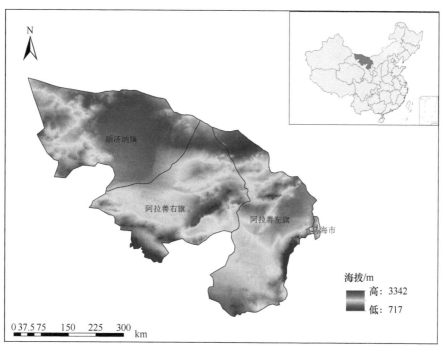

图 2-16　阿拉善高原行政区

由于阿拉善高原处于亚洲大陆腹地，远离海洋，东南季风影响微弱，气候干旱少雨，夏热冬寒，风大沙多，蒸发强烈，是典型大陆性气候。干旱荒漠区风的作用十分强烈，年大风日数西北部为 50 ～ 100 天，东南部较少，也达 15 ～ 30 天。大风在四季分配中春季（3 ～ 5 月）占 39%，夏季（6 ～ 9 月）31%，秋季（10 ～ 11 月）16%，冬季（12 ～ 2 月）15%。按月份统计，4 月大风最多，占全年的 15%，5 月占 14%。在长期巨大风力作用下，造成风蚀和风积，如砾石戈壁和沙漠等地貌类型的形成。阿拉善高原除贺兰山受山地影响降水量较多外（200～400mm），大部分地区降水稀少。东部地区为 100～150mm，中部为 70～100mm；西部仅 50mm 左右。降水很集中，主要在 7～9 月，此期降水占全年降水量的 59%～75%，越向西越集中。以巴彦诺尔公气象站 2000 年数据为例，全年降水量为 98.7mm，其中 10 个降水日的降水量为 39.7mm，占全年的 40.22%。

姚正毅等（2008）运用阿拉善盟 2000 年 TM 卫星影像遥感信息，根据中国北方土地沙漠化动态分类系统，对阿拉善盟的土地沙漠化状况面积进行量算，结果表明阿拉善盟 2000 年沙漠化土地总面积 366.62 万 hm^2，占土地总面积的 15.48%。阿拉善的沙漠化类型可以分为沙丘活化或流沙入侵、灌丛（草地）沙漠化、砾质沙漠化和耕地沙漠化四种类型。

阿拉善左旗沙漠化土地总面积为 249.34 万 hm^2，其中，沙丘活化或流沙入侵类型面积最大，有 184.69 万 hm^2，约占沙漠化土地总面积的 74.07%，灌丛沙漠化有 63.83 万 hm^2，占沙漠化土地总面积的 25.60%，耕地沙漠化 0.82 万 hm^2，占沙漠化土地总面积的 0.33%。

阿拉善右旗沙漠化土地总面积为 2.94 万 hm^2，在阿拉善盟的三个旗中最少，其中，灌丛沙漠化类型面积最大，有 1.76 万 hm^2，占沙漠化土地总面积的 60.07%；砾质沙漠化面积 0.94 万 hm^2，占沙漠化土地总面积的 32.16%；耕地沙漠化 0.82 万 hm^2，占沙漠化土地总面积的 7.77%。阿拉善右旗没有沙丘活化或流沙入侵类型。额济纳旗沙漠化土地总面积为 114.35 万 hm^2，其中，砾质沙漠化类型面积最大，有 105.55 万 hm^2，占沙漠化土地总面积的 92.31%；灌丛沙漠化有 79434.9hm^2，占沙漠化土地总面积的 6.95%；耕地沙漠化 0.85 万 hm^2，占沙漠化土地总面积的 0.75%。额济纳旗同样也没有沙丘活化或流沙入侵类型。

2.2.7 河套平原及黄河沿线

河套平原位于 40°10′～41°20′N，106°10′～112°15′E。一般是指内蒙古高原中部黄河沿岸的平原，由内蒙古狼山、大青山以南的后套平原、呼包平原和土默川平原（又称前套平原）组成，贺兰山以东，西至呼和浩特市，北靠狼山和大青山，南界鄂尔多斯高原，总面积约 2.87 万 km^2（图 2-17）。

本书研究的河套平原为狭义的河套平原，即后套平原，包括内蒙古的磴口、杭锦后旗、临河、五原、乌拉特前旗、乌海市，以及黄河沿线。黄河在此先沿着贺兰山向北流，再由于阴山阻挡向东，后沿着吕梁山向南形成"几"字马蹄形的大弯曲，称为河套。平原为黄河及其支流冲积而成。东西沿黄河延展，长 500km，南北宽 20～90km。面积约 2.5 万 km^2。

河套平原海拔 900～1200m，地势由西向东微倾，西北部第四纪沉积层厚达千米以上。山前为洪积平原，面积占平原总面积的 1/4，其余为黄河冲积平原。地表极为平坦，除山前洪积平原地带坡度较大外，坡降大多为 1/4000～1/8000。

本区属于温带大陆性干旱半干旱气候带，年降水量 130～220mm，年蒸发量 1900～2500mm，年平均气温 5.6～7.8℃，无霜期 120～130 天，全年日照期 3100～3300 小时。

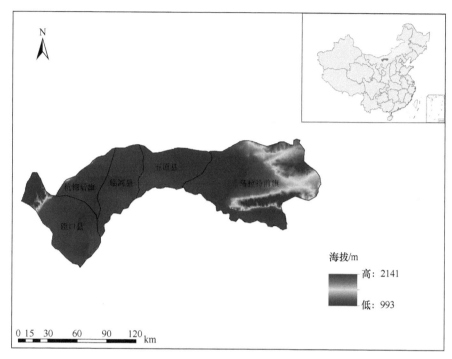

图 2-17　河套平原及黄河沿线行政区

　　河套是黄河中上游两岸的平原、高原地区,因农业灌溉发达,又称河套灌区。该地历代均以水草丰美著称,故有民谚"黄河百害,唯富一套",不过现在的生态环境大不如前,境内许多地方已近荒漠或半荒漠状态,土地沙漠化的范围也在不断地扩大。

　　郭娇等(2014)通过河套平原 2000 年和 2006 年的遥感影像分析指出,沙漠化土地面积年变化率为 –2.37%,表明近年由于人为保护措施,河套平原地区的沙漠化得到遏制。

　　在磴口县土地景观变化的研究中,刘芳等(2009)通过对 1990 年和 2003 年 2 期秋季相 TM 遥感影像分析指出,磴口县沙漠化土地(流动沙地、半固定沙地、固定沙地)面积从 1990 年的 19.82 万 hm² 减少至 2003 年的 17.53 万 hm²,净减少 2.296 万 hm²。

2.2.8　内蒙古后山地区

　　内蒙古后山的乌拉特中旗位于内蒙古自治区巴彦淖尔市东北部,地理坐标为 40°07′ ~ 42°28′N,107°16′ ~ 109°42′E。总面积 227.44 万 hm²。以北为高平原区,海拔为 1121 ~ 1939m,是牧业发展区;以南为平原区,平均海拔 1020 ~ 1066m,是农业发展区;东南部为低山丘陵区,海拔为 1400 ~ 1650m,为半农半牧区,俗称山旱区。截至 2004 年年末,乌拉特中旗辖 4 个镇(乌加河、德岭山、石哈河、海流图),4 个苏木(巴音乌兰、川井、呼勒斯太、新忽热)总人口 13.99 万人。乌拉特中旗境内还划出部分区域作为巴彦淖尔市的畜牧场基地,有牧羊海牧场、同和太种畜场、巴彦淖尔乌北林场等(吉·敖登高娃,2007)(图 2-18)。

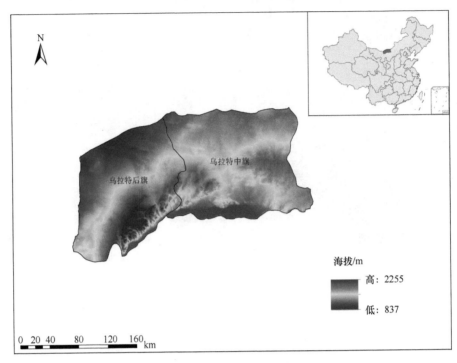

图 2-18　内蒙古后山行政区

乌拉特中旗全年大部分时间受大陆高气压控制,属中温带干热气候区。表现出明显的高原大陆性气候特征。全年四季分明,冬季漫长寒冷,夏季炎热短促,秋季温和凉爽,春季干旱多风。全年干旱少雨,无霜期短。年平均降水量 115.0 ～ 250.6mm,年均蒸发量为 2032 ～ 2953mm,是降水量的 11 ～ 16 倍。各地湿润系数为 0.11 ～ 0.26,大部分地区 0.13<K<0.3,属于干旱、半干旱荒漠地带。全旗土壤划分为灌淤土、风沙土、盐土、草甸土、栗钙土、棕钙土 6 个土类,17 个亚类,51 个土属,235 个土种。2009 年年底,牲畜存栏数为 163.53 万头(只),其中牧区 105.3 万头(只),农区 58.23 万头(只),草原生态建设持续加强,禁牧、休牧、轮牧面积 63.67 万 hm²,牧区牲畜均占有草场面积 1.44hm² 以上,牧区放牧以围栏内散养为主。

20 世纪 50 ～ 60 年代至今乌拉特中旗年平均总云量、低云量均表现为减少趋势,而 80 年代至今年平均总云量和低云量则呈增加趋势,以总云量增幅更大,平均增幅为 16%/10a。根据 1961 ～ 2012 年雷暴观测资料,结果表明,乌拉特中旗平均年雷暴日数为 23.8 天,初日平均出现在 5 月 6 日,终日平均出现在 9 月 19 日;雷暴日主要集中在 5 ～ 9 月,以 6 ～ 8 月最多;西北方出现雷暴的频率最多;近 52 年乌拉特中旗年雷暴日数表现为不显著的减少趋势,初日呈显著的推迟趋势,平均推迟幅度为 6.3 d/10a;70 年代以来乌拉特中旗年雷暴日数表现为逐年代减少趋势,80 年代至今雷暴初日呈逐年代推迟趋势。

草场退化和沙化程度一直不断在增大,20 世纪 50 ～ 90 年代和 2005 年的退化、沙化面积占可利用草原面积比例分别为 0.2%、0.4%、2.2%、27.9%、65% 和 100%。草场亩产量逐年降低,50 年代为 761kg/hm²,60 年代为 759kg/hm²,70 年代为 743kg/hm²,

80 年代为 674kg/hm², 90 年代为 273kg/hm², 2000 年为 188.06kg/hm², 2005 年为 167.16kg/hm²（朱儒顺和史俊宏，2007）。

　　内蒙古后山的乌拉特后旗位于内蒙古自治区巴彦淖尔市西北边境地区，地理坐标为 105°8′20″～107°38′20″E，40°41′30″～42°21′40″N。西与阿拉善盟相连，北与蒙古国接壤，东西长 210 km，南北宽 130 km，总土地面积 2.5 万 km²，国境线长 195.25km，阴山山脉横贯该旗南端，山前属冲积扇平原，以农为主。山后为丘陵荒漠，以牧为主。

　　乌拉特后旗地处中温带，属大陆性气候，冬春寒冷风沙大，夏季干旱降雨少，日照强烈，蒸发量大。年日照时数 3294 小时，年降水量 80～120mm，蒸发量 2700～3700mm，蒸发量是降水量的 31 倍，无霜期 127 天，八级以上大风日数 90 天以上。区内气候干燥，冬季寒冷而漫长，夏季短暂而酷热，属典型的大陆性气候。年平均气温在 4℃左右，最高气温 31.7℃，最低气温 -30.3℃，每年结冻期由 11 月至翌年 4 月上旬，无霜期 115～145 天，年降水量平均在 140mm 左右，而蒸发量远远大于降水量的 2～3 倍。雨季一般在夏季的 7 月、8 月，降雪在春季 2～4 月，以西风为主，最大风速 25.3m/s（彦开，2012）。

　　乌拉特后旗总人口 5.05 万人，其中：蒙古族 1.62 万人，约占 1/3；牧区总人口 1.14 万人。牲畜总头数 65 万头（只）；耕地面积 3400hm²，粮食总产量 1500 万 kg。2007 年财政收入 12.5 亿元，城镇居民人均可支配收入达到 9712 元，农牧民人均纯收入达到 3068 元。研究区属内蒙古高原北部低山丘陵区，海拔为 1177～1757m，主要山脉分布在矿区西北部马尼图一带，切割深度在 100～150m，沟谷均为干沟。附近还有便利的水源，风力资源丰富，附近建有大型风力发电站。

　　1997 年以前，全旗历年平均降水量 138.15mm，最多的 1975 年为 271.16mm。1998年以后，全旗年平均降水量 98mm，2006 年降水量不足 75mm。历年年均风速 511m/s，日平均风速 >17m/s，大风日数年平均 90 天（高宝兰，2008）。

　　长期以来，由于受大陆干旱气候影响和草原垦荒、村镇扩建，加之粗放经营，过度放牧，水土流失严重，造成草场 100% 退化、沙化。草群盖度、高度、产草量与 20世纪 80 年代相比，形成逐年降低的趋势，分别从 1984 年的 35%、50cm、21.8kg/ 亩下降到 2002 年的 8%、25cm、7.5kg/ 亩；草原面积由 1984 年 3734×10⁴ 亩降为 2002 年的 3650×10⁴ 亩（白忠平，2010）。虽然近几年借助退牧还草工程的实施，采取一系列综合性的控制措施，部分地段生态有所恢复，但总体恶化的趋势并未逆转。

2.2.9　银川平原和中卫盆地

　　银川平原西南起自中卫市沙坡头，南起青铜峡峡口，北止于石嘴山，西靠贺兰山，东倚鄂尔多斯台地，宛如一条玉带，斜贯宁夏北部，是宁夏政治、经济、文化的中心，也是宁夏经济最发达、人口最密集的地区。南北长约 320km，东西宽 10～50km，总面积达 1 万 km²，海拔 1100～1200m，自南向北缓缓倾斜，地面坡降为 0.6‰～1‰。经黄河长期冲积，形成一个狭长的冲积平原，也是宁夏地势最低处。地理坐标为 105°45′～106°56′E，37°46′～39°23′N。地辖宁夏回族自治区银川市、吴忠市、石嘴山市三市六县，是我国黄河流域中上游地区的重要工农业生产基地，也是带动宁夏回族自治区及周边地区国民经济发展的重要核心区（图 2-19）。

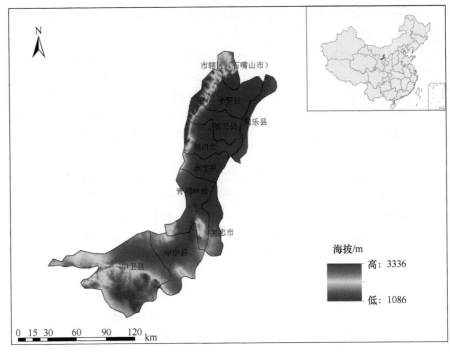

图 2-19　银川平原及中卫盆地行政区

　　银川平原是由黄河冲积而成的平原,地势平坦,土层深厚,引水方便,利于自流灌溉。因此虽处于温带干旱区,年降水量不足 200mm,但黄河年均过境水量达 300 余亿 m³,加上年 3000 小时的日照时数,光、热、水、土等农业自然资源配合良好,为发展农林牧渔业提供了极其有利的条件。农作物以水稻、小麦、玉米为主,旱涝保收,稳产高产。有人口 300 多万,以银川市为例,2006 年的人均生产总值为 29965 元,农民人均收入为 3799 元,均高于全国平均数;而居民消费价格指数为 104.1%,商品零售价格指数为102.2%,均低于全国平均数。区内公路四通八达,铁路贯通南北,交通便利。

　　银川平原地处中温带干旱区,气候干旱少雨,年平均气温 9℃,年均降水量185mm,多集中在 6～9 月,年蒸发量为 825mm。原生地表植被类型为荒漠草原,现以人工绿洲植被为主;主要分布耕地灌淤土、灰钙土和沼泽土等。气候特征是干旱少雨,日照充足,蒸发强烈,风大沙多。多年平均气温 9℃,平均年降水量 185mm,降水量主要集中在 7～9 月,占全年降水量的 70%～80%,平均年蒸发量 1825mm,干旱指数 6.5(胡光成等,2009)。

　　中卫盆地位于青藏高原东北缘的宁夏中卫县北部、腾格里沙漠南缘,其内有黄河自西向东穿越。位于香山—天景山弧形山地西段(即香山山地)以北,平面上近似椭圆,长轴近北西西向,长约 60km,最宽处约 20km,面积 800km² 左右(张珂等,2004),是青藏高原东北缘弧形山地间最大的一个压陷盆地。为了便于资料统计与地方应用,在本书中,中卫盆地的空间范围特指为中卫市的行政范围,地跨 104°17′～106°10′E,36°06′～37°50′N,东西长约 130km,南北宽约 180km。截至 2010 年,全市总面积1.74 万 km²,其中,沙坡头区 6876.1km²,中宁 4191.6km²,海原 6373.9km²。位于宁夏回族自治区中西部,宁夏、甘肃、内蒙古三省(区)交汇处,辖沙坡头区、海兴开发区和中宁、海原两县，共 40 个乡镇 442 个行政村、32 个社区居委会，截至 2011 年，拥有常住人口 110.72 万。

中卫市深居内陆，远离海洋，靠近沙漠，属半干旱气候，具有典型的大陆性季风气候和沙漠气候的特点。中卫市是连接西北与华北的第三大铁路交通枢纽，也是欧亚大通道"东进西出"的必经之地。经济发展基础好，到 2004 年，实现全市地区生产总值 50.49 亿元，同比增长 8.8%。位于中卫市西 20km 的腾格里沙漠南缘、黄河北岸的沙坡头集沙、山、河、园于一体，被世人称为"世界沙都"。年平均气温 10℃，极端最高气温 36.7℃，年降水量 138mm，年蒸发量 1729.6mm，为降水量的 12.53 倍。降水主要集中在 6～8 月，占全年降水量的 60%。全年无霜期平均 167 天，全年日照数 3006 小时。春暖迟、秋凉早、夏热短、冬寒长，风大沙多，干旱少雨。地形复杂多变，南部地貌多属黄土高原丘陵沟壑，是中国水土流失较为严重的地区之一。北部为低山与沙漠。

2.2.10 柴达木地区

柴达木盆地在行政区划上隶属于青海省海西蒙古族藏族自治州，本书研究的区域包括格尔木和德令哈两个县级市，以及乌兰和天峻两个地级县，2011 年总人口约 48 万。柴达木盆地矿产资源丰富，素有"聚宝盆"之称，其中盐湖、石油、天然气等资源具有突出的优势，从而为柴达木盆地循环经济的发展奠定了良好的资源基础，加快柴达木盆地循环经济的发展不仅对于本地区具有重要意义，而且对于缩小东西部发展差距也有重要作用（刘志杰等，2011）（图 2-20）。

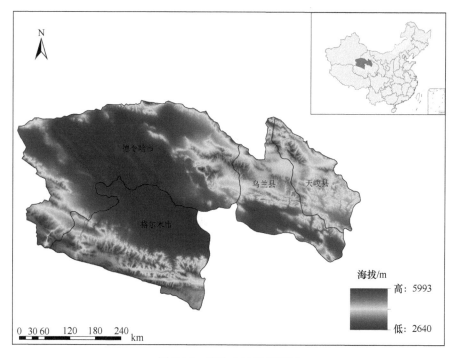

图 2-20 柴达木地区行政区

柴达木盆地是中国四大盆地之一，同时也是中国海拔最高的封闭式内陆盆地，平均海拔 3000m 左右。盆地四周为昆仑山、阿尔金山和祁连山所环绕，地理坐标为 90°07′～99°46′E，35°01′～39°19′N，盆地总面积为 30.09 万 km²。柴达木盆地具有典型的高寒大陆性荒漠气候特征，寒冷、干燥、富日照、太阳辐射强、多风。年平均气温为 –5.6～5.2℃，年平均降水量 16.7～487.7mm，年平均蒸发量 1353.9～3526.1mm，年均风速 2.2～4.1m/s，年大风日数 13.5～47.5 天，平均温度 1.2～4.3℃，≥10℃的积温 1174.1～2009.8℃，属典型干旱荒漠。由于地域辽阔、地形复杂，将柴达木盆地分为干旱荒漠区和盆地四周高寒区。柴达木盆地由于受地形和纬度的影响，盆地气温中间高，四周低，南部高，北部低。1 月和 7 月初是各地平均气温的低谷和峰顶，气温最低的 1 月盆地平均气温为 –9.8～–13.9℃，7 月盆地平均气温为 13.6～19.2℃，盆地气温年较差为 25.2～30℃（李润杰等，2002）。

根据 2004 年进行的全省沙漠化土地普查结果，柴达木盆地的沙漠涉及茫崖、格尔木、德令哈、都兰、乌兰五个县（市），共 25 个乡。沙漠化区域总面积 5357.7 万 hm²，其中沙漠化面积 1659.9 万 hm²，占区域面积的 31.0%，其他地类 3697.8 万 hm²，占区域面积的 69%。

柴达木盆地沙漠化土地总面积为 1659.9 万 hm²，其中流动沙地 178.27 万 hm²，半固定沙地 165.71 万 hm²，固定沙地 109.74 万 hm²，非生物工程治沙地 1497 万 hm²，戈壁 567.07 万 hm²，风蚀残丘 143.28 万 hm²，露沙地 87.63 万 hm²，风蚀劣地 408.95 万 hm²。

柴达木盆地的沙漠较全国其他沙漠具有分散、片小、零碎、连续性差的特点。中部及西南片流动沙地（丘）主要从尕斯库勒湖经甘森泉湖到东台吉乃尔湖，长约 260km 的范围内及西达布逊湖的南部及托拉海和清水泉周围分布，重点是格尔木市乌图美仁乡的乌图美仁河、那仁郭勒河上游零散分布和台吉乃尔河沿岸地带及茫崖行委的南翌山、黄风山周围。半固定沙地（丘）与固定沙地（丘）相间分布，主要分布在尕斯库勒湖周围地带、代尔森的东南部和郭勒木德乡的西南部、那仁郭勒河上游的大部分地区及大格勒乡周围。东南片流动沙地（丘）主要分布在乌兰县境内大面积分布在赛什克乡波浪沟（都兰的香日德河下游铁奎及察苏镇相连）及金子海附近的东南部。都兰县境内巴隆、香日德、察苏镇至夏日哈一带，在尕海湖和黑石山之间有零散分布。半固定沙地（丘）主要分布在沙区西部乌兰县赛什克乡铁奎地区波浪沟、金子海西北部，都兰县分布在察汗乌苏、夏日哈、香加、香日德、巴隆、宗加、诺木洪沙带上；德令哈黑石山西南呈片状分布、可鲁克湖的东南部也有分布。柴达木盆地是流动沙地向固定沙地（丘）的过渡类型，呈柽柳包、白刺沙包和芦苇沙包。固定沙地（丘）分布在乌兰境内，主要与流动沙地（丘）和半固定沙地（丘）相间分布，在都兰县境内，主要分布在巴隆宗加、诺木洪一线沙带上（党晓鹏，2007）。

2.3　三江源地区

三江源地区位于我国西部、青藏高原腹地、青海省南部，为长江、黄河和澜沧江的源头汇水区。它南邻西藏，西连新疆，东接四川，北以青海省海西蒙古族藏族自治州、海南藏族自治州的共和、贵南、贵德三县，以及黄南藏族自治州的同仁县为界。地理位置为 31°06′ ～ 35°42′N，90°36′ ～ 103°24′E，海拔 3450 ～ 6621m。本书研究的行政区域包括青海省的都兰县、共和县、贵南县、泽库县、班玛县、同德县、兴海县、玛多县、称多县、玉树县、玛沁县、甘德县、达日县、久治县，甘肃省的夏河县、碌曲县、玛曲县，以及四川省的若尔盖县、红原县、阿坝县，共计 20 个县，总面积达 25.22 万 km²，是我国最大的天然湿地分布区（图 2-21）。

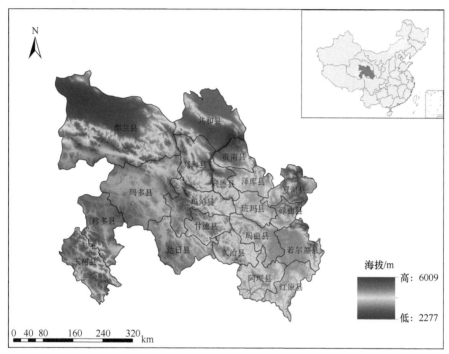

图 2-21　三江源地区行政区

　　三江源地区气候条件的时空差异比较显著（戴升和李林，2011），且生态退化问题突出，是国家开展生态建设的重点区域，2000 年成立省级自然保护区（徐维新等，2009），2003 年正式批准为国家级自然保护区，2005 年规划投资 75 亿元启动了三江源生态环境保护与建设工程，实施退牧还草、黑土滩治理等 22 个生态建设项目（邵全琴等，2010）。区内人口约 98 万人，绝大多数是藏族。也是我国人口密度较小、贫困人口比例较大、经济发展水平相对最滞后的地区。平均人口密度不到 4 人 /km²，牧民群众的生活质量相对很低。主体经济以天然畜牧业、自然放牧为主，经济结构单一。

　　研究表明：1965 ～ 2004 年三江源区气温升高，径流减少，并且气温和径流都在 1994 年发生突变，但降水的变化趋势不明显（张士锋等，2011）。1982 ～ 2000 年近 20 年，三江源地区的年降水量呈减少趋势，减少幅度为 23.8mm/10a，气温呈较大幅度的增温趋势，增温率约为 0.42℃ /10a。

　　研究发现，三江源草地退化的格局在 20 世纪 70 年代中后期已基本形成，70 年代中后期至今，草地的退化过程一直在继续发生，总体上不存在 90 年代至今的草地退化急剧加强现象（刘纪远等，2008）。区域尺度上，三江源地区 2001 ～ 2010 年植被生长呈好转趋势，植被增长趋势与水热条件密切相关，从东南向西北递减（李辉霞等，

2011)。但是，以黄河源区草地退化最为严重的区域之一——玛多县为例（摆万奇等，2002）：目前，在全县 2.3 万 km² 天然草场中，退化面积 1.61 万 km²，占天然草场总面积的 70%。其中，重度退化面积 0.92 万 km²，中度退化面积 0.56 万 km²，轻度退化面积 0.13 万 km²，分别占草地面积的 40.1 %、24.2% 和 5.7%。退化草地以冬、春季草场最为严重。与 60 年代末相比，不同区域单位面积产草量下降 30% ～ 80%。

参 考 文 献

白春艳. 2013. 塔里木盆地平原区中盐度地下水分布及水质评价. 乌鲁木齐: 新疆农业大学.

白忠平. 2010. 乌拉特后旗退牧还草工程研究. 新疆农业科学, 47(S2): 198～203.

摆万奇, 张镜铿, 谢高地, 等. 2002. 黄河源区玛多县草地退化成因分析. 应用生态学报, 13(7): 823～826.

包桂荣, 白长寿, 高清竹, 等. 2008. 新疆伊犁河流域土地利用变化及其对生态系统服务价值的影响. 中国农业气象, 29(2): 208～212.

戴升, 李林. 2011. 1961～2009年三江源地区气候变化特征分析. 青海气象, 1: 20～26.

单鹏飞, 温晋林, 璩向宁. 1994. 宁夏北部地域人类活动与自然环境演变相互作用的分析. 中国生存环境历史演化规律研究(一). 青岛: 海洋出版社.

党晓鹏. 2007. 青海省柴达木盆地沙漠化治理途径研究. 内蒙古林业调查设计, 5: 21～24.

丁宏伟, 姚兴荣, 闫成云, 等. 2002. 河西走廊祁连山山前缺水区找水方向. 水文地质工程地质, (6): 17～20, 34.

董光荣, 靳鹤龄, 陈惠忠, 等. 1998. 中国北方半干旱和半湿润地区沙漠化的成因. 第四纪研究, (2): 136～144.

董建林, 雅洁. 2002. 呼伦贝尔沙地近十年来土地沙漠化变化分析. 林业资源管理, 4: 39～43.

段翰晨, 王涛, 薛娴, 等. 2012. 科尔沁沙地沙漠化时空演变及其景观格局——以内蒙古自治区奈曼旗为例. 地理学报, 67(7): 917～928.

樊自立. 1993. 塔里木盆地绿洲形成与演变. 地理学报, 48(5): 421～427.

范建友. 2004. 基于RS和GIS的正蓝旗植被动态与沙漠化评价研究. 北京林业大学硕士论文, 1～2, 13～17.

付志强, 张彩云, 杨立冰. 2013. 乌兰察布市近40年气温降水时空分布特征分析. 内蒙古农业科技, (5): 84～87.

高宝兰, 李英. 2008. 乌拉特后旗草原退化现状及治理对策. 内蒙古草业, 20(1): 56～63.

郭坚, 王涛, 韩邦帅, 等. 2008. 近30a来毛乌素沙地及其周边地区沙漠化动态变化过程研究. 中国沙漠, 28(6): 1017～1021.

郭娇, 王伟, 叶浩, 等. 2014. 河套平原盐渍化土地时空动态变化及影响因子. 南水北调与水利科技, 12(3): 59～64.

郭靖, 刘萍, 高亚琪. 2009a. 基于RS和GIS的托克逊县沙化土地时空动态分析与评价. 林业资源管理, 1: 89～94.

郭靖, 高亚琪, 刘萍. 2009b. 托克逊县南部区土地沙漠化现状与自然因素在沙漠化的作用. 西南农业学报, 22(2): 415～418.

国家林业局. 2005. 中国荒漠化和沙化状况公告. 中国绿色时报, 6-15.

"河北省坝上生态农业建设与改善京津环境质量研究"课题组. 2000. 坝上草原生态农业建设与改善京津环境质量研究. 河北学刊, 2.

侯秀瑞, 焦会玲. 2000. 河北省土地沙化的严峻形势及防治对策. 河北林业科技, (3): 37～38.

胡光成, 金晓媚, 史晓杰. 2009. 银川平原植被空间分异研究. 干旱区资源与环境, 23(6): 110~113.

胡汝骥, 樊自立, 王亚俊. 2001. 近50a新疆气候变化对环境影响评估. 干旱区地理, 24(2): 97~103.

吉·敖登高娃. 2007. 内蒙古乌拉特中旗肉羊养殖方式对比研究. 北京: 中国农业科学院硕士学位论文.

贾文雄, 何元庆, 李宗省, 等. 2008. 祁连山区气候变化的区域差异特征及突变分析. 地理学报, 63(3): 257~269.

金炯, 董光荣. 1994. 新疆塔里木盆地的现代气候状况. 干旱区资源与环境, 8(3): 12~21.

靳立亚, 李静, 王新, 等. 2004. 近50年来中国西北地区干湿状况时空分布. 地理学报, 59(6): 847~854.

康相武, 吴绍洪, 刘雪华. 2009. 浑善达克沙地土地沙漠化时空演变规律研究. 水土保持学报, 23(1): 1~6.

孔萌. 2014. 乌兰察布市耕地动态与干暖化时空特征以及生态脆弱性影响. 呼和浩特: 内蒙古师范大学.

李辉霞, 刘国华, 傅伯杰. 2011. 基于NDVI的三江源地区植被生长对气候变化和人类活动的响应研究. 生态学报, 31(19): 5495~5504.

李江风. 1991. 新疆气候. 北京: 气象出版社, 270~302.

李润杰, 严鹏, 王文卿, 等. 2002. "柴达木盆地农田与草地退化植被恢复技术及示范"项目初报. 青海科技, 4: 27~29.

李艳春, 胡文东, 孙银川. 2006. 宁夏河东沙地近百年来气候背景变化分析. 气象科技, 34(1): 78~82.

刘芳, 郝玉光, 张景波, 等. 2009. 磴口县土地景观变化遥感监测研究. 内蒙古农业大学学报, 30(3): 112~126.

刘丹慧, 叶新苹. 2003. 吐鲁番沙漠化有所减缓. 新疆林业, 03: 31.

刘纪远, 徐新良, 邵全琴. 2008. 近30年来青海三江源地区草地退化的时空特征. 地理学报, 63(4): 364~376.

刘全友. 1994. 河北省坝上地区气候与沙化关系的研究. 环境科学进展, 2(6): 49~57.

刘树林, 王涛. 2007. 浑善达克沙地的土地沙漠化过程研究. 中国沙漠, 27(5): 719~724.

刘志杰, 陈克龙, 赵志强, 等. 2011. 基于能值分析的区域循环经济研究——以柴达木盆地为例. 水土保持研究, 1: 141~145.

隆学文. 2003. 河北坝上地区可持续发展的创新思路. 干旱区资源与环境, 17(2): 45~48.

吕贤如. 2001-10-26. 撩开"大北京"蓝图的面纱. 光明日报, B01.

马金珠, 李吉均. 2001. 塔里木盆地南缘人类活动干扰下地下水的变化及其生态环境效应. 自然资源学报, 16(2): 134~139.

马清霞, 王星晨, 高志国. 2011. 锡林郭勒草原荒漠化气候因素分析. 北方环境, 23(12): 31~34.

马义娟, 苏志珠. 2002. 晋西北地区环境特征与土地荒漠化类型研究. 水土保持研究, 9(3): 124~126.

璩向宁, 王惠荣. 2006. 宁夏盐池县近50年气候变化特征分析. 宁夏工程技术, 5(4): 321~322.

任艳群, 刘海隆, 唐立新, 等. 2014. 基于NDVI-Albedo特征空间的沙漠化动态研究. 水土保持通报, 34(2): 267~271.

任振球. 1994. 塔克拉玛干地区干湿波动与全球温度变化关系探讨. 中国沙漠, 14(2): 1~8.

邵全琴, 赵志平, 刘纪远, 等. 2010. 近30年来三江源地区土地覆被与宏观生态变化特征. 地理研究, 29(8): 1439~1451.

施雅风, 沈永平, 李栋梁, 等. 2003. 中国西北气候由暖干向暖湿转型的特征和趋势探讨. 第四纪研究, 23(2): 152~164.

苏永中, 赵哈林, 张铜会, 等. 2004. 科尔沁沙地不同年代小锦鸡儿人工林植物群落特征及其土坡特性. 植物生态学报, 28(1): 93~100.

苏志珠, 马义娟. 1997. 晋西北地区土地沙漠化过程及发展趋势研究. 干旱区资源与环境, 11(3): 20~26.

唐舰, 何秉宇, 姜红. 2006. 近50年塔里木盆地南缘孤立绿洲气候变化分析. 干旱区资源与环境, 20(5): 95~98.

吐尔逊·哈斯木, 韩桂红, 石丽, 等. 2009. 历史时期以来气候环境与人类活动对塔里木盆地东部地区环境变迁的影响. 干旱区资源与环境, 23(3): 55~61.

万勤琴. 2008. 呼伦贝尔沙地沙漠化成因及植被演替规律的研究. 北京: 北京林业大学博士论文.

王涛, 朱震达. 2001. 中国北方沙漠化的若干问题. 第四纪研究, 21(1): 56~65.

王海珍, 韩蕊莲, 冉隆贵, 等. 2004. 不同土坡水分条件对辽序栋、大叶细裂械水分状况的影响. 水土保持学报, 18(1): 98~81.

王立新, 刘华民, 杨劼, 等. 2010. 毛乌素沙地气候变化及其对植被覆盖的影响. 自然资源学报, 25(12): 2030~2039.

乌兰图雅, 阿拉腾图雅, 长安, 等. 2001. 遥感、GIS支持下的浑善达克沙漠化土地最新特征分析. 内蒙古师大学报自然科学(汉文)版, 30(4): 356~360.

吴波, 慈龙骏. 1998. 五十年代以来毛乌素沙地荒漠化扩展及其原因. 第四纪研究, (2): 166~176.

吴波, 慈龙骏. 2001. 毛乌素沙地景观格局变化研究. 生态学报, 21(2): 191~196.

吴薇, 王熙章, 姚发芬. 1997. 毛乌素沙地沙漠化的遥感监测. 中国沙漠, 17(4): 415~421.

吴海燕, 李青丰. 2011. 退耕还林(草)工程对农业产业结构调整的影响——以内蒙古乌兰察布市为例. 内蒙古草业, (1): 45~49.

邢存旺. 2000. 河北省土地沙漠化概况. 河北林业科技, (增刊): 4~6.

徐维新, 古松, 赵新全. 2009. 气候持续变暖引起三江源地区植被出现阶段性变化新特点. 中国气象学会气候变化委员会、国家气候中心, 第26届中国气象学会年会气候变化分会场论文集: 943~955.

徐小玲, 延军平. 2004. 毛乌素沙地的气候对全球气候变化的响应研究. 干旱区资源与环境, 18(1): 135~139.

颜开. 2012. 内蒙古乌拉特后旗查干德尔斯钼矿矿床成因及控矿规律研究. 北京: 中国地质大学硕士学位论文.

杨丽桃. 2006. 科尔沁沙地沙漠化的气候成因. 中国气象学会2006年年会气候变化及其机理和模拟分会场论文集. 774~779.

姚正毅, 王涛, 朱开文. 2008. 内蒙古阿拉善盟2000年土地沙漠化遥感监测. 干旱区资源与环境, 22(5): 47~51.

殷剑虹, 徐予洋. 2007. 伊犁河谷气候变化特征分析. 沙漠与绿洲气象, 1(6): 20~23.

张珂, 刘开瑜, 吴加敏, 等. 2004. 宁夏中卫盆地的沉积特征及其所反映的新构造运动. 沉积学报, 22(3): 465~473.

张高英, 赵思雄, 孙建华. 2004. 近年来强沙尘暴天气气候特征的分析研究. 气候与环境研究, 9(3): 101~114.

张盛魁. 2006. 祁连山区气候变化的研究. 青海农林科技, 3(2): 15~18.

张士锋, 华东, 孟秀敬, 等. 2011. 三江源气候变化及其对径流的驱动分析. 地理学报, 66(1): 13~24.

赵哈林, 张铜会, 崔建垣, 等. 2000. 近40a我国北方农牧交错区气候变化及其与土地沙漠化的关系. 中国沙漠, 20: 1~6.

赵慧颖. 2007. 呼伦贝尔沙地45年来气候变化及其对生态环境的影响. 生态学杂志, 26(11): 1817~1821.

中国科学院黄土高原综合科学考察队. 1991. 黄土高原地区北部风沙区土地沙漠化综合治理. 北京: 科学出版社.

朱磊, 罗格平, 陈曦, 等. 2010. 伊犁河中下游近40年土地利用与覆被变化. 地理科学进展, 29(3): 292~300.

朱朝阳, 张玲, 于军, 等. 2000. 塔里木河胡杨林生境特性及治理措施. 新疆环境保护, 22(2): 103~106.

朱儒顺, 史俊宏. 2007. 草原牧区生态移民可持续发展问题研究——以内蒙古乌拉特中旗为例. 干旱区资源与环境, 21(3): 28~31.

第3章 中国北方沙漠化时空演变过程

3.1 沙漠化监测范围

本书沙漠化监测范围涵盖内蒙古及长城沿线半干旱地区、西北干旱地区和三江源地区、柴达木地区等重点区域，共计 20 个地理单元（图 3-1）。沙漠化监测区域及地理单元空间位置的确定以相关县、旗的行政边界为参照，涉及 9 省（区）的 208 个县市（区）。具体如表 3-1 所示。

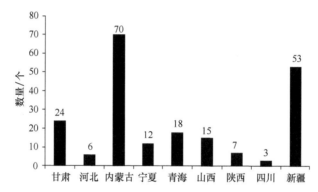

图 3-1 沙漠化监测区域县市（区）在各个省份的数量分布图

表 3-1 沙漠化监测重点区域详表

地理单元	涉及的县（旗）、市
呼伦贝尔草原	内蒙古：满洲里、海拉尔、鄂温克族自治旗、新巴尔虎右旗、新巴尔虎左旗、陈巴尔虎旗（6）
科尔沁草原	内蒙古：科尔沁左翼中旗、科尔沁左翼后旗、科尔沁右翼中旗、扎鲁特旗、霍林郭勒市、通辽市郊、开鲁、奈曼、库伦旗、阿鲁科尔沁旗、翁牛特旗、巴林右旗、巴林左旗、林西、克什克腾旗、敖汉旗、赤峰市红山区（17）
锡林郭勒草原和浑善达克沙地	内蒙古：东乌珠穆沁旗、西乌珠穆沁旗、锡林浩特市、阿巴嘎旗、苏尼特左旗、苏尼特右旗（6）
察哈尔草原	内蒙古：正蓝旗、多伦、正镶白旗、镶黄旗、太仆寺旗（5）
河北坝上地区乌兰察布草原（乌兰察布盟后山地区）	河北：围场、丰宁、张北、沽源、康保、尚义（5） 内蒙古：化德、商都、察哈尔右翼后旗、察哈尔右翼中旗、四子王旗、达尔罕茂明安联合旗、固阳、武川（8）
乌兰察布盟前山和土默特平原	内蒙古：察哈尔右翼前旗、丰镇、兴和、凉城、和林格尔、清水河、包头市郊、托克托、集宁（9）
晋西北地区	山西：左云、右玉、平鲁、偏关、河曲、保德、大同市郊、怀仁、山阴、朔州、神池、五寨、岢岚、岚县、兴县（15）
鄂尔多斯草原和毛乌素沙地	内蒙古：达拉特旗、准格尔旗、东胜区、伊金霍洛旗、杭锦旗、鄂托克旗、鄂托克前旗、乌审旗（8） 陕西：神木、府谷、榆林、横山、佳县、定边、靖边（7） 宁夏：盐池（1）
宁夏河东沙地	宁夏：灵武县（1） 甘肃：环县（1）

地理单元	涉及的县（旗）、市
准噶尔盆地	新疆：奇台、木垒、吉木萨尔、阜康、米泉、昌吉、呼图壁、沙湾、乌鲁木齐市郊、玛纳斯、奎屯、精河、克拉玛依市郊、福海、吉木乃、哈巴河、布尔津（17）
吐哈盆地	新疆：哈密、吐鲁番、托克逊、鄯善、巴里坤、伊吾（6）
伊犁盆地	霍城（1）
塔里木盆地	新疆：库尔勒、尉犁、轮台、库车、沙雅、新和、阿瓦提、阿克苏、温宿、柯坪、巴楚、伽师、岳普湖、莎车、泽普、叶城、皮山、墨玉、和田、洛浦、策勒、于田、民丰、且末、若羌、阿图什、疏附、麦盖提、英吉沙（29）
河西走廊、祁连山山前及腾格里沙漠边缘	甘肃：敦煌、阿克塞、肃北、瓜州、玉门、嘉峪关、酒泉、金塔、肃南、高台、临泽、张掖、金昌、山丹、民乐、民勤、武威、古浪、景泰、永昌（20）
银川平原和中卫盆地	宁夏：中卫、中宁、吴忠、灵武、青铜峡、永宁、银川市郊、贺兰、陶乐、平罗、石嘴山（11）
阿拉善高原	内蒙古：阿拉善右旗、额济纳旗、阿拉善左旗（3）
河套平原及黄河沿线	内蒙古：磴口、杭锦后旗、临河、五原、乌拉特前旗、乌海市（6）
内蒙古高原（后山地区）和	内蒙古：乌拉特后旗、乌拉特中旗（2）
柴达木盆地	青海：德令哈市、乌兰县、天峻县、格尔木市（4）
三江源地区	青海：玉树、称多、达日、都兰、甘德、共和、贵南、久治、玛多、玛沁、同德、兴海、泽库、班玛（14） 四川：阿坝、红原、若尔盖（3） 甘肃：碌曲、玛曲、夏河（3）

3.2　理　论　基　础

3.2.1　植被指数简介

NDVI 是一种植被指数，植被指数是指利用卫星不同波段探测数据组合而成的，能反映植物生长状况的指数。植物叶面在可见光红光波段有很强的吸收特性，在近红外波段有很强的反射特性，这是植被遥感监测利用卫星不同波段探测数据组合而成的，能反映植物生长状况的指数。植物叶面在可见光红光波段有很强的吸收特性，在近红外波段有很强的反射特性，这是植被遥感监测的物理基础，通过这两个波段测值的不同组合可得到不同的植被指数。常用的植被指数有比值植被指数（RVI）、归一化差分植被指数（NDVI）、绿度植被指数（GVI）、垂直植被指数（PVI）、土壤调节植被指数（SAVI）、差值环境植被指数（DVIEVI）。

归一化差分植被指数是检测植被生长状态、植被覆盖度和消除部分辐射误差等。NDVI 能反映出植物冠层的背景影响，如土壤、潮湿地面、雪、枯叶、粗糙度等，且与植被覆盖有关。遥感影像中，NDVI 表示近红外波段的反射值与红光波段的反射值之差比上两者之和，即（NIR–R）/（NIR+R），NIR 为近红外波段的反射值，R 为红光波段的反射值。归一化差分植被指数是反映植被生长和营养信息的重要参数之一。NDVI 主要应用于检测植被生长状态、植被覆盖度和消除部分辐射误差等。NDVI 的值在 −1 ～ 1，负值表示地面覆盖为云、水、雪等，对可见光高反射；0 表示有岩石或裸土等，NIR 和 R 近似相等；正值，表示有植被覆盖，且随覆盖度增大而增大。NDVI 的优势在于：①植被检测灵敏度较高；②植被覆盖度的检测范围较高；③能消除地形和群落结构的阴影和辐射干扰；④能削弱太阳高度角和大气所带来的噪声；⑤对西北低植被区具有较高的灵敏度。

NDVI 被广泛应用于干旱区植被的研究。郭玉川等（2011）利用几种植被指数对塔里木河下游植被覆盖度研究中发现，基于 MODIS 数据构建的 NDVI、MSAVI、SAVI和 EVI 等植被指数均与植被覆盖度有较好的相关关系，采用这些植被指数反演植被覆盖度的精度由高到低依次为 NDVI、EVI、MSAVI 及 SAVI。郭铌等（2008）研究气候变化对西北地区不同类型植被的影响，利用 NASA GMMS 1982～2003 年逐月归一化差分植被指数数据集和西北地区 138 个气象站点同期的气温和降水资料，计算了各站点 22 年月平均气温和降水与 NDVI 的相关系数，研究表明：除无植被的戈壁沙漠地区外，西北地区 NDVI 与气温和降水均有较好的相关性。王海军等（2010）整合遥感和地理信息技术，对中国西北地区近 25 年来 NDVI 时空变化特征及其与气候变化的耦合关系进行了研究，得出气温、降水的变化对地区 NDVI 值的变化具有显著的影响。Eckert（2015）运用 MODIS NDVI 时间序列检测内蒙古地区的土地退化与再生，发现NDVI 时间序列趋势分析可以有效地监测植被覆盖区域的变化，鉴别土地的退化与再生状况。Chen（2014）应用土壤湿度监测卫星的最新数据产品和 NDVI 来研究 1991 年、2009 年澳大利亚大陆土壤湿度对植被的影响，发现土壤湿度与 NDVI 之间有着显著的正相关关系，且 NDVI 通常滞后于土壤湿度变化一个月。可见，NDVI 与气候、土壤湿度的相关关系反映了气候、土壤湿度的变化对地表植被覆盖状况的影响。在植被覆盖变化研究中，NDVI 能很好地反映植被覆盖、生物量及生态系统参数的变化（赵志平等，2009）。

3.2.2   像元二分法

植被覆盖度是指单位面积内植被地上部分（包括叶、茎、枝）在地面的垂直投影面积占统计区总面积的百分比（Gitelson et al., 2002）。植被覆盖度指示了植被的茂密程度及植物进行光合作用面积的大小，是反映地表植被群落生长态势的重要指标和描述生态系统的重要基础数据，对区域生态系统环境变化有着重要指示作用（甘春英等，2011）。作为全球变化的重要方面，气候变化对植被覆盖度有重要影响，温度和降水通过影响有效积温和可利用水分来调控植物光合作用、呼吸作用及土壤有机碳分解等进而影响植物的生长和分布（刘军会和高吉喜，2008）。植被覆盖度转换的目的是通过对各像元中植被类型及分布特征的分析，建立植被指数与植被覆盖度的转换关系来直接提取植被覆盖度信息（牛宝茹等，2005）。

基于 NDVI 的植被覆盖度转换需建立像元二分模型。像元二分模型被认为是最简单的线性光谱混合分析模型，它假定像元内地物仅由植被和裸地组成，即一个像元的光谱特性是由这两种成分的光谱特性组合而成。像元二分模型的基本原理是：假设每个像元都可分解为纯植被和纯土壤两个部分，所得的光谱信息也即是两种纯组分的面积比例加权的线性组合；其中，纯植被所占的面积百分比即为研究区的植被覆盖度（马娜等，2012）。

根据像元二分模型的原理，通过遥感传感器所观测到的信息 S 可以表达为由绿色植被部分所贡献的信息 S_v 和由无植被覆盖（裸土）部分所贡献的信息 S_s 两部分，即

$$S=S_v+S_s \tag{3-1}$$

设一个像元中有植被覆盖的面积比例为 f_c，即该像元的植被覆盖度，则裸土覆盖的面积比例为 $1-f_c$，如果全由植被所覆盖的纯像元所得的遥感信息为 S_{veg}，则混合像元的植被部分所贡献的信息 S_v 可以表示为 S_{veg} 与 f_c 的乘积：

$$S_v=f_c \cdot S_{veg} \tag{3-2}$$

同理，如果全由裸土所覆盖的纯像元所得的遥感信息为 S_{soil}，混合像元的土壤成分所贡献的信息 S_s 可以表示为 S_{soil} 与 $1-f_c$ 的乘积：

$$S_s=（1-f_c）S_{soil} \tag{3-3}$$

将式（3-2）和式（3-3）代入式（3-1），可得

$$S=f_c \cdot S_{veg}+（1-f_c）S_{soil} \tag{3-4}$$

对式（3-4）进行变换，可得以下计算植被覆盖度的公式：

$$f_c=（S-S_{soil}）/（S_{veg}-S_{soil}） \tag{3-5}$$

式中，S_{soil} 为纯土壤像元的信息；S_{veg} 为纯植被像元的信息，因而可以根据式（3-5）利用遥感信息来估算植被覆盖度。

将 NDVI 代入式（3-5）可以被近似为

$$f_c=（NDVI-NDVI_{soil}）/（NDVI_{veg}-NDVI_{soil}） \tag{3-6}$$

式中，$NDVI_{soil}$ 为裸土或无植被覆盖区域的 NDVI 值，即无植被像元的 NDVI 值；$NDVI_{veg}$ 则为完全被植被所覆盖的像元的 NDVI 值。

基于像元二分模型估算植被覆盖度的方法简洁、有效。利用土壤类型、植被类型等背景信息，充分考虑区域土壤、植被类型等背景因子对 NDVI 的影响，分时段、分地区分析、确定纯净像元，可以有效提高植被覆盖度计算的时空针对性。刘广峰等（2007）以 ETM+ 为数据源，基于 NDVI 建立像元二分模型，对毛乌素沙地进行了植被覆盖度提取，然后根据实地调查数据对提取结果进行了精度验证，二者线性相关系数达到了0.92，平均精度为 79.4%，研究表明，基于 NDVI 的像元二分模型适合于沙漠化地区的植被覆盖度提取。陈晋等（2001）利用 NDVI 代入像元二分模型，并针对不同植被类型分别利用了高密度模型和低密度模型，对北京市海淀区进行了植被覆盖度提取，取得了较好效果。马娜等（2012）应用中国环境与灾害监测预报小卫星数据及美国陆地卫星数据，基于像元二分模型建立内蒙古锡林郭勒盟正蓝旗植被覆盖度模型，并对正蓝旗 2000 年和 2009 年的植被覆盖进行了对比，证明了在锡林郭勒盟正蓝旗地区应用像元二分模型计算植被覆盖度的方法是简洁且有效的。Qi 等（2000）使用 NDVI 代入像元二分模型，研究了美国西南部 San Pedro 盆地的植被时空变化。

3.2.3　沙漠化分级

中国 1∶10 万沙漠化土地分布图中对荒漠化土地的划分体系包含以下两方面内容。

1. 沙漠、戈壁和沙漠化土地的具体分类

（1）沙丘和沙地。包括：①流动沙丘（地）（植被盖度 <10%）；②半固定沙丘（地）

（10%< 植被盖度 <30%）；③固定沙丘（地）（植被盖度 >30%）；④非生物治沙工程地；
⑤闯田（指在固定沙地甚至在半固定沙地上开垦的零星耕地，第三次监测技术方案已
将此概念归并到"沙漠化耕地"中。

　　（2）风蚀残丘或雅丹地貌。

　　（3）戈壁。

　　（4）盐漠。

　　（5）盐碱地。

2. 土地沙漠化程度划分为轻、中、重、极重 4 个等级（甘肃省林业厅，2009）

　　（1）轻度沙漠化：划分依据为植被盖度 >40%（极端干旱、干旱、半干旱区）或 >50%
（其他气候类型区），基本无风沙流活动的沙漠化土地；或一般年景作物能正常生长、
缺苗较少（一般作物缺苗率 <20%）的沙化耕地。

　　（2）中度沙漠化：划分依据为 25%< 植被盖度 ≤40%（极端干旱、干旱、半干旱区）
或 30%< 植被盖度 ≤50%（其他气候类型区），风沙流活动不明显的沙漠化土地；或作
物长势不旺、缺苗较多（一般 20% ≤作物缺苗率 <30%）且分布不均的沙化耕地。

　　（3）重度沙漠化：划分依据为 10%< 植被盖度 ≤25%（极端干旱、干旱、半干旱区）
或 10%< 植被盖度 ≤30%（其他气候类型区），风沙流活动明显或流沙纹理明显可见的
沙漠化土地；或植被盖度 ≥ 10% 的风蚀残丘、风蚀劣地及戈壁；或作物生长很差、作
物缺苗率 ≥ 30% 的沙化耕地。

　　（4）极重度沙漠化：划分依据为植被盖度 ≤ 10% 的沙漠化土地。

　　沙漠化指标体系是研究沙漠化的基础，是判断土地沙漠化及其程度的标准（封建
民和王涛，2004）。目前，由于缺乏一个统一的标准，而使统计出的沙漠化土地面积非
常混乱（陈广庭，2001）。同一地区，不同的作者统计出的数字可能相差几倍到十几倍，
从而使研究成果缺乏可比性。关于沙漠化土地的分类系统和在影像上的信息提取，很
多学者都作过研究这里不再累述（申向东等，2003；王雪芹和赵丛举，2002；崔旺诚，
2003）。本书依照全国性沙漠化监测需求，借鉴前人总结的沙漠化分类标准，根据土地
沙漠化的严重程度，将沙漠化土地分为轻度沙漠化、中度沙漠化、重度沙漠化三个等级，
其余土地统一划分为非沙漠化土地。中国北方沙漠化土地分布范围较广，不同区域其
发生类型、立地条件都有所不同。根据以往的研究，可以将中国北方主要地区不同等
级沙漠化土地的特征汇总如表 3-2 所示。

表 3-2　沙漠化土地分类分级表

类型	植被覆盖度	地表特征
非沙漠化	>0.5	森林、耕地和高覆盖草地等
轻度沙漠化	0.2 ～ 0.5	生长草原植被的地区、部分灌丛、部分耕地等
中度沙漠化	0.1 ～ 0.2	生长少量植被的地区、部分灌丛等，有部分流沙
重度沙漠化	<0.1	裸地、沙地、戈壁等，土地完全失去生产力

　　上述分类分级标准既给出了不同沙漠化等级的定性描述，也给出了相关的定量指

标，主要是植被覆盖度。因此，在实际监测过程中将两者相结合进行综合判别。

3.3　技　术　路　线

3.3.1　总体思路

具体如图 3-2 所示。

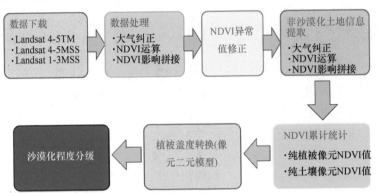

图 3-2　土地沙漠化过程重建和评价流程图

3.3.2　详细处理过程

具体如图 3-3 所示。

3.3.3　主要解译方法

人工目视解译 + 自动分类（监督分类、决策树、神经网络等）。目视识别遥感图像主要是根据目标地物的特征进行的，包括色调、颜色、阴影、形状、纹理、大小、位置、图形、相关布局。

3.3.4　沙漠化信息提取

本书中训练区选取时根据野外考察的样本数据、照片、对应 Landsat TM/ETM 图像上目视解译获取的各地类样本，及其他土地利用类型分类结果，作为先验知识，在待分类影像上选取每一类地物对应的训练区，并采用最大似然法作为监督分类的分类器。目视识别遥感图像时候主要是根据目标地物的特征进行的，包括色调、颜色、阴影、形状、纹理、大小、位置、图形、相关布局。

由于沙漠化往往发育在植被稀疏的地区，因此利用植被覆盖度进行分区，植被盖度大于 60% 为高覆盖植被区，认为该区为非沙漠化区域；植被盖度小于 60% 为沙漠化可能发生的区域。在遥感反演植被指数的方法中，植被指数法为通用的植被盖度计算

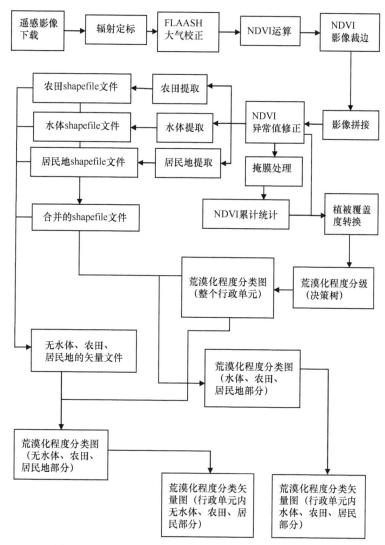

图 3-3 沙漠化风险评估遥感影像处理技术操作流程图

方法。利用 NDVI 植被指数法估算区域植被盖度的计算公式如下：

$$VC = (NDVI - NDVI_{min}) / (NDVI_{max} - NDVI_{min}) \qquad (3-7)$$

式中，VC 为植被盖度；NDVI 为所求像元的植被指数；$NDVI_{min}$ 和 $NDVI_{max}$ 分别为研究区 NDVI 最小值与最大值。

对水体及永久冰雪：由于积雪和水体 NDVI 值相近，不易区分，故采用目视解译方法，参考 DEM 高程数据及湖泊、河流形状特征，在 NDVI 年最大值合成图像上解译出湖泊及河流。在去除水体的 NDVI 年最大值合成图像上叠加已有冰川资料（1 : 400万土地利用数据），通过反复对比，采用阈值 0.02（NDVI ≤ 0.02）配合目视解译分出冰川及永久性积雪。对高覆盖植被区：该区域主要有 4 种植被类型，分别为有林地、疏林地、灌木林和草地。基于 MODIS-NDVI 时间序列所反映的植被物候知识，选取 3月植被非生长期、5 月植被返青期和 8 月植被生长高峰期 3 期 NDVI 数据，对每类地物选取训练样区，有林地在这3个时期NDVI值都比较大，疏林地的值较低，灌木林和草地在3月NDVI值较低，5月开始增长，8月达到不同的峰值，根据不同植被类型的物候特征，采用最大似然监督分类方法，得到3类目标地物。对中低覆盖区域：该区域已去除水体和永久性冰川积雪，其他地类主要包括沙漠化地类、草地、农田、沼泽、裸露山地及丘陵。根据对照中国1：400万土地利用图，在该区域没有林地及疏林地，有少量的灌丛，在本书中没有将其分出，而是归到沙漠化地类及草地中。对2008年23期NDVI数据集用ENVI软件进行主成分分析，主成分分析可以将23期数据所包含的大部分信息量集中到前几个主分量中，大大压缩了数据量，便于分析。本书选取包含了全年物候特征大部分信息量的前3个主成分，与研究区DEM及由DEM计算出的坡度进行波段合成，得到待分类影像。根据野外采样数据和高分辨率的Landsat TM/ETM影像及研究区土地利用数据选取训练区，根据不同地物的物候特征及高程分布，以及农田、沼泽分布在坡度较小的地区等知识，对待分类影像进行监督分类，得到沙漠化及其他土地利用类型分类结果，对分类结果进行分类后处理及目视修正，并进行分类精度评价（图3-4）。

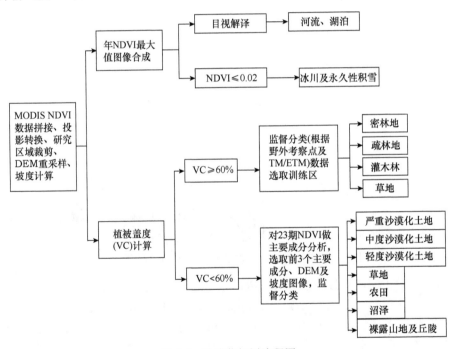

图 3-4　沙漠化解译流程图

3.4　数 据 获 取

数据来源于"地理空间数据云"（geospatial data cloud）及隶属"USGS美国地质勘探局"的"Earth Explorer"网站，主要来自"地理空间数据云"，这两个网站都有丰富的影像数据，但前者下载更方便。地理空间数据云平台由中国科学院计算机网络信息中心科学数据中心开发实现，面向科研活动的实际需求，通过国际交流合作，引进当今国际上权威的科学数据资源，实现数据资源的集中镜像服务，并基于模型的数据产品加工服务，数据专员支持的委托查询、数据传递通道等特色服务，为广大科技工作者提供科学数据综合服务和推进增值应用服务。

　　该沙漠化影像数据为 Landsat 卫星影像。Landsat 来源于美国 NASA 的陆地卫星（Landsat）计划（1975 年前称为地球资源技术卫星 ——ERTS），从 1972 年 7 月 23 日美国第一颗陆地卫星（Landsat-1）发射升空算起，Landsat 系列卫星成功地向地面输送了大量的、高质量的地球表面观测数据。这些数据为人们更好地管理地球资源、监测地球的生态环境变化以及估计全球的居住承受力作出了杰出贡献（王树根，1998；吴培中，1999）。目前 Landsat1-4 均相继退役，Landsat5（1984 年 3 月 1 日发射）也于 2011 年正式退役，Landsat6 发射失败，Landsat7 于 1999 年 4 月 15 日发射升空，而由于 Landsat7 卫星在 2003 年扫描行矫正器（SLC）发生故障，目前只能得到有缺损的图像数据。Landsat8 于 2013 年 2 月 11 日发射升空，经过 100 天测试运行后开始获取影像。该项目所研究的北方沙漠化时间跨度为过去 50 年，因此所用 Landsat 卫星影像有 Landsat1-3MSS、Landsat4-5MSS、Landsat4-5TM。

　　Landsat 卫星的轨道设计为与太阳同步的近极地圆形轨道，以确保北半球中纬度地区获得中等太阳高度角（25°～30°）的上午成像，而且卫星以同一地方时、同一方向通过同一地点。保证遥感观测条件的基本一致，利于图像的对比，如 Landsat4、5 轨道高度 705km，轨道倾角 98.2°，卫星由北向南运行，地球自西向东旋转，卫星每天绕地球 14.5 圈，每天在赤道西移 2752km，每 16 天重复覆盖一次，穿过赤道的地方时为 9 点 45 分，覆盖地球范围 81°N～81.5°S。Landsat 系列卫星的传感器参数：见表 3-3。

表 3-3　Landsat 系列卫星的传感器参数

MSS 传感器			
Landsat-1～3	Landsat-4～5	波长范围 /μm	分辨率 /m
MSS-4	MSS-1	0.5～0.6	78
MSS-5	MSS-2	0.6～0.7	78
MSS-6	MSS-3	0.7～0.8	78
MSS-7	MSS-4	0.8～1.1	78

TM 传感器		
波段	波长范围 /μm	分辨率 /m
1	0.45～0.52	30
2	0.52～0.60	30
3	0.63～0.69	30
4	0.76～0.90	30
5	1.55～1.75	30
6	10.40～12.50	120>
7	2.08～2.35	30

续表

ETM+ 传感器		
波段	波长范围 /μm	分辨率 /m
1	0. 450 ～ 0. 515	30
2	0. 525 ～ 0. 605	30
3	0. 630 ～ 0. 690	30
4	0. 775 ～ 0. 900	30
5	1. 550 ～ 1. 750	30
6	10. 40 ～ 12. 50	60
7	2. 090 ～ 2. 350	30
8	0. 520 ～ 0. 900	15

TM/ETM 遥感影像设有七个波段，包含着十分丰富的地表信息，因此，我们的研究主要采用了 TM 遥感影像。不同波段对应不同地物在波段内的反射和辐射特性，可根据不同应用要求，进行多种波段组合和专题信息的提取。近红外、红、绿标准假彩色合成的图像中植被信息表现明显，有利于植被覆盖的监测，因此适合土地沙漠化分类解译。此外，选用 Landsat 数据作为主要遥感数据源的主要原因：①研究区覆盖范围广泛，为准确获取草原沙化在不同县的发展变化信息，所以对于这一县级尺度评价，选取中等空间分辨率遥感数据基本可以满足沙漠化的评价工作；② Landsat 系列卫星运行时间长，数据历史序列长，有利于较长时间尺度上进行沙漠化的动态变化监测；③大多数的遥感影像数据可以免费下载，有利于降低监测成本，同时也有利于在大范围推广由此信息源所得的研究方法；④ Landsat 数据研究深入，应用广泛，有利于本书和其他研究互相借鉴、对比和评价等。

选取了 5 个时期的遥感影像作为沙漠化遥感监测的主要数据源，主要包括：20 世纪 70 年代——航片、卫星照片及其他辅助数据；80 年代——Landsat MSS 影像；90 年代——Landsat TM 影像；2000 年——Landsat ETM+ 影像；2010 年——Landsat TM 或环境卫星影像。所选取遥感影像的季相极大地影响着沙漠化监测的效果。大量研究结果表明，夏季是 NDVI 值最高的季节,比较符合本书的沙漠化监测思路（吴薇，2001a,b）。因此，我们尽量选取夏季的影像，但是由于数据源的限制，部分年代的数据也有可能偏向于在春季或者秋季获取。在野外调查的基础上进行了目视解译分析，具体处理流程见上文中的技术路线介绍。同时，辅助以 90m 分辨率的 DEM，在 GIS 的支持下，解译了过去 50 年中国北方的沙漠化土地分布，得到 5 个年代的中国北方沙漠化土地面积数据，进而也得到了土地沙漠化动态变化信息。

戈壁及盐碱地数据：寒区旱区科学数据中心提供的"中国 1：10 万沙漠（沙地）分布数据集"。

3.5　遥感数据预处理

由于卫星在成像过程中受到地球自转、地球曲率、卫星飞行姿态、传感器功能衰减、大气吸收和散射、地形起伏等原因，会产生各种辐射失真和几何畸变，为了保证解译结果的可靠性和准确性，以及便于多期遥感影像结果的对比分析，在信息提取前，需要对遥感影像进行辐射校正、几何校正等预处理。

1. 辐射定标

本书采用 Image to Image 几何校正的方式，以经几何精校正好的遥感影像为标准影像，分别对四期影像做几何校正操作。地面控制点多选取在道路交叉点或变化明显处、河流交叉口等，每幅影像选取的控制点数均在 40 个以上，半景影像控制点数均在 20 个以上。采用二次多项式模型进行几何校正，运用双线性内插法进行像元重采样，总体误差控制和各控制点误差均控制在 0.5 个像元以内。

2. 大气校正

由于遥感器本身的光电系统特征、太阳高度、地形，以及大气影响等因素，造成从遥感器得到的电磁能量测量值与地物反射率或光谱辐射亮度等物理量不一致的现象称为辐射失真。为了正确评价地物的反射特征及辐射特征，需要对这些依附在辐射亮度里的各种失真进行校正，此过程即为辐射校正。

本书在对四期影像进行辐射定标后，选择 FLAASH（fast line of sight atmospheric analysis of spectral hyper cubes）模型进行大气校正。FLAASH 是基于 MODTRAN4+ 辐射传输模型，MODTRAN 模型是由进行大气校正算法研究的领先者 Spectral Sciences、Inc 和美国空军实验室（Air Force Research Laboratory）共同研发，ITT VISITTVIS 公司负责集成和 GUI 设计。

3.6　植　被　指　数

3.6.1　植被指数的选取

由遥感图像红波段和近红外波段反射率值确定的归一化植被指数是应用最为广泛的植被指数，NDVI 能有效地用于植被的监测，植被覆盖度、植被叶面积指数的估算，是反映地表植被状态重要的生物物理参数。荒漠化研究表明，随着荒漠化程度的加重，地表植被遭受严重破坏，地表植被盖度降低和生物量减少，在遥感图像上表现为 NDVI 值相应减少。因此，NDVI 可作为反映荒漠化程度的生物物理参数。

将两个或多个光谱通道进行组合，可以得到不同种类的植被指数，它们在一定程度上反映了植被演化的信息。到目前为止，植被指数已经发展出 40 余种，其中 NDVI 应用最为广泛，它能有效地监测植被状况，并进行植被覆盖度、叶面积指数等生态参数的估算。NDVI 还能部分地补偿照明条件、地面坡度，以及卫星观测方向变化所引起的影响（田庆久和闵祥军，1998；郭铌，2003；Bannari et al.，1995；Leprieur et al.，1994；Weiss et al.，2001；朱云燕，2003），其计算公式为

$$NDVI = \frac{NIR - R}{NIR + R} \tag{3-8}$$

式中，NIR、R 分别为红外波段、红光波段的反射率。NDVI 值域为 [-1, +1]，一般植株越高、群体越大、叶面积系数越大的植被，其 NDVI 值较大。

3.6.2 植被覆盖度的计算

植被覆盖度是指植被冠层的垂直投影面积与土地总面积之比，是衡量地表植被状况的重要指标。有关荒漠化的研究表明，一个地区荒漠化的轻重程度与植被盖度有直接的关系，在植被覆盖高、生长状况好的区域，荒漠化不明显，反之则较严重。遥感反演植被覆盖度的方法有回归模型法、植被指数法及像元分解模型法等，其中植被指数法更具有普遍意义，模型经验证后可以推广到大范围区域，形成通用的植被覆盖度计算方法（牛宝茹等，2005；顾祝军和曾志远，2005；马志勇等，2007；张树誉等，2006；卢丽萍和赵成义，2005）。基于归一化植被指数法计算植被覆盖度的公式为

$$VC = \frac{NDVI - NDVI_{min}}{NDVI_{max} - NDVI_{min}} \tag{3-9}$$

式中，NDVI 为所求像元的植被指数；$NDVI_{min}$ 和 $NDVI_{max}$ 分别为研究区域内 NDVI 最小值和最大值。

3.7 监 测 结 果

为了更好地体现沙漠化的变化情况，这里将中国北方沙漠化研究的区域中戈壁、盐碱地扣除，不在监测范围内，也就是说，监测区的面积要小于行政区的面积。另外，在介绍整个北方过去 50 年的沙漠化变化情况后，分 20 个小的地理单元，分别介绍各片区的沙漠化变化情况。表 3-4 为各地区沙漠化研究涉及的行政区面积及实际监测区面积。

3.7.1 全国

中国北方沙漠化研究涉及的行政区域面积达 305.35 万 km²，其中实际监测区面积为 226.03 万 km²。从中国北方沙漠化分布图看，中国北方沙漠化呈现由东向西越来越严重的趋势，其中重度沙漠化主要分布在塔里木盆地、准噶尔盆地、柴达木盆地及阿拉善地区，轻度和中度沙漠化主要分布在内蒙古贺兰山以东、三江源地区，以及盆地周边地区。从沙漠化变化幅度看，沙漠化土地变化幅度总体上由西往东越来越大。20世纪 70 年代至 21 世纪 10 年代，中国北方沙漠化总体呈现先增加后减少的现象，20世纪 70 年代总沙漠化面积有 166.6 万 km²，到 90 年代增加到 177.9 万 km²，然后又减少到 21 世纪初的 167.6 万 km²。重度沙漠化土地面积除 21 世纪初有稍微增加外，基本上与总体沙漠化土地面积变化趋势一致，中度和轻度沙漠化土地面积时增时减（图 3-5、表 3-5）。

表 3-4　中国北方沙漠化各研究区行政区面积与实际监测区面积比较

地区	行政区面积 / 万 km²	监测区面积 / 万 km²	监测面积占行政区面积比例 /%
呼伦贝尔草原	8.46	8.31	98.20
科尔沁草原	13.11	12.76	97.31
锡林郭勒草原及浑善达克沙地	19.05	17.30	90.80
察哈尔草原	2.84	2.80	98.50
河北坝上地区及乌兰察布草原	9.95	8.45	84.91
乌兰察布盟前山及土默特平原	2.18	2.13	97.39
晋西北	2.61	2.60	99.52
鄂尔多斯草原及毛乌素沙地	13.06	12.62	96.61
宁夏河东沙地	1.31	1.27	97.21
准噶尔盆地	21.39	12.23	57.20
吐哈盆地	20.60	5.75	27.93
伊犁盆地	0.51	0.49	96.68
塔里木盆地	87.44	72.89	83.36
祁连山前及河西走廊	22.63	11.06	48.87
银川平原及中卫盆地	2.00	1.71	85.37
阿拉善高原	24.14	10.67	44.20
河套平原及黄河沿线	1.75	1.64	93.69
内蒙古后山	4.71	1.98	42.00
柴达木	22.38	15.65	69.92
三江源区	25.22	24.49	97.10
中国北方	305.35	226.03	74.02

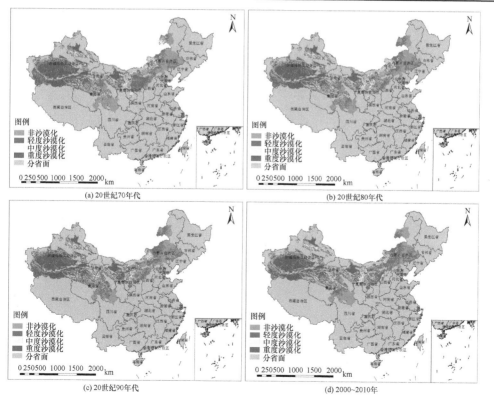

(a) 20世纪70年代　　　　(b) 20世纪80年代

(c) 20世纪90年代　　　　(d) 2000~2010年

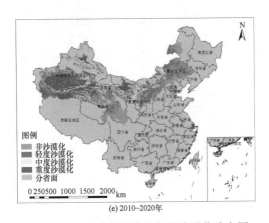

(e) 2010~2020年

图 3-5　中国北方各年份沙漠化分布图

表 3-5　中国北方不同时期沙漠化土地面积及其变化

年代		重度沙漠化	中度沙漠化	轻度沙漠化	总沙漠化	非沙漠化	合计
20 世纪 70 年代	面积 /km²	852238.3	306447.1	506947.9	1665633.2	595315.9	2260949.1
	比例 /%	37.69	13.55	22.42	73.67	26.33	
20 世纪 80 年代	面积 /km²	875710.4	371887.2	485472.7	1733070.3	526238.0	2259308.3
	比例 /%	38.76	16.46	21.49	76.71	23.29	
20 世纪 90 年代	面积 /km²	959543.6	323744.2	495968.3	1779256.2	482691.3	2261947.6
	比例 /%	42.42	14.31	21.93	78.66	21.34	
2000 ～ 2010 年	面积 /km²	860346.8	348733.8	522174.2	1731254.8	528328.2	2259583.0
	比例 /%	38.08	15.43	23.11	76.62	23.38	
2010 ～ 2020 年	面积 /km²	861288.6	321806.3	492613.3	1675708.2	584137.7	2259845.9
	比例 /%	38.11	14.24	21.80	74.15	25.85	
1970 ～ 1980 年	面积变化 /km²	23472.2	65440.1	−21475.2	67437.1	−69077.9	
1980 ～ 1990 年		83833.2	−48143.0	10495.7	46185.9	−43546.6	
1990 ～ 2000 年		−99196.8	24989.5	26205.8	−48001.4	45636.9	
2000 ～ 2010 年		941.7	−26927.5	−29560.6	−55546.6	55809.5	

　　从转移矩阵看，1970 ～ 1980 年，重度沙漠化土地变化较小，中度和轻度沙漠化相互转化较大，非沙漠化土地向轻度沙漠化转变；1980 ～ 1990 年，沙漠化变化幅度较大，各类型沙漠化之间都有较大规模的转变；1990 ～ 2000 年，沙漠化状况有所改善，重度沙漠化主要转变为中度沙漠化，中度沙漠化主要转变为轻度沙漠化，轻度沙漠化逐渐去除沙漠化；2000 ～ 2010 年，沙漠化继续得到改善，变化情况与前 10 年类似（表 3-6）。

3.7.2　呼伦贝尔草原

　　从沙漠化分布图看，呼伦贝尔草原的沙漠化主要分布在中西部的陈巴尔虎旗、新巴尔虎左旗和新巴尔虎右旗。20 世纪 70 年代，新巴尔虎左旗和右旗有大片的中度沙漠化土地，之后，中度沙漠化土地骤降，以轻度沙漠化为主。从表 3-7 中看，呼伦贝尔草

表 3-6　中国北方不同类型沙漠土地转移矩阵

年份	沙漠化类型	重度沙漠化 /km²	中度沙漠化 /km²	轻度沙漠化 /km²	非沙漠化 /km²	总计 /km²
1970～1980	重度沙漠化	840104.4	2626.5	7609.5	1870.0	852210.3
	中度沙漠化	2871.8	272880.2	28016.5	2533.2	306301.7
	轻度沙漠化	29761.3	87302.2	368902.6	20393.7	506359.7
	非沙漠化	2935.0	8995.2	80741.8	501851.8	594523.8
	总计	875672.5	371804.0	485270.4	526648.6	2259395.5
1980～1990	重度沙漠化	815782.3	33063.1	21203.7	5570.9	875620.0
	中度沙漠化	71579.1	205404.4	79684.6	14460.0	371128.2
	轻度沙漠化	39289.7	71566.9	311093.9	63656.7	485607.2
	非沙漠化	32386.2	13801.2	83019.1	397650.1	526856.6
	总计	959037.3	323835.6	495001.4	481337.7	2259212.0
1990～2000	重度沙漠化	799038.9	89404.3	38115.9	33255.7	959814.8
	中度沙漠化	28193.6	158191.3	120012.5	17176.0	323573.4
	轻度沙漠化	26639.5	89459.2	272693.2	106683.9	495475.9
	非沙漠化	6302.7	11885.9	92042.6	370964.0	481195.2
	总计	860174.7	348940.7	522864.2	528079.6	2260059.2
2000～2010	重度沙漠化	776814.6	61529.3	11491.3	10424.9	860260.2
	中度沙漠化	59980.9	180680.3	87860.3	19486.6	348008.0
	轻度沙漠化	16072.7	71745.1	328760.1	106145.9	522725.7
	非沙漠化	8918.2	7209.0	64509.7	448090.4	528727.3
	总计	861786.5	321163.6	492621.5	584147.7	2259719.3

表 3-7　呼伦贝尔草原不同时期沙漠化土地面积及其变化

年代		重度沙漠化	中度沙漠化	轻度沙漠化	沙漠化	无沙漠化	合计
20 世纪 70 年代	面积 /km²	521.36	16970.24	17797.87	35289.47	47813.87	83103.34
	比例 /%	0.63	20.42	21.42	42.46	57.54	
20 世纪 80 年代	面积 /km²	494.50	1157.15	33637.83	35289.47	47813.87	83103.34
	比例 /%	0.60	1.39	40.48	42.46	57.54	
20 世纪 90 年代	面积 /km²	628.04	1114.15	33572.40	35314.58	47878.29	83192.87
	比例 /%	0.75	1.34	40.35	42.45	57.55	
2000～2010 年	面积 /km²	193.83	220.42	20961.81	21376.05	61700.90	83076.95
	比例 /%	0.23	0.27	25.23	25.73	74.27	
2010～2020 年	面积 /km²	128.14	366.28	27878.59	28373.01	54735.99	83109.00
	比例 /%	0.15	0.44	33.54	34.14	65.86	
1970～1980 年	面积变化 /km²	−26.86	−15813.10	15839.96	0.00	0.00	
1980～1990 年		133.54	−43.00	−65.43	25.11	64.42	
1990～2000 年		−434.21	−893.73	−12610.59	−13938.53	13822.61	
2000～2010 年		−65.68	145.87	6916.78	6996.96	−6964.91	

原沙漠化土地总面积在 1970～1990 年几乎没有变化；1990～2000 年，沙漠化土地迅速减少到 2.1 万 km²，到 2010 年又反弹到 2.8 万 km²。重度沙漠化土地分布很少，中度沙漠化除了 70 年代分布较大外，之后年份都很少，轻度沙漠化土地除 70 年代与中度沙漠化土地面积相当外，始终占据着沙漠化土地的主体（图 3-6、表 3-7）。

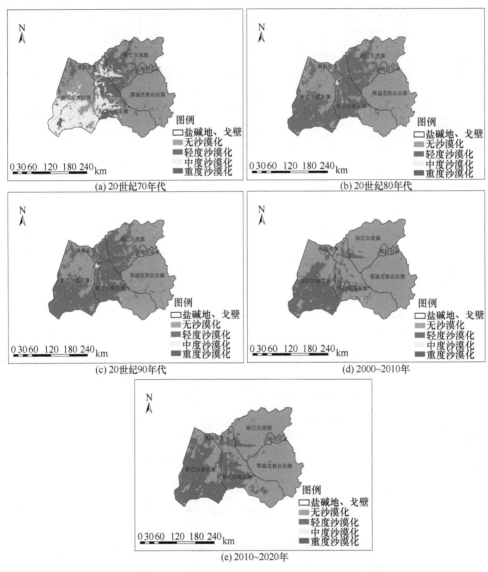

图 3-6　呼伦贝尔草原各年份沙漠化分布图

3.7.3　科尔沁草原

从沙漠化分布图看，科尔沁草原的沙漠化以轻度沙漠化为主，并有逐渐北移的趋势，中度和重度沙漠化分布较少，主要分布在南部的翁牛特旗、奈曼旗和赤峰市。从沙漠化变化表看，科尔沁草原的沙漠化呈现出两个阶段，1970～1990 年，科尔沁草原沙漠化面积从 3.5 万 km² 迅速增加到 6 万 km²，增加了 2.5 万 km²；1990 ～ 2010 年，沙漠化土地面积开始下降，但速度较慢，2010 年为 5.2 万 km²，仅减少了 0.8 万 km²。各年份沙漠化土地均以轻度沙漠化为主，中度和重度沙漠化虽然分布相对较少，但年际变化大，无规律可循，最主要的轻度沙漠化土地变化情况也可分为两个阶段，即先增加后减少，但轻度沙漠化面积最高的年份为 2000 年（图 3-7、表 3-8）。

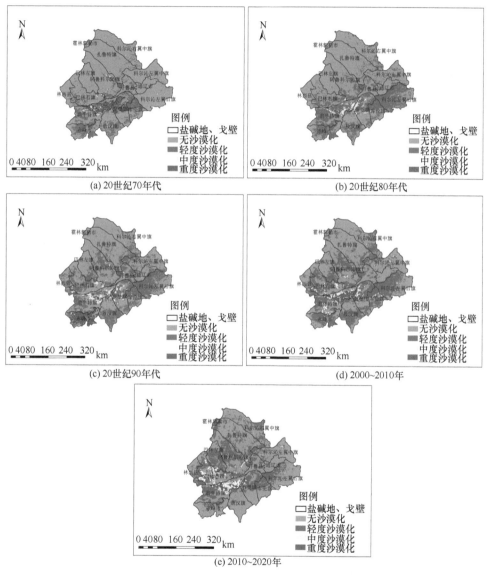

图 3-7　科尔沁草原各年份沙漠化分布图

3.7.4　锡林郭勒草原和浑善达克沙地

从沙漠化分布图看，锡林郭勒草原及浑善达克沙地的沙漠化主要分布在中西部，并逐渐往东扩展；沙漠化类型由东往西呈现出"无沙漠化—轻度沙漠化—中度沙漠化—

表 3-8 科尔沁草原不同时期沙漠化土地面积及其变化

年代		重度沙漠化	中度沙漠化	轻度沙漠化	沙漠化	无沙漠化	合计
20世纪70年代	面积/km²	5276.43	5839.14	23998.58	35114.15	92240.76	127354.91
	比例/%	4.14	4.58	18.84	27.57	72.43	
20世纪80年代	面积/km²	1259.78	6156.62	42138.81	49555.21	77999.97	127555.18
	比例/%	0.99	4.83	33.04	38.85	61.15	
20世纪90年代	面积/km²	5505.87	10041.07	44414.94	59961.88	67852.63	127814.51
	比例/%	4.31	7.86	34.75	46.91	53.09	
2000~2010年	面积/km²	2991.79	5269.26	48756.49	57017.53	70635.63	127653.16
	比例/%	2.34	4.13	38.19	44.67	55.33	
2010~2020年	面积/km²	2643.87	6196.65	43046.91	51887.43	75743.47	127630.90
	比例/%	2.07	4.86	33.73	40.65	59.35	
1970~1980年	面积变化/km²	-4016.66	317.48	18140.23	14441.06	-14240.79	
1980~1990年		4246.09	3884.45	2276.14	10406.68	-10147.34	
1990~2000年		-2514.08	-4771.81	4341.54	-2944.35	2783.00	
2000~2010年		-347.92	927.40	-5709.58	-5130.10	5107.83	

重度沙漠化"的趋势,其中重度沙漠化主要分布在最西部的苏尼特右旗和苏尼特左旗。从沙漠化变化表看,该地区各年份沙漠化土地面积占监测区的面积均超过一半;该地区总的沙漠化土地面积先增加后减少,其中1970~1990年,沙漠化面积增加十分缓慢,仅增加了5421km²,到2000年则快速增加了2万km²,之后10年,稍微有所下降;该地区沙漠化以轻度和中度沙漠化为主,轻度沙漠化土地最多,重度沙漠化最少,其中轻度沙漠化土地面积变化与总沙漠化土地面积变化情况一致(图3-8、表3-9)。

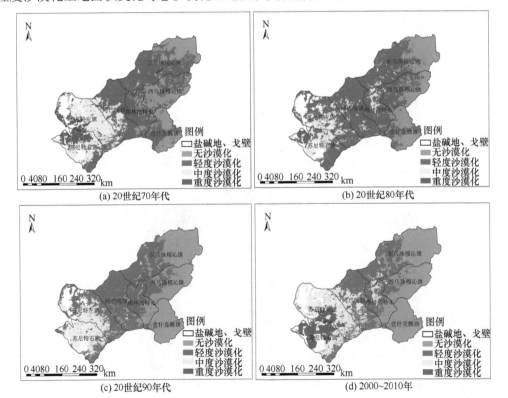

(a) 20世纪70年代　　　　(b) 20世纪80年代

(c) 20世纪90年代　　　　(d) 2000~2010年

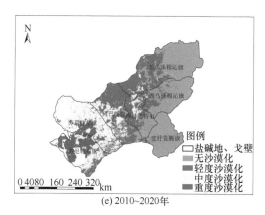

(e) 2010~2020年

图 3-8   锡林郭勒草原及浑善达克沙地各年份沙漠化分布图

表 3-9   锡林郭勒草原和浑善达克沙地不同时期沙漠化土地面积及其变化

年代		重度沙漠化	中度沙漠化	轻度沙漠化	沙漠化	无沙漠化	合计
20 世纪 70 年代	面积 /km²	15129.87	36794.86	48273.93	100198.67	72779.24	172977.91
	比例 /%	8.75	21.27	27.91	57.93	42.07	
20 世纪 80 年代	面积 /km²	15404.05	36347.25	50776.80	102528.10	70478.01	173006.11
	比例 /%	8.90	21.01	29.35	59.26	40.74	
20 世纪 90 年代	面积 /km²	1309.52	24543.57	79766.75	105619.84	67289.70	172909.54
	比例 /%	0.76	14.19	46.13	61.08	38.92	
2000 ～ 2010 年	面积 /km²	3609.43	22994.73	99493.14	126097.30	46947.61	173044.90
	比例 /%	2.09	13.29	57.50	72.87	27.13	
2010 ～ 2020 年	面积 /km²	11733.53	33684.29	80343.11	125760.93	47220.12	172981.05
	比例 /%	6.78	19.47	46.45	72.70	27.30	
1970 ～ 1980 年	面积变化 /km²	274.18	−447.61	2502.87	2329.43	−2301.23	
1980 ～ 1990 年		−14094.53	−11803.69	28989.96	3091.74	−3188.31	
1990 ～ 2000 年		2299.91	−1548.84	19726.39	20477.46	−20342.09	
2000 ～ 2010 年		8124.10	10689.56	−19150.03	−336.37	272.51	

3.7.5   察哈尔草原

从沙漠化分布图看,察哈尔草原的沙漠化以轻度沙漠化为主,中度沙漠化也有较大分布,重度沙漠化很少,其中中度沙漠化主要分布在西部的镶黄旗和正镶白旗;1970 ～ 1990 年,沙漠化由西北往东南方向扩展,1990 ～ 2010 年,沙漠化由东南向西北方向逐渐退缩。从沙漠化变化表看,察哈尔草原各年份沙漠化土地面积占监测区的面积超过一半,并经历了快速增加和趋于稳定两个阶段,1970 ～ 1990 年,沙漠化土地面积从 1.63 万 km² 增加到 2.15 万 km²,之后到 2010 年,沙漠化土地面积变化不大,趋于稳定;重度和中度沙漠化土地面积较少,但变化较大,无规律,面积最大的轻度沙漠化与总沙漠化土地面积变化情况一样,先增加后减少,不同的是轻度沙漠化最多的年份为 2000 年(图 3-9、表 3-10)。

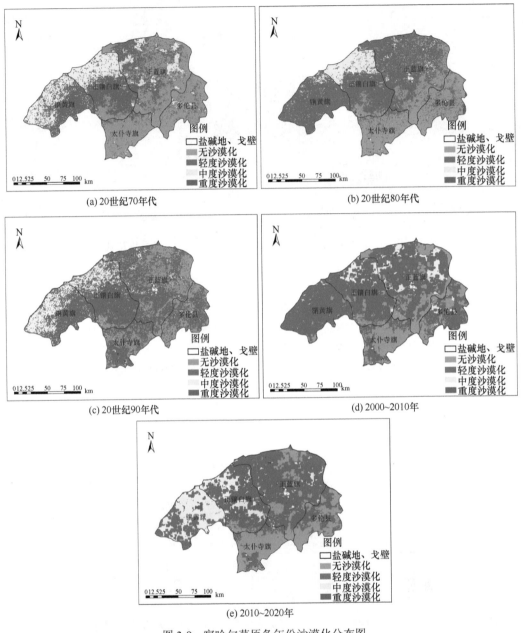

图 3-9 察哈尔草原各年份沙漠化分布图

3.7.6 河北坝上地区及乌兰察布草原

从沙漠化分布图看，河北坝上地区及乌兰察布草原的沙漠化主要分布在中西部，基本呈现出自西向东沙漠化越来越重的趋势；河北省境内的6个县除尚义县外，沙漠化程度较轻，甚至无沙漠化；内蒙古境内的旗县沙漠化相对较严重，重度沙漠化主要分布在达尔罕茂明安联合旗、四子王旗，以及河北省的尚义县。从沙漠化变化表看，该地区沙漠化总面积在1970～1990年处于不断减少的阶段，到2000年迅速增加到

表 3-10 察哈尔草原不同时期沙漠化土地面积及其变化

年代		重度沙漠化	中度沙漠化	轻度沙漠化	沙漠化	无沙漠化	合计
20 世纪 70 年代	面积 /km²	199.49	5562.88	10581.62	16343.99	11668.95	28012.94
	比例 /%	0.71	19.86	37.77	58.34	41.66	
20 世纪 80 年代	面积 /km²	163.47	2574.64	16388.79	19126.90	8893.95	28020.85
	比例 /%	0.58	9.19	58.49	68.26	31.74	
20 世纪 90 年代	面积 /km²	267.58	4050.45	17197.00	21515.03	6449.81	27964.85
	比例 /%	0.96	14.48	61.50	76.94	23.06	
2000 ~ 2010 年	面积 /km²	202.64	1933.73	18970.31	21106.68	6914.06	28020.74
	比例 /%	0.72	6.90	67.70	75.33	24.67	
2010 ~ 2020 年	面积 /km²	323.51	4873.34	16019.37	21216.22	6804.14	28020.35
	比例 /%	1.15	17.39	57.17	75.72	24.28	
1970 ~ 1980 年	面积变化 /km²	−36.02	−2988.23	5807.17	2782.91	−2775.00	
1980 ~ 1990 年		104.11	1475.81	808.21	2388.13	−2444.13	
1990 ~ 2000 年		−64.94	−2116.73	1773.31	−408.35	464.25	
2000 ~ 2010 年		120.86	2939.62	−2950.94	109.54	−109.92	

4.96 万 km²，到 2010 年则又下降到 4.25 万 km²；轻度沙漠化依然是该地区最主要的沙漠化类型，中度和重度沙漠化均呈现出先减少后增加的趋势，虽然重度沙漠化所占比例最小，但 1990 ~ 2010 年这段时间增加较为迅速，不容忽视（图 3-10、表 3-11）。

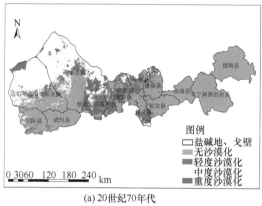

(a) 20世纪70年代

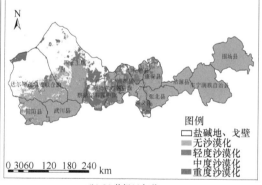

(b) 20世纪80年代

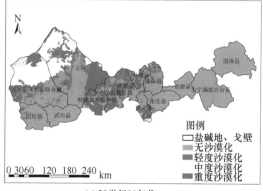

(c) 20世纪90年代

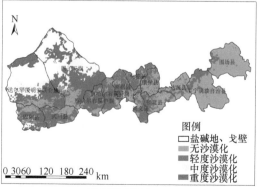

(d) 2000~2010年

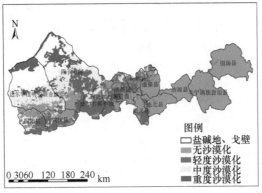

(e) 2010~2020年

图 3-10 河北坝上地区及乌兰察布草原各年份沙漠化分布图

表 3-11 河北坝上地区及乌兰察布草原不同时期沙漠化土地面积及其变化

年代		重度沙漠化	中度沙漠化	轻度沙漠化	沙漠化	无沙漠化	合计
20 世纪 70 年代	面积 /km²	1571.80	14450.67	16484.16	32506.63	52070.62	84577.25
	比例 /%	1.86	17.09	19.49	38.43	61.57	
20 世纪 80 年代	面积 /km²	1396.05	14506.26	15947.10	31849.41	52728.39	84577.80
	比例 /%	1.65	17.15	18.85	37.66	62.34	
20 世纪 90 年代	面积 /km²	483.93	1743.79	27503.04	29730.76	54880.04	84610.79
	比例 /%	0.57	2.06	32.51	35.14	64.86	
2000 ~ 2010 年	面积 /km²	5056.13	8490.29	36034.37	49580.79	34766.78	84347.56
	比例 /%	5.99	10.07	42.72	58.78	41.22	
2010 ~ 2020 年	面积 /km²	6972.27	15790.26	19764.20	42526.73	41854.87	84381.60
	比例 /%	8.26	18.71	23.42	50.40	49.60	
1970 ~ 1980 年	面积变化 /km²	−175.75	55.59	−537.05	−657.21	657.77	
1980 ~ 1990 年		−912.12	−12762.47	11555.93	−2118.66	2151.65	
1990 ~ 2000 年		4572.20	6746.50	8531.33	19850.03	−20113.26	
2000 ~ 2010 年		1916.14	7299.97	−16270.17	−7054.06	7088.09	

3.7.7 乌兰察布盟前山和土默特平原

从沙漠化分布图看，乌兰察布盟前山及土默特平原沙漠化以轻度沙漠化为主；重度沙漠化只在 20 世纪 80 年代和 90 年代分布较大，主要分布在东部的兴和县、丰镇县、察哈尔右翼前期，以及集宁市；重度沙漠化只在 90 年代有较大分布，也主要零散分布于上述几个旗县。从沙漠化变化表看，该地区沙漠化土地总面积各年份占监测区比例均超过 50%；且总沙漠化面积经历了先增加后减少两个阶段，1970 ~ 1990 年为上升阶段，沙漠化土地增加了 2123km²，1990 ~ 2010 年为下降阶段，沙漠化土地面积减少了 3627km²；重度沙漠化面积很小，只在 90 年代面积较大，远远大于其他年份；重度沙漠化土地面积只在 80 年代和 90 年代分布较大，与重度沙漠化一样远远大于其他年份（图 3-11、表 3-12）。

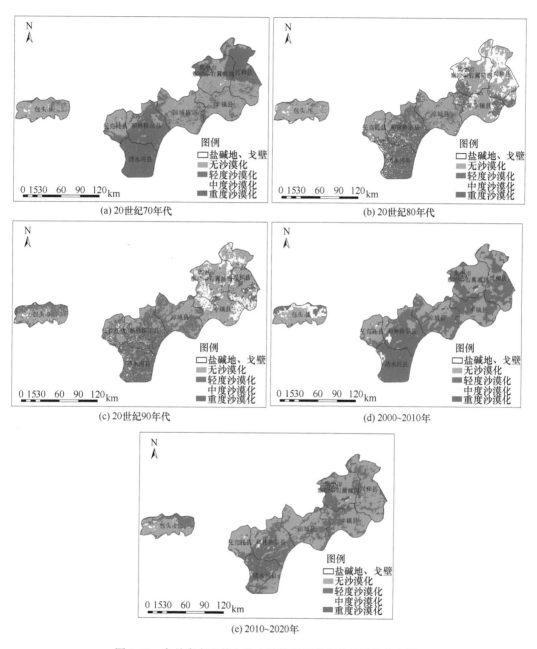

图 3-11　乌兰察布盟前山及土默特平原各年份沙漠化分布图

3.7.8　晋西北地区

从沙漠化分布图看，晋西北地区的沙漠化除 2000 年，均以轻度沙漠化为主，中度和重度沙漠化均集中分布在 2000 年，说明 2000 年晋西北地区的沙漠化情况最为严重；从地域分布看，西北侧的沙漠化比东南侧严重；且沙漠化总体呈现出先扩展后退缩的变化趋势。从沙漠化变化表看，晋西北地区沙漠化总面积每 10 年增减一次，2000 年达

表 3-12 乌兰察布盟前山和土默特平原不同时期沙漠化土地面积及其变化

年代		重度沙漠化	中度沙漠化	轻度沙漠化	沙漠化	无沙漠化	合计
20 世纪 70 年代	面积 /km²	27.74	38.15	10633.52	10699.42	10608.93	21308.35
	比例 /%	0.13	0.18	49.90	50.21	49.79	
20 世纪 80 年代	面积 /km²	62.93	4370.11	7253.50	11686.54	9519.06	21205.60
	比例 /%	0.30	20.61	34.21	55.11	44.89	
20 世纪 90 年代	面积 /km²	1568.89	4149.82	7103.89	12822.59	8449.35	21271.95
	比例 /%	7.38	19.51	33.40	60.28	39.72	
2000 ～ 2010 年	面积 /km²	208.66	797.51	11377.08	12383.24	8891.40	21274.65
	比例 /%	0.98	3.75	53.48	58.21	41.79	
2010 ～ 2020 年	面积 /km²	171.71	336.62	8686.93	9195.26	12023.30	21218.56
	比例 /%	0.81	1.59	40.94	43.34	56.66	
1970 ～ 1980 年	面积变化 /km²	35.19	4331.96	-3380.02	987.12	-1089.87	
1980 ～ 1990 年		1505.96	-220.29	-149.61	1136.05	-1069.70	
1990 ～ 2000 年		-1360.23	-3352.31	4273.19	-439.35	442.05	
2000 ～ 2010 年		-36.94	-460.89	-2690.15	-3187.98	3131.90	

到最大值，为 2.13 万 km²；轻度沙漠化除 2000 年所占比例较小，其他年份均为沙漠化的主体；中度和重度沙漠化均经历了先增加后减少两个阶段，最大值均发生在 2000 年，其面积均远大于其他年份（图 3-12、表 3-13）。

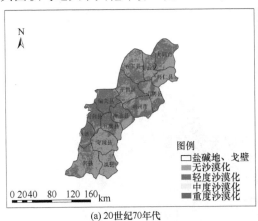

(a) 20世纪70年代

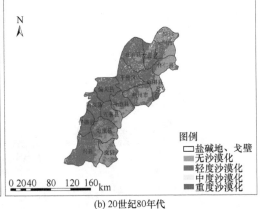

(b) 20世纪80年代

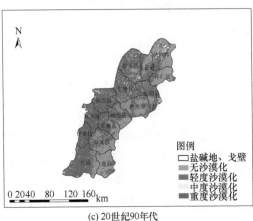

(c) 20世纪90年代

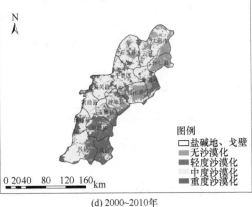

(d) 2000～2010年

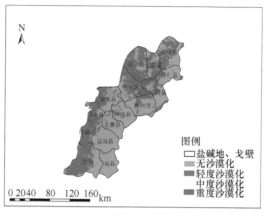

(e) 2010~2020 年

图 3-12　晋西北地区各年份沙漠化分布图

表 3-13　晋西北地区不同时期沙漠化土地面积及其变化

年代		重度沙漠化	中度沙漠化	轻度沙漠化	沙漠化	无沙漠化	合计
20 世纪 70 年代	面积 /km²	12.93	134.44	12640.56	12787.93	13238.14	26026.07
	比例 /%	0.05	0.52	48.57	49.14	50.86	
20 世纪 80 年代	面积 /km²	338.94	1552.87	16278.47	18170.28	7826.15	25996.43
	比例 /%	1.30	5.97	62.62	69.90	30.10	
20 世纪 90 年代	面积 /km²	359.74	2196.21	14233.83	16789.78	9245.79	26035.57
	比例 /%	1.38	8.44	54.67	64.49	35.51	
2000 ～ 2010 年	面积 /km²	1562.02	13566.12	6153.83	21281.96	4693.04	25975.00
	比例 /%	6.01	52.23	23.69	81.93	18.07	
2010 ～ 2020 年	面积 /km²	118.59	134.51	10692.21	10945.31	15068.80	26014.10
	比例 /%	0.46	0.52	41.10	42.07	57.93	
1970 ～ 1980 年	面积变化 /km²	326.01	1418.43	3637.91	5382.35	-5411.99	
1980 ～ 1990 年		20.80	643.33	-2044.64	-1380.50	1419.64	
1990 ～ 2000 年		1202.28	11369.91	-8080.01	4492.18	-4552.75	
2000 ～ 2010 年		-1443.43	-13431.61	4538.38	-10336.66	10375.76	

3.7.9　鄂尔多斯草原和毛乌素沙地

　　从沙漠化分布图看，鄂尔多斯草原及毛乌素沙地沙漠化在 20 世纪 70 年代以轻度沙漠化为主体，中度和重度沙漠化很少，之后年份则分布有较大面积的中度和重度沙漠化土地；其中重度沙漠化最严重的旗县有西北部的杭锦旗、达拉特旗、鄂托克旗，以及中部的乌审旗，在沙漠化最为严重的 1980 ～ 1990 年，鄂托克前旗、准格尔旗、神木县、榆林市等旗县也分布着大面积的中度沙漠化土地；从地域变化看，该地区除 70 年代，沙漠化由东南向西北，沙漠化越来越严重；从时间尺度看，该地区中度和重度沙漠化经历了先向东南扩展，后向西北退缩的趋势。从沙漠化变化表看，该地区沙漠化总面积各年份所占监测区比例很大，均大于 80%；沙漠化总面积经历了先增加后减少两个阶段，1970 ～ 2000 年为上升阶段，但增加较为缓慢，一共增加沙漠化土地

5999km², 2000 ～ 2010 年为下降阶段，但下降速度较快，仅 10 年就减少了 1.32 万 km²；轻度沙漠化在 70 年代占据了该地区沙漠化的主体，到 80 年代比例则迅速下降，之后又逐渐回升；中度和重度沙漠化在 70 年代比例很小，但随后迅速增加，均在 90 年代达到最大值，之后均又迅速下降（图 3-13、表 3-14）。

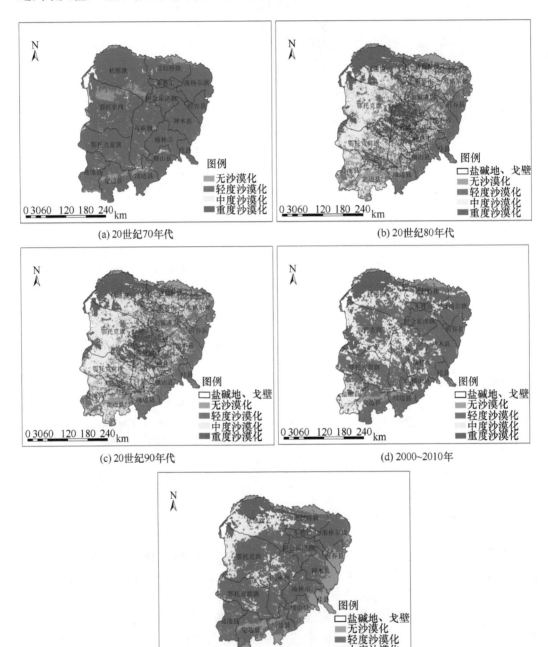

图 3-13　鄂尔多斯草原及毛乌素沙地各年份沙漠化分布图

表 3-14　鄂尔多斯和毛乌素沙地不同时期沙漠化土地面积及其变化

年代		重度沙漠化	中度沙漠化	轻度沙漠化	沙漠化	无沙漠化	合计
20 世纪 70 年代	面积 /km²	265.60	2230.15	109979.53	112475.28	13774.31	126249.59
	比例 /%	0.21	1.77	87.11	89.09	10.91	
20 世纪 80 年代	面积 /km²	29572.52	49869.06	34112.07	113553.65	12504.63	126058.29
	比例 /%	23.46	39.56	30.04	90.08	9.92	
20 世纪 90 年代	面积 /km²	30194.76	50846.98	36214.74	117256.48	9001.86	126258.34
	比例 /%	23.92	40.27	28.68	92.87	7.13	
2000～2010 年	面积 /km²	13349.97	31834.42	73289.66	118474.05	7746.38	126220.43
	比例 /%	10.58	25.22	58.06	93.86	6.14	
2010～2020 年	面积 /km²	8343.86	17632.40	79320.80	105297.06	20808.67	126105.74
	比例 /%	6.62	13.98	62.90	83.50	16.50	
1970～1980 年	面积变化 /km²	29306.93	47638.91	−75867.46	1078.38	−1269.68	
1980～1990 年		622.23	977.92	2102.67	3702.83	−3502.77	
1990～2000 年		−16844.79	−19012.56	37074.91	1217.57	−1255.48	
2000～2010 年		−5006.11	−14202.02	6031.14	−13176.99	13062.30	

3.7.10　宁夏河东沙地

从沙漠化分布图看，宁夏河东沙地监测的两个县沙漠化情况各有不同；北部的灵武县各年份沙漠化变化不大，以中度和重度沙漠化为主；南部的环县在 20 世纪 70～80 年代以中度沙漠化为主体，其中 80 年代散布着一些中度沙漠化土地，20 世纪 90 年代至 2010 年则以轻度沙漠化为主。从沙漠化变化表看，宁夏河东沙地沙漠化总面积占监测区的比例非常大，达到 90% 左右；沙漠化总面积经历了先减少后增加两个阶段，1970～1990 年为减少阶段，1990～2010 年为增加阶段，但变化幅度均较小；轻度沙漠化随年份不断增加，从 70 年代的 39km² 快速增加到 2010 年的 8671km²；中度沙漠化与轻度沙漠化相反，随年份不断减少，从 1.02 万 km² 快速减少到 1899km²；重度沙漠化由 70 年代 1564km² 快速增加到 80 年代 2858km²，之后迅速下降并保持稳定（图 3-14、表 3-15）。

3.7.11　准噶尔盆地

从沙漠化分布图看，准噶尔盆地沙漠化的地域分布规律为：南北沙漠化程度较轻，中部沙漠化程度较重；轻度和中度沙漠化多分布在南部的天山和北部的阿尔泰山山前，重度沙漠化多分布在中部的盆地内；从时间尺度看，20 世纪 70 年代至 21 世纪初，准噶尔盆地各类沙漠化变化较小，2010～2010 年才有较明显的变化，即重度沙漠化土地面积明显减少。从沙漠化变化表看，准噶尔盆地各年份沙漠化土地总面积占监测区面积的比例均大于 70%；沙漠化类型以重度和中度沙漠化为主，20 世纪 70 年代至 21 世纪初重度沙漠化土地面积大于中度沙漠化，2000～2010 年中度沙化面积超

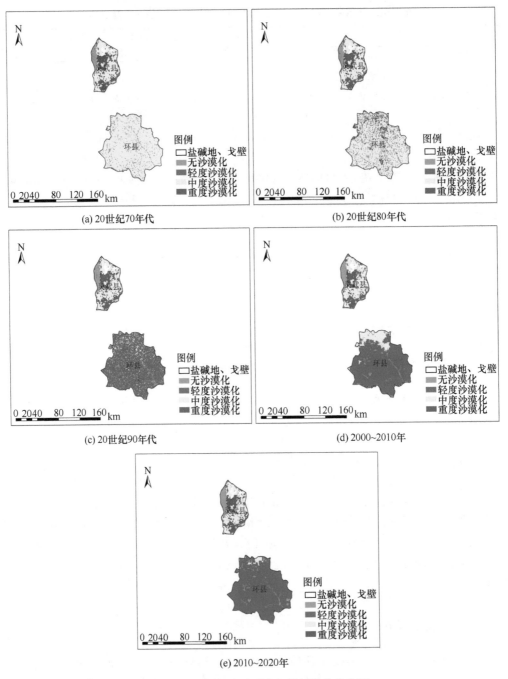

图 3-14 宁夏河东沙地各年份沙漠化分布图

过重度沙漠化；沙化总面积在 20 世纪 70～90 年代几无变化，之后开始明显下降；轻度和重度沙漠化土地面积与沙漠化总面积的变化一致，即 70～90 年代变化十分微弱，之后开始下降；中度沙漠化虽然前三个年份变化也很微弱，但之后的变化与总沙漠化变化趋势相反，出现上升的趋势（图 3-15、表 3-16）。

表 3-15　宁夏河东沙地不同时期沙漠化土地面积及其变化

年代		重度沙漠化	中度沙漠化	轻度沙漠化	沙漠化	无沙漠化	合计
20 世纪 70 年代	面积 /km²	1564.43	10193.89	39.27	11797.58	900.50	12698.08
	比例 /%	12.32	80.28	0.31	92.91	7.09	
20 世纪 80 年代	面积 /km²	2857.74	8687.91	128.92	11674.56	1045.42	12719.98
	比例 /%	22.47	68.30	1.01	91.78	8.22	
20 世纪 90 年代	面积 /km²	1219.54	3223.47	6914.63	11357.63	1377.38	12735.01
	比例 /%	9.58	25.31	54.30	89.18	10.82	
2000 ～ 2010 年	面积 /km²	1086.39	2924.72	7657.46	11668.57	1039.65	12708.22
	比例 /%	8.55	23.01	60.26	91.82	8.18	
2010 ～ 2020 年	面积 /km²	1143.54	1898.53	8670.71	11712.77	1022.39	12735.17
	比例 /%	8.98	14.91	68.08	91.97	8.03	
1970 ～ 1980 年	面积变化 /km²	1293.31	−1505.98	89.65	−123.02	144.92	
1980 ～ 1990 年		−1638.20	−5464.44	6785.71	−316.93	331.96	
1990 ～ 2000 年		−133.15	−298.75	742.83	310.94	−337.73	
2000 ～ 2010 年		57.15	−1026.19	1013.25	44.20	−17.26	

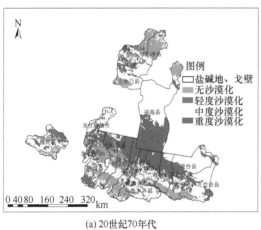

(a) 20世纪70年代

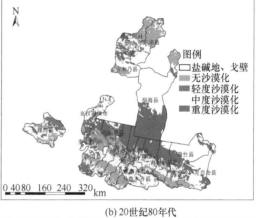

(b) 20世纪80年代

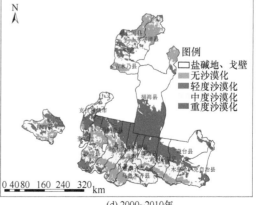

(c) 20世纪90年代

(d) 2000~2010年

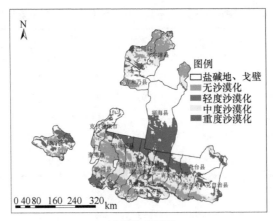

(e) 2010~2020年

图 3-15　准噶尔盆地各年份沙漠化分布图

表 3-16　准噶尔盆地不同时期沙漠化土地面积及其变化

年代		重度沙漠化	中度沙漠化	轻度沙漠化	沙漠化	无沙漠化	合计
20 世纪 70 年代	面积 /km²	47885.88	33794.30	13171.33	94851.51	27503.99	122355.50
	比例 /%	39.14	27.62	10.76	77.52	22.48	
20 世纪 80 年代	面积 /km²	47885.88	33792.91	13172.72	94851.51	27503.99	122355.50
	比例 /%	39.14	27.62	10.77	77.52	22.48	
20 世纪 90 年代	面积 /km²	47813.69	33732.75	13131.96	94678.40	27525.02	122203.42
	比例 /%	39.13	27.60	10.75	77.48	22.52	
2000 ～ 2010 年	面积 /km²	49210.44	38065.80	5952.73	93228.96	29174.00	122402.96
	比例 /%	40.20	31.10	4.86	76.17	23.83	
2010 ～ 2020 年	面积 /km²	38624.49	43209.27	4054.79	85888.55	36460.39	122348.94
	比例 /%	31.57	35.32	3.31	70.20	29.80	
1970 ～ 1980 年	面积变化 /km²	0.00	−1.39	1.39	0.00	0.00	
1980 ～ 1990 年		−72.19	−60.16	−40.76	−173.11	21.02	
1990 ～ 2000 年		1396.74	4333.05	−7179.23	−1449.44	1648.98	
2000 ～ 2010 年		−10585.95	5143.47	−1897.94	−7340.41	7286.39	

3.7.12　吐哈盆地

从沙漠化分布图看，吐哈盆地沙漠化类型以重度沙漠化土地最多，重度沙漠化多分布在天山南北两侧的盆地内，中度和轻度沙漠化集中分布在天山地区及山前；监测区几乎全是沙漠化土地；且 20 世纪 90 年代，重度沙漠化土地面积明显比其他年份高。从沙漠化变化表看，吐哈盆地沙漠化总面积占监测区面积的比例相当高，最少也有 93.99%；沙化总面积年际变化较小，仅有微小的波动，稳定在 5.5 万 km² 左右；轻度沙漠化面积除 90 年代面积较小，其他年份均在 1 万 km² 以上；中度沙漠化经历了先减少后增加两个阶段，最低值在 80 年代；重度沙漠化分布最广，除 90 年代面积最大，达到 3.72 万 km²，其他年份均在 3 万 km² 左右波动（图 3-16、表 3-17）。

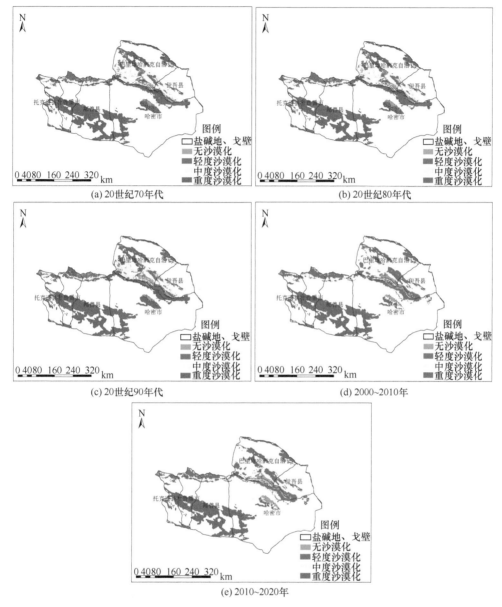

图 3-16　吐哈盆地各年份沙漠化分布图

3.7.13　伊犁盆地

从沙漠化分布图看，伊犁盆地监测区的霍城县一半以上地区为非沙漠化土地；各类型沙漠化以重度沙漠化变化最为明显，20 世纪 70 年代重度沙漠化主要分布在北部山区，1980 ～ 1990 年重度沙漠化重心则转移到中部的盆地地区，2000 ～ 2010 年则又回到北部山区。从沙漠化变化表看，伊犁盆地沙漠化总面积占监测区面积的比例稳定在 40% ～ 50%；沙化总面积在 1970 ～ 1980 年处于上升阶段，到 2000 ～ 2010 年开始下降，到 2000 ～ 2010 年后期又反弹到 2328km²；轻度和重度沙漠化变化情况与总沙漠化一致，先

表 3-17　吐哈盆地不同时期沙漠化土地面积及其变化

年代		重度沙漠化	中度沙漠化	轻度沙漠化	沙漠化	无沙漠化	合计
20 世纪 70 年代	面积 /km²	29545.51	10690.33	15418.16	55654.00	1866.61	57520.61
	比例 /%	51.37	18.59	26.80	96.75	3.25	
20 世纪 80 年代	面积 /km²	29545.90	10070.71	16037.78	55654.39	1857.05	57511.44
	比例 /%	51.37	17.51	27.89	96.77	3.23	
20 世纪 90 年代	面积 /km²	37180.93	10361.39	7384.21	54926.54	2567.04	57493.58
	比例 /%	64.67	18.02	12.84	95.54	4.46	
2000～2010 年	面积 /km²	29582.45	12592.96	11901.65	54077.07	3456.55	57533.62
	比例 /%	51.42	21.89	20.69	93.99	6.01	
2010～2020 年	面积 /km²	30766.78	12968.07	10812.06	54546.91	2987.61	57534.52
	比例 /%	53.48	22.54	18.79	94.81	5.19	
1970～1980 年	面积变化 /km²	0.39	−619.62	619.62	0.39	−9.56	
1980～1990 年		7635.04	290.68	−8653.57	−727.86	709.99	
1990～2000 年		−7598.48	2231.57	4517.44	−849.47	889.51	
2000～2010 年		1184.33	375.11	−1089.60	469.84	−468.94	

增加，后减少，再增加，轻度沙漠化为分布最广的沙漠化类型；中度沙漠化土地面积先增加后减少，2000～2010 年达到最大值，但变化幅度很小，始终在 600km² 左右波动（图 3-17、表 3-18）。

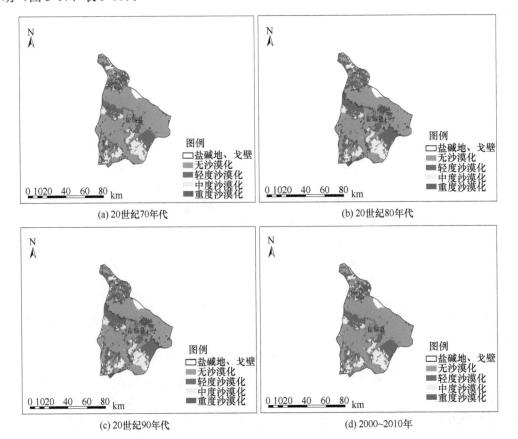

(a) 20世纪70年代　　　　　　　　　　　　(b) 20世纪80年代

(c) 20世纪90年代　　　　　　　　　　　　(d) 2000~2010年

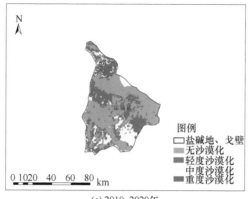

(e) 2010~2020 年

图 3-17　伊犁盆地各年份沙漠化分布图

表 3-18　伊犁盆地不同时期沙漠化土地面积及其变化

年代		重度沙漠化	中度沙漠化	轻度沙漠化	沙漠化	无沙漠化	合计
20 世纪 70 年代	面积 /km²	230.67	599.24	1199.40	2029.31	2881.54	4910.85
	比例 /%	4.70	12.20	24.42	41.32	58.68	
20 世纪 80 年代	面积 /km²	346.93	599.24	1430.07	2376.24	2534.61	4910.85
	比例 /%	7.06	12.20	29.12	48.39	51.61	
20 世纪 90 年代	面积 /km²	348.42	601.77	1443.98	2394.18	2519.00	4913.17
	比例 /%	7.09	12.25	29.39	48.73	51.27	
2000 ～ 2010 年	面积 /km²	138.64	625.80	1267.49	2031.93	2902.33	4934.25
	比例 /%	2.81	12.68	25.69	41.18	58.82	
2010 ～ 2020 年	面积 /km²	181.82	600.51	1545.85	2328.18	2534.57	4862.76
	比例 /%	3.74	12.35	31.79	47.88	52.12	
1970 ～ 1980 年	面积变化 /km²	116.25	0.00	230.67	346.93	−346.93	
1980 ～ 1990 年		1.50	2.53	13.91	17.94	−15.62	
1990 ～ 2000 年		−209.78	24.03	−176.50	−362.25	383.33	
2000 ～ 2010 年		43.18	−25.29	278.36	296.26	−367.75	

3.7.14　塔里木盆地

从沙漠化分布图看，塔里木盆地沙漠化非常严重，重度沙漠化占据了沙漠化土地的绝大部分，其主要分布在昆仑山地及山前、天山山前和塔里木盆地内部；轻度、中度沙漠化，以及无沙漠化土地主要分布在盆地周围和天山、昆仑山山前绿洲地带；沙漠化的变化主要发生在山前绿洲地带，盆地内部及昆仑山地的重度沙漠化相对稳定。从沙漠化变化表看，塔里木盆地沙漠化土地总面积占监测区的比例非常高，均在 94% 以上，除 20 世纪 90 年代沙化总面积稍大，达到 71.3 万 km²，其他年份均稳定在 68 万～69 万 km²；轻度沙漠化土地面积总体上呈减少趋势；中度沙漠化呈现出先增加后减少的趋势，最大值发生在 2000 ～ 2010 年；重度沙漠化土地虽然占绝大多数，但变化幅度相对较小，总体上呈缓慢增加的趋势（图 3-18、表 3-19）。

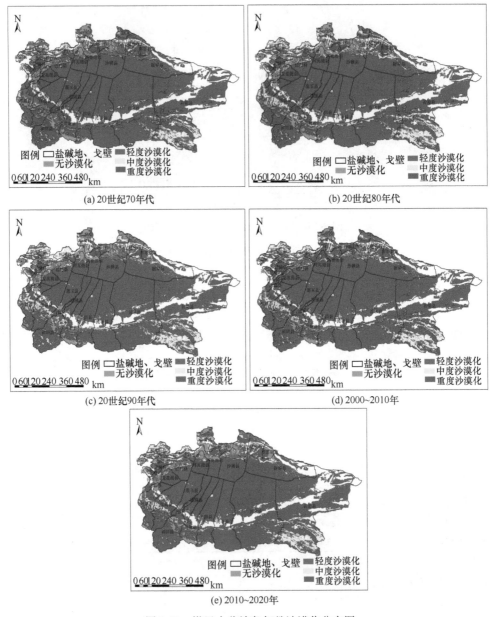

图 3-18 塔里木盆地各年份沙漠化分布图

3.7.15 河西走廊及祁连山前

从沙漠化分布图看，祁连山前及河西走廊地区的沙漠化比较严重，由东向西均有分布；重度沙漠化土地较多，各县市均有分布，其中沙漠化最严重的县市有敦煌市、阿克塞、金塔县、玉门市、高台县、民勤县等；从地域分布看，该地区沙漠化从祁连山山地向外，呈现出由轻及重的现象，无沙漠化土地多分布在祁连山山前的绿洲地带，绿洲外围沙漠化往往较为严重。从沙漠化变化表看，该地区的沙漠化总土地面积占监测区比例很高，即 79% ~ 83%；总沙化土地面积呈现出"先增加后减少的"变化趋势，

表 3-19　塔里木盆地不同时期沙漠化土地面积及其变化

年代		重度沙漠化	中度沙漠化	轻度沙漠化	沙漠化	无沙漠化	合计
20 世纪 70 年代	面积 /km²	552243.21	43861.71	93791.39	689896.31	39186.79	729083.10
	比例 /%	75.74	6.02	12.86	94.63	5.37	
20 世纪 80 年代	面积 /km²	552245.11	64670.17	72985.85	689901.13	38718.60	728619.73
	比例 /%	75.79	8.88	10.02	94.69	5.31	
20 世纪 90 年代	面积 /km²	568387.06	64706.47	79743.58	712837.10	15887.34	728724.44
	比例 /%	78.00	8.88	10.94	97.82	2.18	
2000 ～ 2010 年	面积 /km²	551499.83	81869.70	52349.04	685718.56	43164.44	728883.00
	比例 /%	75.66	11.23	7.18	94.08	5.92	
2010 ～ 2020 年	面积 /km²	582209.56	66960.81	40666.40	689836.77	39193.42	729030.18
	比例 /%	79.86	9.18	5.58	94.62	5.38	
1970 ～ 1980 年	面积变化 /km²	1.91	20808.46	−20805.54	4.83	−468.20	
1980 ～ 1990 年		16141.94	36.30	6757.73	22935.97	−22831.26	
1990 ～ 2000 年		−16887.23	17163.23	−27394.54	−27118.54	27277.10	
2000 ～ 2010 年		30709.74	−14908.89	−11682.64	4118.21	−3971.02	

1970 ～ 1990 年为上升阶段，1990 ～ 2010 年为下降阶段，其中 2000 ～ 2010 年下降幅度较大，表明这 10 年该地区沙漠化状况明显好转；轻度和中度沙漠化土地面积时增时减，但 2000 ～ 2010 年均较 70 年代有所增加；重度沙漠化土地面积也时增时减，但 2000 ～ 2010 年下降明显，减少了 8334km²，说明重度沙漠化得到有效治理（图 3-19、表 3-20）。

(a) 20世纪70年代

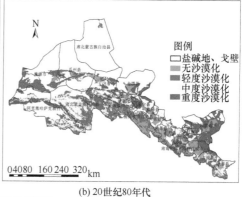

(b) 20世纪80年代

(c) 20世纪90年代

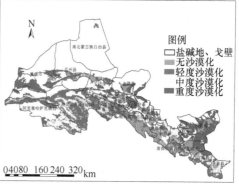

(d) 2000~2010年

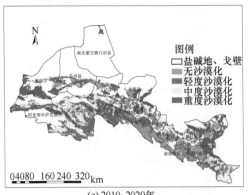

(e) 2010~2020年

图 3-19　河西走廊及祁连山前各年份沙漠化分布图

表 3-20　祁连山前及河西走廊不同时期沙漠化土地面积及其变化

年代		重度沙漠化	中度沙漠化	轻度沙漠化	沙漠化	无沙漠化	合计
20 世纪 70 年代	面积 /km²	39130.15	26498.12	24275.18	89903.45	20747.12	110650.57
	比例 /%	35.36	23.95	21.94	81.25	18.75	
20 世纪 80 年代	面积 /km²	37451.27	26421.36	26812.65	90685.28	19981.22	110666.51
	比例 /%	33.84	23.87	24.23	81.94	18.06	
20 世纪 90 年代	面积 /km²	37900.81	28008.76	24968.54	90878.11	19755.77	110633.89
	比例 /%	34.26	25.32	22.57	82.14	17.86	
2000 ～ 2010 年	面积 /km²	38422.13	26315.72	25810.03	90547.89	20210.51	110758.40
	比例 /%	34.69	23.76	23.30	81.75	18.25	
2010 ～ 2020 年	面积 /km²	30088.22	29737.65	27594.82	87420.68	22857.67	110278.35
	比例 /%	27.28	26.97	25.02	79.27	20.73	
1970 ～ 1980 年	面积变化 /km²	−1678.88	−76.77	2537.48	781.83	−765.90	
1980 ～ 1990 年		449.54	1587.40	−1844.12	192.83	−225.45	
1990 ～ 2000 年		521.32	−1693.04	841.50	−330.23	454.74	
2000 ～ 2010 年		−8333.92	3421.93	1784.78	−3127.21	2647.16	

3.7.16　银川平原和中卫盆地

从沙漠化分布图看，银川平原及中卫盆地沙漠化以重度和中度沙漠化为主，轻度沙漠化较少；无沙漠化土地主要分布在黄河沿线狭长的平原地带，沙漠化主要分布于黄河沿线平原周围，尤以西南部的沙漠化最为严重；重度沙漠化主要分布在南部的中卫县、中宁县、青铜峡市、吴忠市，以及北部的陶乐县、石嘴山市。从沙漠化变化表看，该地区总沙漠化土地面积占监测区面积的比例各年份均大于 65%；总沙化面积在 1970 ～ 1980 年处于增加阶段，1980 ～ 2000 年则不断减少，2000 ～ 2010 年略有反弹；轻度沙漠化土地面积先增加、后减少、再增加；中度沙漠化土地面积时增时减，其中 1980 ～ 1990 年下降较大；重度沙漠化土地面积较稳稳定，其面积从 20 世纪 80 年代的最大值不断下降，但 2000 ～ 2010 年又有所反弹；因此从整体上看，该地区沙漠化在经过几十年的有效治理后，又出现了反弹的迹象，值得引起重视（图 3-20、表 3-21）。

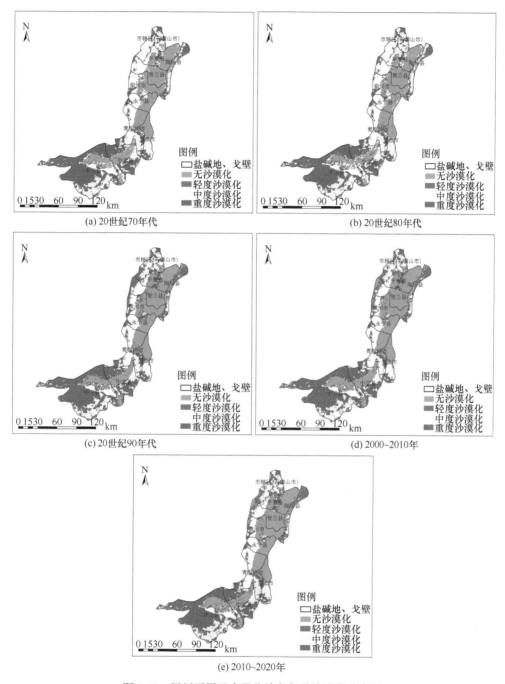

图 3-20 银川平原及中卫盆地各年份沙漠化分布图

3.7.17 阿拉善高原

从沙漠化分布图看，阿拉善高原沙漠化类型以重度沙漠化为主，中度沙漠化土地次之，轻度沙漠化土地很少，整个监测区几乎全是沙漠化土地；重度沙漠化土地主要分布在中西部的额济纳旗和阿拉善右旗，其中 20 世纪 90 年代重度沙漠化几乎覆盖整

表 3-21　银川平原和中卫盆地不同时期沙漠化土地面积及其变化

年代		重度沙漠化	中度沙漠化	轻度沙漠化	沙漠化	无沙漠化	合计
20 世纪 70 年代	面积 /km²	5888.35	5446.05	476.70	11811.11	5257.76	17068.87
	比例 /%	34.50	31.91	2.79	69.20	30.80	
20 世纪 80 年代	面积 /km²	5939.27	5721.04	957.80	12618.11	4456.33	17074.45
	比例 /%	34.78	33.51	5.61	73.90	26.10	
20 世纪 90 年代	面积 /km²	5851.90	4301.04	1679.12	11832.06	5262.90	17094.96
	比例 /%	34.23	25.16	9.82	69.21	30.79	
2000 ~ 2010 年	面积 /km²	5761.30	4354.95	1233.51	11349.76	5794.94	17144.70
	比例 /%	33.60	25.40	7.19	66.20	33.80	
2010 ~ 2020 年	面积 /km²	5821.95	4338.19	1325.73	11485.87	5585.68	17071.55
	比例 /%	34.10	25.41	7.77	67.28	32.72	
1970 ~ 1980 年	面积变化 /km²	50.91	274.99	481.10	807.00	−801.42	
1980 ~ 1990 年		−87.37	−1420.00	721.31	−786.05	806.57	
1990 ~ 2000 年		−90.60	53.91	−445.60	−482.30	532.04	
2000 ~ 2010 年		60.66	−16.76	92.22	136.11	−209.26	

个监测区；中度沙漠化土地主要分布在东部的阿拉善左旗。从沙漠化变化表看，阿拉善高原沙漠化总面积占监测区面积的比例在各个研究区中最高，达到 98% 以上；总沙化面积呈现出先增加后减少的趋势，1970 ~ 1990 年为上升阶段，1990 ~ 2010 年为下降阶段，但变化不大；轻度沙漠化土地虽然很少，但变化较大；中度沙漠化经历了先减少后增加两个阶段，其中 1980 ~ 1990 年迅速减少，在之后 10 年又迅速反弹；重度沙漠化除 90 年代大幅增加，面积超过其他年份 2 万 km² 以上，其他年份较为稳定（图 3-21、表 3-22）。

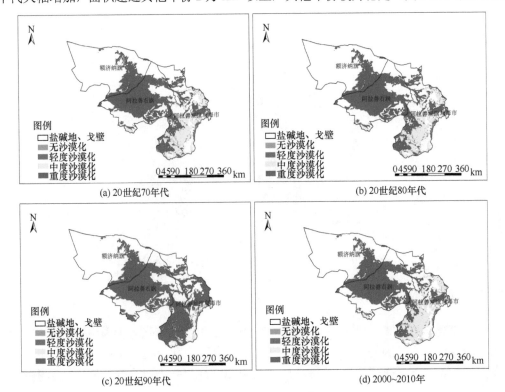

(a) 20 世纪70年代　　(b) 20 世纪80年代

(c) 20 世纪90年代　　(d) 2000~2010年

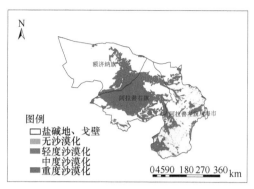

(e) 2010~2020 年

图 3-21　阿拉善高原各年份沙漠化分布图

表 3-22　阿拉善高原不同时期沙漠化土地面积及其变化

年代		重度沙漠化	中度沙漠化	轻度沙漠化	沙漠化	无沙漠化	合计
20 世纪 70 年代	面积 /km²	76783.20	26038.38	2348.21	105169.78	1556.42	106726.20
	比例 /%	71.94	24.40	2.20	98.54	1.46	
20 世纪 80 年代	面积 /km²	76801.63	25344.03	3365.05	105510.71	1217.60	106728.31
	比例 /%	71.96	23.75	3.15	98.86	1.14	
20 世纪 90 年代	面积 /km²	97868.61	6548.75	1527.60	105944.97	692.99	106637.96
	比例 /%	91.78	6.14	1.43	99.35	0.65	
2000 ～ 2010 年	面积 /km²	73977.68	29876.82	1950.98	105805.47	932.68	106738.15
	比例 /%	69.31	27.99	1.83	99.13	0.87	
2010 ～ 2020 年	面积 /km²	73449.58	30034.30	2132.61	105616.48	1088.12	106704.61
	比例 /%	68.83	28.15	2.00	98.98	1.02	
1970 ～ 1980 年	面积变化 /km²	18.43	−694.34	1016.84	340.92	−338.82	
1980 ～ 1990 年		21066.98	−18795.28	−1837.45	434.26	−524.61	
1990 ～ 2000 年		−23890.93	23328.06	423.38	−139.50	239.69	
2000 ～ 2010 年		−528.10	157.48	181.63	−188.99	155.45	

3.7.18　河套平原及黄河沿线

从沙漠化分布图看，河套平原及黄河沿线地区沙漠化以轻度沙漠化为主，但各年份又有所不同；1970 ～ 1990 年，该地区各类型沙漠化变化不大，2000 ～ 2010 年出现大面积重度沙漠化土地，2000 ～ 2010 年沙漠化状况得到改善，为各年份最好；从沙漠化地域分布看，该地区沙漠化呈现出东西两头严重，中部地区较轻的分布规律，东部的乌拉特前旗和西部的磴口县沙漠化最为严重。从沙漠化变化表看。该地区总沙漠化土地面积占监测区面积的比例，在 1970 ～ 2000 年均稳定在 57% ～ 58%，到 2000 ～ 2010 年比例迅速降到 37%，说明沙漠化状况得到有效改善；轻度沙漠化土地总体上呈现减少的趋势，其快速减少时期主要发生在 1980 ～ 2000 年；中度沙漠化面积在 1970 ～ 1980 年较为稳定，1980 ～ 1990 年迅速增加，1990 ～ 2010 年又迅速下降；重度沙漠化面积除了 2000 ～ 2010 年突增到 2953km² 外，其他年份均稳定在 200 ～ 300km²（图 3-22、表 3-23）。

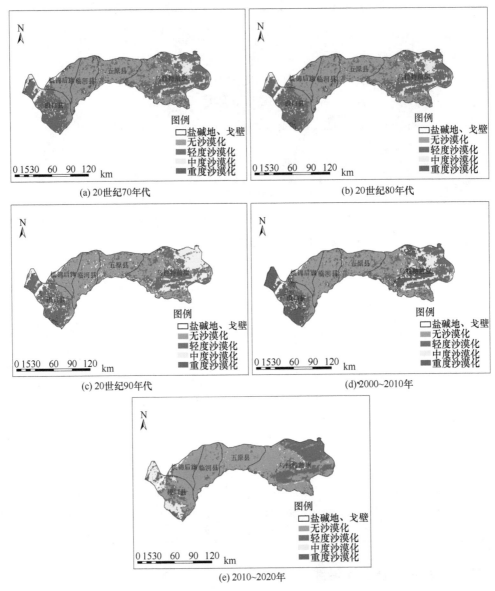

图 3-22　河套平原及黄河沿线各年份沙漠化分布图

3.7.19　内蒙古后山地区

从沙漠化分布图看，内蒙古后山地区以轻度和中度沙漠化为主，轻度沙漠化主要分布在东部的乌拉特中旗，重度沙漠化分布较少，主要分布在西部的乌拉特后旗；从地域分布上看，整个地区沙漠化基本上呈现出自东向西越来越严重的趋势。从沙漠化变化表看，内蒙古后山地区沙漠化总面积占监测区面积的比例相当高，达到 93%～94%，沙化总面积较为稳定，一直维持在 1.8 万～1.9 万 km²；轻度沙漠化经历了先增加后减少两个阶段，其面积 1970～1980 年迅速增加，1980～2010 年不断下降；中度沙漠化面积变化情况与轻度沙漠化相反，1970～1980 年处于下降阶段，1980～2010

表 3-23　河套平原及黄河沿线不同时期沙漠化土地面积及其变化

年代		重度沙漠化	中度沙漠化	轻度沙漠化	沙漠化	无沙漠化	合计
20 世纪 70 年代	面积 /km²	242.92	1761.64	7459.63	9464.19	6933.90	16398.09
	比例 /%	1.48	10.74	45.49	57.72	42.28	
20 世纪 80 年代	面积 /km²	224.26	1729.91	7495.72	9449.89	6935.31	16385.20
	比例 /%	1.37	10.56	45.75	57.67	42.33	
20 世纪 90 年代	面积 /km²	231.88	3117.03	6055.41	9404.32	7014.77	16419.10
	比例 /%	1.41	18.98	36.88	57.28	42.72	
2000 ~ 2010 年	面积 /km²	2952.58	1876.29	4656.44	9485.30	6925.25	16410.55
	比例 /%	17.99	11.43	28.37	57.80	42.20	
2010 ~ 2020 年	面积 /km²	290.23	1204.33	4603.07	6097.62	10381.73	16479.35
	比例 /%	1.76	7.31	27.93	37.00	63.00	
1970 ~ 1980 年	面积变化 /km²	−18.66	−31.73	36.09	−14.30	1.41	
1980 ~ 1990 年		7.61	1387.12	−1440.31	−45.57	79.46	
1990 ~ 2000 年		2720.70	−1240.74	−1398.97	80.98	−89.53	
2000 ~ 2010 年		−2662.35	−671.96	−53.37	−3387.68	3456.48	

年处于增加阶段,其中 2000 ~ 2010 年增加较为迅速;中度沙漠化面积在 20 世纪 70 年代、90 年代和 2000 ~ 2010 年差别不大,80 年代面积急剧缩小,仅 81km²,2000 ~ 2010 年较大,达到 4077km²(图 3-23、表 3-24)。

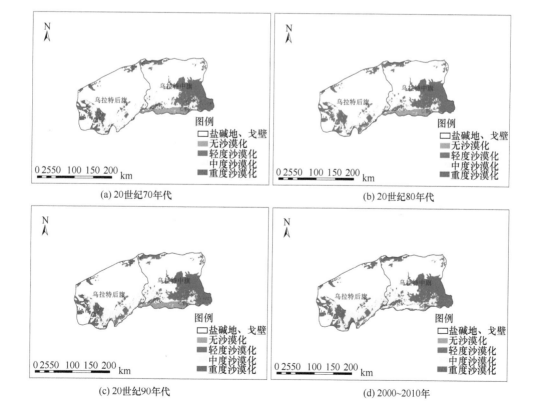

(a) 20世纪70年代　　　　　　　　　　　　　(b) 20世纪80年代

(c) 20世纪90年代　　　　　　　　　　　　　(d) 2000~2010年

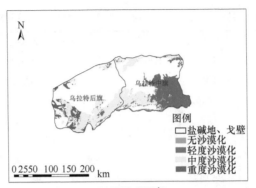

(e) 2010~2020 年

图 3-23　内蒙古后山地区各年份沙漠化分布图

表 3-24　内蒙古后山地区不同时期沙漠化土地面积及其变化

年代		重度沙漠化	中度沙漠化	轻度沙漠化	沙漠化	无沙漠化	合计
20 世纪 70 年代	面积 /km²	2174.30	8630.28	7814.07	18618.65	1166.64	19785.29
	比例 /%	10.99	43.62	39.49	94.10	5.90	
20 世纪 80 年代	面积 /km²	80.67	7518.28	11019.71	18618.65	1166.64	19785.29
	比例 /%	0.41	38.00	55.70	94.10	5.90	
20 世纪 90 年代	面积 /km²	2117.93	7527.92	8900.46	18546.31	1219.22	19765.53
	比例 /%	10.72	38.09	45.03	93.83	6.17	
2000～2010 年	面积 /km²	4077.20	7534.51	6992.58	18604.29	1126.22	19730.51
	比例 /%	20.66	38.19	35.44	94.29	5.71	
2010～2020 年	面积 /km²	2115.34	9599.14	6673.79	18388.27	1367.49	19755.76
	比例 /%	10.71	48.59	33.78	93.08	6.92	
1970～1980 年	面积变化 /km²	−2093.64	−1112.00	3205.64	0.00	0.00	
1980～1990 年		2037.27	9.64	−2119.25	−72.34	52.58	
1990～2000 年		1959.27	6.59	−1907.88	57.98	−92.99	
2000～2010 年		−1961.86	2064.63	−318.80	−216.02	241.27	

3.7.20　柴达木盆地

从沙漠化分布图看,柴达木盆地沙漠化比较严重,重度沙漠化分布较广,但相对集中,主要分布在柴达木盆地内部,其中 20 世纪 90 年代重度沙漠化向南向东扩展,面积最大;轻度和中度沙漠化位于盆地东西两侧,少量的无沙漠化土地仅分布在边缘的一些地区;其分布规律大致呈现出由盆地内部向外,沙漠化由重及轻的趋势。从沙漠化变化表看,柴达木地区总沙漠化面积占监测区的比例比较高,达到 83% 以上;总沙化面积呈现出先增加后减少两个阶段,1970～1990 年为上升阶段,其中 1980～1990 年,沙化面积增长较快,1990～2010 年逐年下降,2000～2010 年已降到 70 年代的水平;轻度沙漠化面积变化与总沙漠化面积相反,先减少后增加,变化较大;中度沙漠化先增后减,最大值出现在 2000 年;重度沙漠化面积在 1970～1980 年较为稳定,到 90 年代,面积突增到 8.46 万 km²,之后面积持续下降,2000～2010 年已降到 70 年代的水平;因此柴达木盆地沙化在 90 年代以后经过了有效治理,沙化状况得到改善(图 3-24、表 3-25)。

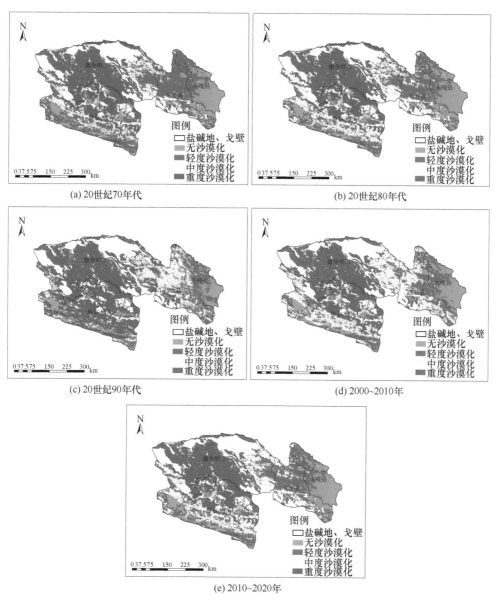

(a) 20世纪70年代　(b) 20世纪80年代

(c) 20世纪90年代　(d) 2000~2010年

(e) 2010~2020年

图 3-24　柴达木盆地各年份沙漠化分布图

3.7.21　三江源地区

从沙漠化分布图看，三江源地区沙漠化规律明显，从时间尺度看，该地区沙漠化在 1970～1990 年不断向东南方向扩展，1990～2010 年逐渐向西北方向退缩；从地域分布上看，三江源地区西北部沙漠化现象比较严重，东南部多为无沙漠化地区，呈现出由东南向西北，沙漠化由无到有、由轻及重的规律；重度沙漠化主要分布在西北部的都兰县、共和县、贵南县、玛多县，20 世纪 90 年代重度沙漠化面积最大的时候，中部的兴海县、玛沁县、甘德县等都有分布。从沙漠化变化表看，三江源地区沙漠化总面积占监测区面积的比例在 70 年代、2000 年和 2000～2010 年年代较小，80 年代

表 3-25　柴达木地区各年份不同时期沙漠化土地面积及其变化

年代		重度沙漠化	中度沙漠化	轻度沙漠化	沙漠化	非沙漠化	合计
20 世纪 70 年代	面积 /km²	56767.95	22762.45	50798.04	130328.44	26165.01	156493.45
	比例 /%	36.27	14.55	32.46	83.28	16.72	
20 世纪 80 年代	面积 /km²	56694.70	30835.68	42910.88	130441.26	26048.95	156490.21
	比例 /%	36.23	19.70	27.42	83.35	16.65	
20 世纪 90 年代	面积 /km²	84613.38	36581.57	19593.32	140788.27	15720.28	156508.55
	比例 /%	54.06	23.37	12.52	89.96	10.04	
2000 ～ 2010 年	面积 /km²	63747.50	39658.57	32502.48	135908.55	20587.69	156496.25
	比例 /%	40.73	25.34	20.77	86.84	13.16	
2010 ～ 2020 年	面积 /km²	56474.02	31844.30	41926.75	130245.07	26257.94	156503.01
	比例 /%	36.08	20.35	26.79	83.22	16.78	
1970 ～ 1980 年	面积变化 /km²	−73.25	8073.23	−7887.16	112.82	−116.06	
1980 ～ 1990 年		27918.68	5745.89	−23317.56	10347.01	−10328.67	
1990 ～ 2000 年		−20865.88	3077.00	12909.16	−4879.72	4867.41	
2000 ～ 2010 年		−7273.48	−7814.27	9424.27	−5663.48	5670.25	

和 90 年代比例较大，均超过 55%；沙化总面积先增加后减少，1970 ～ 1980 年为上升阶段，1980 ～ 2010 年，沙化面积不断减少；重度沙漠化在 1970 ～ 1980 年较为稳定，到 90 年代突增到 4.04 万 km²，之后迅速下降，到 2000 ～ 2010 年只有 1.11 万 km²，因此 90 年代总沙漠化面积虽然有所下降，但重度沙漠化却迅速增加；中度沙漠化面积变化与总沙漠化一致；轻度沙漠化同样先增加后减少，不过 2000 ～ 2010 年又有所反弹；因此三江源地区沙漠化从 90 年代后开始得到有效治理，成效显著（图 3-25、表 3-26）。

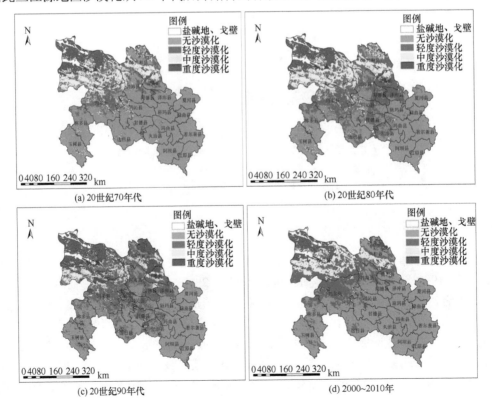

(a) 20世纪70年代　　(b) 20世纪80年代

(c) 20世纪90年代　　(d) 2000~2010年

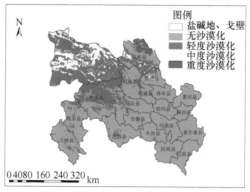

(e) 2010~2020 年

图 3-25   三江源地区各年份沙漠化分布图

表 3-26   三江源地区不同时期沙漠化土地面积及其变化

年代		重度沙漠化	中度沙漠化	轻度沙漠化	沙漠化	非沙漠化	合计
20 世纪 70 年代	面积 /km²	20801.38	38405.88	40997.08	100204.34	144573.97	244778.31
	比例 /%	8.50	15.69	16.75	40.94	59.06	
20 世纪 80 年代	面积 /km²	20801.38	44458.50	74137.33	139397.21	105381.10	244778.31
	比例 /%	8.50	18.16	30.29	56.95	43.05	
20 世纪 90 年代	面积 /km²	40431.35	31452.96	63559.13	135443.44	109389.79	244833.23
	比例 /%	16.51	12.85	25.96	55.32	44.68	
2000 ~ 2010 年	面积 /km²	15433.58	23568.14	55860.48	94862.19	149953.80	244815.99
	比例 /%	6.30	9.63	22.82	38.75	61.25	
2010 ~ 2020 年	面积 /km²	11145.17	15686.66	58511.09	85342.92	159240.34	244583.26
	比例 /%	4.56	6.41	23.92	34.89	65.11	
1970 ~ 1980 年	面积变化 /km²	0.00	6052.62	33140.25	39192.87	−39192.87	
1980 ~ 1990 年		19629.97	−13005.54	−10578.20	−3953.77	4008.69	
1990 ~ 2000 年		−24997.77	−7884.82	−7698.65	−40581.25	40564.01	
2000 ~ 2010 年		−4288.41	−7881.48	2650.61	−9519.28	9286.54	

参 考 文 献

陈晋, 陈云浩, 何春阳, 等. 2001. 基于土地覆盖分类的植被覆盖率估算亚像元模型与应用. 遥感学报,
    5(6): 416~422.
陈广庭. 2001. 中国沙漠化土地面积分歧由来的认识. 中国沙漠, 21(2): 209~212.
崔旺诚. 2003. 沙漠化逆转过程的耗散理论应用. 干旱区地理, 26(2): 150~153.
封建民, 王涛. 2004. 呼伦贝尔草原沙漠化现状及历史演变研究. 干旱区地理, 27(3): 356~360.
甘春英, 王兮之, 李保生, 等. 2011. 连江流域近18年来植被覆盖度变化分析. 地理科学, 31(8):
    1019~1024.
顾祝军, 曾志远. 2005. 遥感植被盖度研究. 水土保持研究, 12(2): 18~21.
郭铌. 2003. 植被指数及其研究进展. 干旱气象, (4): 71~75.
郭铌, 朱燕君, 王介民. 2008. 近22年来西北不同类型植被DNVI变化与气候因子的关系. 植物生态学报,
    32(2): 319~327.
郭玉川, 何英, 李霞. 2011. 基于MODIS的干旱区植被覆盖度反演及植被指数优选. 国土资源遥感, 2:

115～118.

刘广峰, 吴波, 范文义, 等. 2007. 基于像元二分模型的沙漠化地区植被覆盖度提取——以毛乌素沙地为例. 水土保持研究, 14(2): 268～271.

刘军会, 高吉喜. 2008. 气候和土地利用变化对中国北方农牧交错带植被覆盖变化的影响. 应用生态学报, 19(9): 2016～2022.

卢丽萍, 赵成义. 2005. 基于MODIS数据不同荒漠植被指数的空间变化研究——以新疆三工河流域为例. 干旱区地理, 28(3): 381～384.

马娜, 胡云锋, 庄大方, 等. 2012. 基于遥感和像元二分模型的内蒙古正蓝旗植被覆盖度格局和动态变化. 地理科学, 32(2): 251～256.

马志勇, 沈涛, 张军海, 等. 2007. 基于植被覆盖度的植被变化分析. 测绘通报, (03): 45～48.

牛宝茹, 刘俊荣, 王政伟. 2005. 干旱半干旱地区植被覆盖度遥感信息提取研究. 武汉大学学报(信息科学版), 30(1): 27～30.

牛宝茹, 刘俊蓉, 王政伟. 2005. 干旱区植被覆盖度提取模型的建立. 地球信息科学, 7(1): 84～86.

申向东, 姬宝霖, 王晓飞, 等. 2003. 阴山北部农牧交错带沙尘暴特性分析. 干旱区地理, 26(4): 345～348.

田庆久, 闵祥军. 1998. 植被指数研究进展. 地球科学进展, 13(4): 327～333.

王海军, 靳晓华, 李海龙. 2010. 基于GIS和RS的中国西北NDVI变化特征及其与气候变化的耦合性. 农业工程学报, 26(11): 194～203.

王树根. 1998. LANDSAT系列回顾与展望. 测绘动态, (1): 1～6.

王雪芹, 赵丛举. 2002. 古尔班通古特沙漠工程防护体系内的蚀积变化与植被的自然恢复. 干旱区地理, 25(3): 201～207.

吴薇. 2001a. 近50年来毛乌素沙地的沙漠化过程研究. 中国沙漠, 21(2): 164～169.

吴薇. 2001b. 土地沙漠化监测中TM影像的利用. 中国沙漠, 16(2): 86～90.

吴培中. 1999. 陆地卫星类别、应用与发展. 卫星应用, (3): 53～62.

张树誉, 李登科, 李星敏, 等. 2006. 省级MODIS植被指数序列的建立与应用. 陕西气象, (03): 25～28.

赵志平, 邵全琴, 黄麟. 2009. 2008年南方特大冰雪冻害对森林损毁的NDVI响应分析——以江西省中部山区林地为例. 地球信息科学学报, 11(4): 535～540.

朱云燕. 2003. 归一化差值植被指数在土地覆盖遥感动态调查中的应用. 云南环境科学, 22(4): 9～10.

Bannari A, Morin D, Bonn F. 1995. A review of vegetation indices. Remote Sensing Reviews, (13): 95～120.

Chen T, de Jeu R A M. 2014. Using satellite based soilmoisture to quantify thewater driven variability in NDVI: A case study over mainland Australia. Remote Sensing of Environment, 140: 330～338.

Eckert S, Husler F. 2015. Trend analysis of MODIS NDVI time series for detecting land degradation and regeneration in Mongolia. Journal of Arid Environments, 113: 16～28.

Gitelson A A, Kaufman Y J, Stark R, et al. 2002. Novel algorithms for remote estimation of vegetation fraction. Remote Sensing of Environment, 80(1): 76～87.

Leprieur C, Verstraete M M, Pinty B. 1994. Evaluation of the performance of various vegetation indices to retrieve vegetation cover from AVHRR data. Remote Sensing Review, (10): 265～284.

Qi J, Marsett R C. 2000. Spatial and temporal dynamics of vegetation in the San Pedro river basin area. Agricultural and Forest Meteorology, 105: 55～68.

Weiss E, Marsh S E, Pfirman E S. 2001. Application of NOAA –AVHRR NDVI time-series data to assess changes in Saudi Ara-bia's range lands. INT J Remote Sensing, 22(6): 1005～1027.

第4章 沙漠化过程中非气候因素
作用的定量分离

根据《联合国荒漠化防治公约》对土地荒漠化的定义，作为荒漠化的主要形式之一，土地沙漠化的动态演变往往也是气候变化以及人类活动等非气候因素共同造成的结果（UNCCD，1994）。例如，长期的干旱与过度放牧、樵采等不合理的土地利用方式相耦合，则会加速沙漠化的发展；而相对湿润的气候条件则会从一定程度上"掩盖"不合理土地利用方式对土地沙漠化带来的负面影响。因此，客观、定量地评价气候变化对土地沙漠化的影响，需要在沙漠化过程中定量分离人类活动等非气候因素的作用。本书在系统梳理前人关于定量分离沙漠化过程中气候变化和非气候因素作用研究进展的基础上，提出沙漠化过程中非气候因素定量分离的思路框架与技术算法实现，并针对过去50年我国北方土地沙漠化正逆过程中非气候因素的作用进行分离。

4.1 沙漠化过程中非气候因素定量分离的思路框架

沙漠化过程中非气候因素的定量分离技术一直都是气候变化对沙漠化影响评估的一个难点。沙漠化拥有一些区别与其他重点领域（粮食生产、水资源、森林等）的一些重要特征，如沙漠化并非是一个可以进行实测的生态地理参量，以至于很难通过对现实沙漠化过程进行综合气候、非气候因素建模来分析各自的影响与作用；受监测时间和成本限制，沙漠化不像农业产量、水资源径流量等拥有连续多年的长时间序列数据，以至于很难通过对沙漠化建立与气候因素相关的统计模型来对气候、非气候因素作用进行分离；此外，中国沙漠化过程中人类活动的影响由来已久且形式多样，很难确定一个无人类活动影响下的"基准情景"，进而通过"基准情景"与现实情况的对比来分离气候、非气候因素的影响（许端阳等，2011）。

在对沙漠化特点及沙漠化过程中气候、非气候因素定量分离技术发展现状进行系统梳理和总结的基础上，我们认为可以通过以下手段来定量分离沙漠化过程中气候、非气候因素的作用：

（1）鉴于难以获得连续的沙漠化时间序列数据，因此考虑以两个时间断面上的沙漠化动态为基础，分别针对这一时间尺度下的沙漠化逆转和沙漠化发展来分离气候和非气候因素的影响；

（2）从沙漠化的动态过程及特征入手，兼顾数据的可获取性、在空间时间上的连续性、能同时反映气候和非气候因素作用等特点,选取沙漠化地区植被净初级生产力（net primary production，NPP）作为衡量沙漠化过程中气候和非气候因素影响的共性指标；

（3）以潜在植被（也即自然植被）NPP 的变化来表征气候变化对沙漠化逆转和发展过程的影响；以潜在 NPP 与实际 NPP 的差值的变化来表征非气候因素对沙漠化的影响，同时以沙漠化区域相关土地利用类型的变化作为识别非气候因素影响的补充，将两者相结合来识别非气候因素对沙漠化逆转和发展的影响；

（4）在识别历史时期（过去 50 年或 30 年）沙漠化逆转和发展区域的基础上，通过空间叠加来综合分析沙漠化逆转、发展及其与不同气候、非气候因素影响之间的关系，定量分离出非气候因素引起的沙漠化逆转和发展区域；

（5）借助于高分辨率遥感影像如 Landsat TM、Aster 等，通过将目视解译和野外考察定位出的非气候因素引起的沙漠化逆转和发展与本技术的分离结果进行对比，从而对技术的可靠性进行验证。

基于上述研发总体思路，形成如下技术路线（图 4-1）。

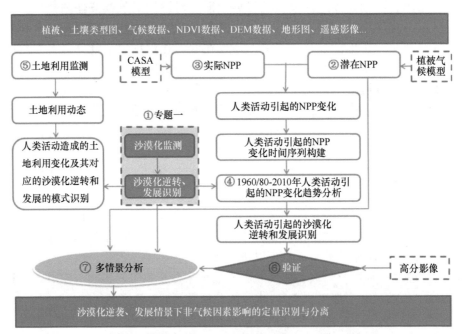

图 4-1　沙漠化过程中非气候因素定量分离的技术路线

该技术路线具体包括七个关键技术环节。

（1）沙漠化逆转和发展区域的识别。基于过去 50 年中国北方沙漠化监测成果，通过空间叠加和对比分析，识别过去 50 年沙漠化逆转区域和沙漠化发展区域。

（2）潜在 NPP 反演。基于气候驱动的潜在植被净初级生产力估算模型，利用气候数据驱动生成 1961 ～ 2010 年潜在 NPP 数据。

（3）实际 NPP 反演。基于 CASA 模型，在对 NOAA-NDVI 和 MODIS-NDVI 进行数据同化处理的基础上，利用植被、土壤、气候等数据驱动生成 1981 ～ 2010 年的实际 NPP 数据。

（4）非气候因素引起的 NPP 变化趋势分析。在获得潜在 NPP 和实际 NPP 的基础上，通过差值计算出 1981 ～ 2010 年非气候因素引起的 NPP 变化，并用最小二乘法来对非气候因素引起的 NPP 变化线性趋势进行拟合。

（5）土地利用监测。在收集基于 Landsat 和 MODIS 影像解译 / 反演的 20 世纪 70 ～ 90 年代、2000 ～ 2010 年的土地利用 / 覆盖数据的基础上，建立 MODIS 全球土地覆盖产品数据与我国基于 Landsat 解译的土地利用数据的一级分类对应关系，建立 1970 年以来我国土地利用一级分类图，并识别人类活动引起的与沙漠化逆转、发展相关的土地利用变化区域。

（6）分离结果验证。在获取重点区域 Landsat TM、Aster 遥感影像的基础上，通过目视解译、野外定点考察等事先识别出的一些非气候因素影响的沙漠化逆转、发展区域，与本技术的分离结果进行对比分析。

（7）多情景分析。分别针对沙漠化逆转和发展区域，建立沙漠化逆转、发展与潜在 NPP 变化，以及非气候因素影响之间的多情景对应关系，定量分离和识别出非气候因素影响的沙漠化逆转和发展区域。

4.2　数据获取与处理

开展沙漠化过程中非气候因素的定量分离，涉及气候、归一化植被指数（NOAA-NDVI、MODIS-NDVI）、研究区植被与土壤类型图、土地利用图、用于验证的 Landsat TM、Aster 等高分辨率遥感影像数据。为了便于模型运行，需要对这些不同来源、不同类型的数据进行栅格化处理，考虑到本书所用的各种栅格数据中 NOAA-NDVI 的空间分辨率最大，为 8km；因此，我们将所有的数据都统一转换为 8 km 空间分辨率的栅格数据，投影为 Clarke_1866_Albers。

4.2.1　气候数据

本书使用到的气候数据包括来自全国 751 个气象站点的月降水量、月平均气温、月最高气温、月最低气温、平均相对湿度、平均气压、平均风速、日照时数等，时间范围为 1961 ～ 2010 年，数据来源于中国气象局。由于气候数据都是离散的点状数据，因此需要将这些点状数据插值为栅格数据。在插值方法选择方面，我们比较了克里格插值法、薄板样条函数插值法、逆距离权重插值法等多种方法，综合考虑精度及简便性，本书选择逆距离权重法对气候要素进行插值，插值软件为 ArcGIS 10.2（图 4-2）。

4.2.2　归一化植被指数

归一化植被指数被定义为近红外波段与可见光红波段数值之差和这两个波段数值之和的比值。在植被遥感中，NDVI 的应用最为广泛，不仅因为 NDVI 与植被生长状态的相关因子如植被覆盖度、生物量、叶面积指数，以及光合作用参数等有密切的关系，而且 NDVI 经比值处理，可以部分消除与太阳高度角、卫星观测角、地形、云、阴影和大气条件有关的辐照度条件变化（大气程辐射）等的影响（赵英时，2003）。在本书中，

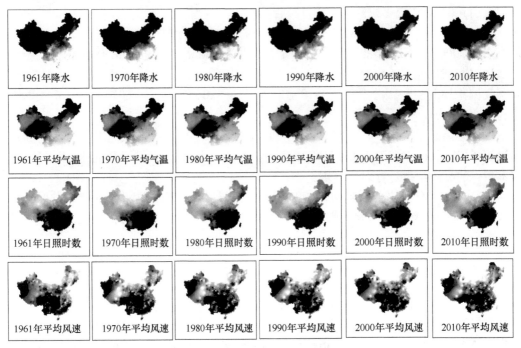

图 4-2　1961 ～ 2010 年不同气候要素典型时段插值结果

NDVI 的计算如下：

$$\text{NDVI} = \frac{\rho_{\text{NIR}} - \rho_{\text{R}}}{\rho_{\text{NIR}} + \rho_{\text{R}}} \tag{4-1}$$

式中，ρ_{NIR} 和 ρ_{R} 分别为近红外和红光波段的地表反照率。

　　目前，应用较为广泛的长时间序列、覆盖全球的 NDVI 数据集主要包括基于美国 NOAA 卫星的 GIMMS AVHRR NDVI 数据集、基于美国 Terra 和 Aqua 卫星的中分辨率成像光谱仪的 MODIS NDVI 数据产品、基于法国 SPOT 卫星 Vegetation 传感器的 VGT NDVI 数据等。其中，GIMMS AVHRR NDVI 数据是美国国家航天航空局于 2003 年 11 月推出的最新全球植被指数变化数据，该数据集包括了 1981 ～ 2006 年的全球植被指数变化，时间分辨率为 15 天，空间分辨率为 8 km；MODIS NDVI 数据产品是 MODIS 大气、陆地、海洋系列数据产品的重要内容之一，共包括 250m、500m、1000m、5600m 四个空间分辨率，16 天和月度两个时间分辨率的多种数据产品，可获取的数据时间范围为 2000 年至今；法国 SPOT 卫星搭载的 VEGETATION 传感器从 1998 年 4 月开始接收用于全球植被覆盖观测的 SPOT VGT 数据，并开始生产 1km 分辨率的 SPOT VGT NDVI 数据产品，同时该产品还被重采样为 4 km 和 8 km 分辨率的数据产品，时间分辨率为 10 天。由于没有任何一个 NDVI 数据集可以单独覆盖过去 30 ～ 50 年中的全部年份，因此需要选择多个数据集并将其融合，来重构有大范围遥感影像记录以来中国北方沙漠化地区的 NDVI 时间序列。综合考虑不同 NDVI 数据集覆盖的时间范围、多源数据融合可能产生的误差，以及本书对 NDVI 时间序列的需求等方面的因素，我们选择 GIMMS AVHRR NDVI（1981 ～ 2006 年）和 MODIS NDVI（2001 ～ 2010 年）两个数据集来进行融合和重构，其中 MODIS NDVI 采用的是 NASA 提供的产品，空间分辨率为 1km。

1. NDVI 数据预处理

由于 GIMMS AVHRR NDVI 和 MODIS NDVI 数据都是经几何校正、辐射校正过的单波段影像数据计算而成，因此本书涉及的 NDVI 数据预处理主要包括 NDVI 数据的拼接与裁剪、投影转换、重采样、月值 NDVI 的合成。

GIMMS AVHRR NDVI 预处理。由于 GIMMS AVHRR NDVI 可以下载到覆盖整个亚洲的数据且空间分辨率为 8km，因此只需将下载的数据按照研究区边界进行裁剪，并将原始投影转换为 Clarke_1866_Albers，不需再对数据进行合成与重采样，这些预处理均在 ENVI5.0 支持下完成。由于本书以月为最小时间分辨率对 NDVI 数据进行分析，及 NPP 的计算，所以需要对 15 天分辨率的 GIMMS AVHRR NDVI 进行月值合成。本书采用月最大值合成法（maximum value composite，MVC）对 GIMMS AVHRR NDVI 和 MODIS NDVI 数据进行合成，即选取本月两个 15 天 NDVI 数据的最大值作为本月的 NDVI 值，这一步骤主要通过 ENVI 5.0 的 bandmath 来完成。

MODIS NDVI 预处理。在本书中，我们利用 MODIS 数据官方提供的 MODIS Reprojection Tool（MRT）来对 MODIS NDVI 数据进行拼接、裁剪与重采样，其中重采样利用 Nearest Neighbor 方法将 1km 空间分辨率的 MODIS NDVI 数据重采样为 8 km。MODIS NDVI 的时间分辨率为 16 天，因此也需要对其进行月值数据合成，其合成方法与 GIMMS AVHRR NDVI 一致。

2. 1981 ~ 2010 年 NDVI 时间序列构建

由于传感器及波段设置的不同，对于同一地物，GIMMS AVHRR NDVI 和 MODIS NDVI 在数值上不可避免地会存在差异。为了尽可能的消除这种差异，更准确的估计 NDVI 及 NPP 的变化趋势，需要对两种 NDVI 数据进行融合，构建 1981 ~ 2010 年完整的 NDVI 时间序列。为了尽可能避免误差，我们以 1981 ~ 2006 年的 GIMMS AVHRR NDVI 数据为基准，通过建立两种 NDVI 数据的对应关系，将 2007 ~ 2010 年的 MODIS NDVI 数据转换为符合 AVHRR 传感器特点的、与 GIMMS AVHRR NDVI 相对一致的 NDVI 数据。

具体步骤包括：①在全国范围内随机选取 500 个点作为建模点；②为增加样本量和保证拟合结果的稳健性，利用这 500 个点分别提取 2004 ~ 2006 年每月的 GIMMS AVHRR NDVI 和 MODIS NDVI 数据并配对，最终对每一月均形成 1500 个拟合样本对；③针对每一月份，以 GIMMS AVHRR NDVI 为因变量（Y），以 MODIS NDVI 为自变量（X），在 SPSS 19.0 软件支持下，分别采用一次多项式、二次多项式、三次多项式、四次多项式、一般指数、复合指数、高斯函数共 7 种方法进行拟合，兼顾拟合精度（R^2）及拟合模型的简洁性，最终确定拟合方程（表 4-1）；④基于这些拟合方程，对 2007 ~ 2010 年每月的 MODIS NDVI 数据进行转换，最终生成 1981 ~ 2010 年的 NDVI 时间序列。

表 4-1   MODIS NDVI 和 GIMMS AVHRR NDVI 的转换方程

月份	拟合方程	R^2
1	$Y = -0.2486*X^2 + 0.6835*X + 0.05344$	0.6382
2	$Y = -0.1965*X^2 + 0.6369*X + 0.04752$	0.6592
3	$Y = -0.4088*X^2 + 0.7646*X + 0.03605$	0.6025
4	$Y = -0.3261*X^2 + 0.7774*X + 0.0265$	0.6244
5	$Y = -0.532*X^2 + 1.059*X + 0.0126$	0.6329
6	$Y = -0.4462*X^2 + 1.056*X + 0.01027$	0.6979
7	$Y = -0.6535*X^2 + 1.322*X - 0.00735$	0.751
8	$Y = -0.8681*X^2 + 1.474*X + 0.003021$	0.6859
9	$Y = -0.8903*X^2 + 1.429*X + 0.02417$	0.6662
10	$Y = -0.6099*X^2 + 1.115*X + 0.03129$	0.6853
11	$Y = -0.2338*X^2 + 0.8064*X + 0.04725$	0.7228
12	$Y = -0.2346*X^2 + 0.7726*X + 0.05806$	0.6804

4.2.3   植被与土壤类型数据

在本书中,植被和土壤类型数据分别为 1 : 100 万比例尺的全国植被类型图和全国土壤类型图,图形数据及相关属性数据均来自中国科学院资源环境数据中心。由于植被类型图和土壤类型图为矢量数据,我们在 ArcGIS 10.2 软件的矢量转栅格数据功能的支持下,选择最大面积法将植被和土壤矢量数据转换为 8 km 空间分辨率的栅格数据。最大面积法是指将栅格内面积最大的斑块的属性赋予这个栅格。

4.2.4   土地利用类型数据

本书使用的土地利用数据来自于中国科学院资源环境数据中心提供的 1 km 空间分辨率的全国土地利用类型栅格数据。该数据主要以 20 世纪 70 年代以来覆盖全国的 Landsat MSS/TM/ETM+ 遥感影像为主要数据源,按照 1 : 10 万的比例尺精度、利用人工目视解译的方法绘制而成,将全国土地划分为耕地、林地、草地、水域、居民地和未利用土地 6 个一级类型及 25 个二级类型;目前该数据集共有 1980 年、1995 年、2000 年、2005 年、2010 年 5 期数据,其中 2010 年数据目前正处于验证阶段,因此本书暂不使用(表 4-2)。

考虑本书对土地利用数据的分析仅考虑不同时期一级土地利用类型之间的转换,因此我们选择 MODIS 的全球植被覆盖产品 MCD12Q1 的 2010 年数据来进行分析。MCD12Q1 产品包括 5 个全球植被覆盖图层,即分别对应 5 个分类系统,空间分辨率为 500m,分类方法为监督决策树分类法(supervised decision-tree classification method)。在 5 个分类体系中,应用最为广泛的是国际地圈生物圈计划(International Geosphere Biosphere Programme,IGBP)所使用的全球植被分类体系。IGBP 将全球土地覆被分为 17 类,包括 11 个自然植被类型、3 个开发和混合土地类型、3 个非植被土地类型。分类系统如表 4-3 所示。

表 4-2　基于 Landsat 遥感影像的全国 1km 土地利用图分类系统

一级类型 编号	一级类型 名称	二级类型 编号	二级类型 名称	含义
1	耕地	—	—	指种植农作物的土地，包括熟耕地、新开荒地、休闲地、轮歇地、草田轮作地；以种植农作物为主的农果、农桑、农林用地；耕种三年以上的滩地和海涂
		11	水田	指有水源保证和灌溉设施，在一般年景能正常灌溉，用以种植水稻、莲藕等水生农作物的耕地，包括实行水稻和旱地作物轮种的耕地
		12	旱地	指无灌溉水源及设施，靠天然降水生长作物的耕地；有水源和浇灌设施，在一般年景下能正常灌溉的旱作物耕地；以种菜为主的耕地，正常轮作的休闲地和轮歇地
2	林地	—	—	指生长乔木、灌木、竹类，以及沿海红树地等林业用地
		21	有林地	指郁闭度>30%的天然木和人工林。包括用材林、经济林、防护林等成片林地
		22	灌木林	指郁闭度>40%、高度在2m以下的矮林地和灌丛林地
		23	疏林地	指疏林地（郁闭度为10%～30%）
		24	其他林地	未成林造林地、迹地、苗圃及各类园地（果园、桑园、茶园、热作林园地等）
3	草地	—	—	指以生长草本植物为主，覆盖度在5%以上的各类草地，包括以牧为主的灌丛草地和郁闭度在10%以下的疏林草地
		31	高覆盖度草地	指覆盖盖在>50%的天然草地、改良草地和割草地。此类草地一般水分条件较好，草被生长茂密
		32	中覆盖度草地	指覆盖盖在20%～50%的天然草地和改良草地，此类草地一般水分不足，草被较稀疏
		33	低覆盖度草地	指覆盖盖在5%～20%的天然草地。此类草地水分缺乏，草被稀疏，牧业利用条件差
4	水域	—	—	指天然陆地水域和水利设施用地
		41	河渠	指天然形成或人工开挖的河流及干渠常年水位以下的土地，人工渠包括堤岸
		42	湖泊	指天然形成的积水区常年水位以下的土地
		43	水库坑塘	指人工修建的蓄水区常年水位以下的土地
		44	永久性冰川和积雪	指常年被冰川和积雪所覆盖的土地
		45	滩涂	指沿海大潮高潮位与低潮位之间的潮侵地带
		46	滩地	指河、湖水域平水期水位与洪水期水位之间的土地
5	城乡、工矿、居民用地	—	—	指城乡居民点及县镇以外的工矿、交通等用地

续表

一级类型 编号	一级类型 名称	二级类型 编号	二级类型 名称	含义
5		51	城镇用地	指大、中、小城市及县镇以上建成区用地
		52	农村居民点	指农村居民点
		53	其他建设用地	指独立于城镇以外的厂矿、大型工业区、油田、盐场、采石场等用地、交通道路、机场及特殊用地
6	未利用土地	—	—	目前还未利用的土地，包括难利用土地
		61	沙地	指地表为沙覆盖，植被覆盖度在5%以下的土地，包括沙漠，不包括水系中的沙滩
		62	戈壁	指地表以碎砾石为主，植被覆盖度在5%以下的土地
		63	盐碱地	指地表盐碱聚集，植被稀少，只能生长耐盐碱植物的土地
		64	沼泽地	指地势平坦低洼，排水不畅，长期潮湿，季节性积水或常积水，表层生长湿生植物的土地
		65	裸土地	指地表土质覆盖，植被覆盖度在5%以下的土地
		66	裸岩石砾地	指地表为岩石或石砾，其覆盖面积>5%以下的土地
		67	其他	指其他未利用土地，包括高寒荒漠、苔原等

表 4-3　MODIS Landcover 产品采用的 IGBP 分类系统

类型	类型名称	定义
1	常绿针叶林	覆盖率 >60%，高度 >2m，几乎常年都是绿色的针叶林
2	常绿阔叶林	覆盖率 >60%，高度 >2m，几乎常年都是绿色的阔叶林
3	落叶针叶林	覆盖率 >60%，高度 >2m，每年都有长叶季节和落叶季节的针叶林
4	落叶阔叶林	覆盖率 >60%，高度 >2m，每年都有长叶季节和落叶季节的阔叶林
5	混合林	覆盖率 >60%，高度 >2m，包括有几种森林类型，并且没有一种类型覆盖率超过这种景观的 60% 的森林
6	封闭灌丛	木本植物高度 <2m，灌木覆盖率 >60%，灌木可常绿也可落叶的矮林
7	开放灌丛	木本植物高度 <2m，灌木覆盖率为 10%～60%，灌木可常绿也可落叶的矮林
8	木本草原	森林覆盖率 30%～60%，高度 >2m，由草本植物和其地下层系统组成的地形
9	稀疏草原	森林覆盖率 10%～30%，高度 >2m，由草本植物和其地下层系统组成的地形
10	草原	由草本植物覆盖，并且树和灌丛覆盖率在 10% 以下的地形
11	永久湿地	永久由水和覆盖大面积区域的草本植物或木本植物的混合物组成的地形，这些植物可能存在于咸水，微咸水或淡水中
12	农田	由临时的庄稼覆盖并且收割以后就成了空地的陆地（如单一和多重的种植体系。请注意，多年生木本植物作物将作为适当的森林和灌木林地归类覆盖类型）
13	城市和建筑物	由建筑物和其他人造结构覆盖的陆地
14	耕地和自然植被	由耕地、森林、灌丛和草原组成的混合体并且没有一种覆盖率超过该地貌 60% 的地形
15	冰雪	常年被冰雪覆盖的陆地
16	荒地	由泥土、沙、石头或者雪覆盖并且在一年之内任何时候都没有超过 10% 的植被覆盖的陆地
17	水体	包括大洋、大海、湖泊、水库和河流，并且包括淡水和咸水

于 IGBP 分类系统与我国 1km 空间分辨率的土地利用数据所使用的分类系统不一致，因此还需要在比较两个分类系统的基础上，以我国 1km 空间分辨率的土地利用数据所使用的分类系统为基准，按照一级类型将 IGBP 的分类系统进行合并转换，使其保持一致。经将以往重叠年份的两个分类系统对我国土地利用 / 覆盖的分类结果进行比较，我们确定了如表 4-4 转换规则。

表 4-4　MODIS Landcover 产品分类系统转换规则

Landsat	MODIS	说明
1	12、14	耕地
2	1、2、3、4、5、6、7	林地
3	8、9、10	草地
4	11、15、17	水域
5	13	城乡、工矿、居民用地
6	16	未利用土地

为了对转换结果进行评价，我们将基于 2001 年的 MODIS Landcover 产品数据按上述转换规则转换为新的土地利用图，与 2000 年的基于 Landsat TM 解译的土地利用图进行对比。随机在全国范围内选择了 1000 个点的比较结果显示，其中 594 个点分类结果一致（红色点）。总体来看，分类错误的点多集中在在南方地区，考虑到沙漠化主要

分布在中国北方地区，且两个数据在时间、空间分辨率、生成方法等方面的差异，这一分类结果基本可以使用（图 4-3）。

图 4-3　MODIS Landcover 产品转换后与 Landsat 土地利用图的比较

4.3　关键技术算法与实现

4.3.1　实际 NPP 反演

植被净第一性生产力（NPP）指绿色植物在单位时间和单位面积上所积累的有机干物质总量，它不仅是表征植物活动的重要变量，而且是判定生态系统碳汇和调节生态过程的主要因子（Field et al., 1998）。NPP 的获得方法有很多种，除了基于地面定点实测的方法外，在区域尺度上，则必须借助模型的手段来进行估计。目前，区域尺度上 NPP 的计算模型主要可以分为四类，即统计模型、半经验半理论模型、植物生长机理 - 过程模型和光能利用率模型。统计模型也称气候模型，是通过建立 NPP 和气候因子的相关关系来估算 NPP，其中以 Miami 模型、Thornthwaite 模型、Chikugo 模型等为代表。这类模型虽然能够真实地反映植物 NPP 的地带性分布规律，但由于缺乏严密的生理、生态理论做依据，只能是对潜在 NPP 进行研究，不能很好地反映实际情况。半经验半理论模型是生理生态学和统计相关方法结合的产物，虽然综合考虑了多种因素的影响，但是过于理想的模型条件假设对于在不同地区应用会产生较大的误差。植物生长机理 - 过程模型有较为完善的理论基础，根据植物生理、生态学原理，通过描述光能的转化过程来计算 NPP，如 CENTRUY 模型、TEM 模型、BIOME-BGC 模型等。这类模型机理明确，有利于研究全球变化对陆地植被净第一性生产力的影响，以及植被分布的变化对气候的反馈，但是由于该类模型参数复杂、较多，有些参数难以定量，为使用带来了困难。光能利用率模型是基于资源平衡的观点（Field et al., 1995），认为任何对植物生长起限制性的资源（如水、氮、光照等）均可用于 NPP 的估算。以此为基础，Monteith（1972）、Monteith 和 Moss（1977）首先提出用植被所吸收的光合有效辐射和光能转化率来计算 NPP。由于光能利用率模型将所有 NPP 调控因子以相对简单的方法组合在一起，并且这种方法需要的参数可以直接由遥感数据获取，这使其成为

NPP 模型的一个主要发展方向。

　　CASA（carnegie ames stanford approach）模型是目前应用最为广泛的 NPP 估算模型之一（Field et al.，1995；Lobell et al.，2003；Potter et al.，1993；Tao et al.，2005；朴世龙等，2001；朱文泉，2005）。CASA 模型以光能利用率模型为基础进行构建，综合考虑植被生理生态过程，模型参数相对简单且易于获得，在世界各地得到广泛的应用并取得很好的效果。本书选取 CASA 模型来计算实际 NPP。

　　CASA 模型中 NPP 的计算主要有植被吸收的光合有效辐射（absorbed photosynthetically active radiation，APAR）与光能利用率（ε）两个变量来确定。

$$\text{NPP}(x, t) = \text{APAR}(x, t) \times \varepsilon(x, t) \tag{4-2}$$

式中，APAR(x, t) 为像元 x 在 t 月吸收的光合有效辐射 [单位：MJ/（m^2·月）]；$\varepsilon(x, t)$ 为像元 x 在 t 月的实际光能利用率（单位：gC/MJ）。

1. APAR 的估算

　　植被所吸收的光合有效辐射取决于太阳总辐射和植被对光合有效辐射吸收的比例，可以用下列公式表达：

$$\text{APAR}(x, t) = \text{SOL}(x, t) \times \text{FPAR}(x, t) \times 0.5 \tag{4-3}$$

式中，SOL(x, t) 为 t 月在像元 x 处的太阳总辐射量 [MJ/（m^2·月）]；FPAR(x, t) 为植被层对入射光合有效辐射的吸收比例（无单位）；常数 0.5 为植被所能利用的太阳有效辐射（波长 $0.38 \sim 0.71\mu\text{m}$）。

　　太阳总辐射根据 Penman-Monteith 蒸散模型中太阳总辐射的计算公式并采用左大康等（1963）在中国地区的修正系数来计算，具体计算方法参考该文献第二章第四节中关于太阳总辐射计算模型的描述。植被层对入射光合有效辐射的吸收比例 FPAP 主要通过 NDVI 和植被类型两个因子来计算，并使最大值不超过 0.95。

$$\text{FPAR}(x, t) = [\frac{\text{SR}(x, t) - \text{SR}_{\min}}{\text{SR}_{\max} - \text{SR}_{\min}}, 0.95] \tag{4-4}$$

式中，SR$(x, t)\frac{1}{2}$ 由 NDVI(x, t) 求得：

$$\text{SR}(x, t) = \frac{1 + \text{NDVI}(x, t)}{1 - \text{NDVI}(x, t)} \tag{4-5}$$

　　SR$_{\min}$ 取值为 1.08；SR$_{\max}$ 的大小与植被类型有关，取值范围为 $4.14 \sim 6.17$。在本书中，不同植被类型 SR$_{\max}$ 的取值参照简单生物圈模型（simple biosphere model version 2，SiB2）以及区域气候系统（regional atmospheric modeling system，RAMS）中的陆地生态系统大气圈反馈模型 3（land ecosystem-atmosphere feedback model version 3，LEAF3）中对不同植被类型 SR$_{\max}$ 的取值，对于针叶林、阔叶林、针阔混交林 SR$_{\max}$ 取 6.17；而对于农田、草原、灌丛、荒漠等其他所有植被类型 SR$_{\max}$ 取 5.13（Dickinson et al.，1993；Walko and Tremback，2005；Lunkeit et al.，2007）。

2. 光能利用率的估算

　　光能利用率是在一定时期单位面积上生产的干物质中所包含的化学潜能与同一时

间投影到该面积上的光合有效辐射之比，即植被把所吸收的光合有效辐射转化为有机碳的效率。植被的光能利用率受物种类型及环境的影响表现出明显的差异性。Potter 等（1993）认为在理想条件下植被具有最大光能利用率，而现实条件下的最大光能利用率主要受温度和水分的影响，其计算公式为

$$\varepsilon(x,t) = T_{\varepsilon_1}(x,t) \times T_{\varepsilon_2}(x,t) \times W_{\varepsilon}(x,t) \times \varepsilon_{\max} \tag{4-6}$$

式中，$T_{\varepsilon_1}(x,t)$ 和 $T_{\varepsilon_2}(x,t)$ 为低温和高温对光能利用率的胁迫（无单位）；$W_{\varepsilon}(x,t)$ 为水分胁迫影响系数（无单位）；$\varepsilon_{\max}$ 为理想条件下的最大光能利用率（单位：gC/MJ）。

1）温度胁迫因子的估算

$T_{\varepsilon_1}(x,t)$ 反映在低温和高温时植物的内在生化作用对光合的限制而降低净第一性生产力（Potter et al.，1993；Field et al.，1995），其公式如下：

$$T_{\varepsilon_1}(x,t) = 0.8 + 0.02 \times T_{\mathrm{opt}}(x) - 0.0005 \times [T_{\mathrm{opt}}(x)]^2 \tag{4-7}$$

式中，$T_{\mathrm{opt}}(x)$ 为某一区域一年内 NDVI 值达到最高时的当月平均气温（单位：℃），当某一月平均气温小于或等于 –10℃时，$T_{\varepsilon_1}(x,t)$ 取 0。

$T_{\varepsilon_2}(x,t)$ 表示环境温度从最适温度 $T_{\mathrm{opt}}(x)$ 向高温和低温变化时植物光能利用率逐渐变小的趋势（Potter et al.，1993；Field et al.，1995），这是因为低温和高温时高的呼吸消耗必将会降低光能利用率，生长在偏离最适温度的条件下，其光能利用率也一定会降低。其计算公式如下：

$$T_{\varepsilon_2}(x,t) = 1.1814 / \{1 + \exp[0.2 \times (T_{\mathrm{opt}}(x) - 10 - T(x,t))]\} \\ \times 1 / \{[1 + \exp[0.3 \times (-T_{\mathrm{opt}}(x) - 10 + T(x,t))]]\} \tag{4-8}$$

当某一月平均温度 $T(x,t)$ 比最适温度 $T_{\mathrm{opt}}(x)$ 高 10℃或低 13℃时，该月的 $T_{\varepsilon_2}(x,t)$ 值等于 2 月平均温度 $T(x,t)$ 为最适温度 $T_{\mathrm{opt}}(x)$ 时 $T_{\varepsilon_2}(x,t)$ 值的一半。

2）水分胁迫因子的估算

水分胁迫影响系数 $W_{\varepsilon}(x,t)$ 反映了植物所能利用的有效水分条件对光能利用率的影响，随着环境中有效水分的增加，$W_{\varepsilon}(x,t)$ 逐渐增大，它的取值范围为 0.5（在极端干旱条件下）～ 1（非常湿润条件下）（朴世龙等，2001），其计算公式如下：

$$W_{\varepsilon}(x,t) = 0.5 + 0.5 \times E(x,t)/E_p(x,t) \tag{4-9}$$

式中，$E_p(x,t)$ 为潜在蒸散量。在朴世龙等（2001）及朱文泉等（2005）的相关研究中，利用 Thornthwaite 植被 - 气候关系模型来计算潜在蒸散量。然而，由于 Thornthwaite 模型是在美国中东部湿润气候条件下拟合出的经验公式，而我国地形复杂、气候多变，该方法结果会与我国实际情况有较大出入（周晓东等，2002）；另外，由于 Thornthwaite 模型对辐射、风速和空气湿度的影响研究不够，在强风、干燥或晴空环境下该方法值偏低，在寒冷和湿润环境下的值偏高（Jensen et al.，1990）。因此，本书采用 FAO 推荐的 Penman-Monteith 模型来计算潜在蒸散。该模型理论基础合理，综合了空气动力学的涡动传导与能量平衡，考虑了植被的生理特征，在干旱和湿润条件下准确性都相对较高（Jensen et al.，1990）。其计算公式如下：

$$E_0 = \frac{0.408\Delta(R_n - G) + \gamma \dfrac{900}{T + 273} U_2(e_s - e_a)}{\Delta + \gamma(1 + 0.34U_2)} \tag{4-10}$$

　　然而，FAO 推荐的 Penman-Monteith 模型是基于一个假象的参考作物面来计算，其高为 0.12m，表面阻力为 70s/m，反射率为 0.23。然而对于特定的区域，这种假想参考作物的潜在蒸发显然不能满足各个地区复杂的下垫面情况，因此 FAO 在给出参考作物潜在蒸散计算公式的同时也给出了对于特定下垫面情况的修正而得到作物潜在蒸散，它们之间的关系可以用下式表达：

$$\mathrm{ET}_c = K_c \times \mathrm{ET}_0 \tag{4-11}$$

式中，ET_0 为参考作物潜在蒸散；ET_c 为修正的作物潜在蒸散，也就是本书中计算水分对光能利用率胁迫时的潜在蒸散；K_c 为修正系数，K_c 的值随作物类型、季节的变化而变化。根据 FAO 提供的经验参数（Allen et al.，1998），结合 1：100 万中国植被类型图中的一级植被类型，得到不同植被类型在不同月份的 K_c 值，K_c 值及其他植被参数见表 4-5。

　　在水分胁迫影响系数 $W_ε(x, t)$ 的计算中，$E(x, t)$ 为实际蒸散，其计算可以通过土壤水分子模型求得。当月平均温度小于或等于 0℃时，$W_ε(x, t)$ 等于前一个月的值，即 $W_ε(x, t-1)$。

3）土壤水分子模型

　　CASA 模型中的土壤水分子模型是基于综合考虑降水与蒸散之间关系，以及土壤属性的基础上建立的。在土壤水分子模型中，每一个栅格的月平均土壤含水量可以通过以下两个公式来计算：

　　当月平均降水量小于潜在蒸散量时：

$$\mathrm{SOILM}(x, t) = \max[\mathrm{SOILM}(x, t-1) - [E_p(x, t) - \mathrm{PPT}(x, t)] \cdot \mathrm{RDR}, 0] \tag{4-12}$$

　　当月平均降水量大于或等于潜在蒸散量时：

$$\mathrm{SOILM}(x, t) = \min[\mathrm{SOILM}(x, t-1) + [\mathrm{PPT}(x, t) - E_p(x, t)], \mathrm{FC}] \tag{4-13}$$

式中，$\mathrm{SOILM}(x, t)$ 为某一月的土壤含水量（mm）；E_p 为月潜在蒸散（mm）；PPT 为月平均降水量（mm）；RDR 为相对干燥率（relative drying rate），表示土壤水分的蒸发潜力；FC 为田间持水量（m^3/m^3），即土壤所能稳定保持的最高土壤含水量。Potter 等（1993）在计算土壤水分时假设当某一月的平均温度小于或等于 0℃时，土壤含水量不发生变化，与上一月的土壤含水量相当，而该月的降水（雪的形式）将累加到从该月其第一个出现温度大于 0℃的月份。

　　相对干燥率 RDR 的计算可以通过以下公式实现：

$$\mathrm{RDR} = (1+a)/(1+a\theta^b) \tag{4-14}$$

式中，θ 为前一个月的土壤含水量（m^3/m^3）；a 和 b 为根据 Saxton 等（1986）提出的经验公式求出的系数，其值与土壤类型有关，可根据土壤中黏粒与沙粒的百分比求得，其计算公式如下：

$$a = \exp[-4.396 - 0.0715(\%\mathrm{clay}) - 4.880 \times 10^{-4}(\%\mathrm{sand})^2$$
$$-4.285 \times 10^{-5} \times (\%\mathrm{sand})^2(\%\mathrm{clay})] \times 100.0 \tag{4-15}$$
$$b = -3.140 - 0.00222(\%\mathrm{clay})^2 - 3.484 \times 10^{-5}(\%\mathrm{sand})^2(\%\mathrm{clay}) \tag{4-16}$$

式中，%clay 和 %sand 分别为土壤中黏粒和砂粒所占的比例。

　　田间持水量 FC 以及萎蔫含水量 WPT 分别为单位体积土壤持水能力的上限与下限，

表 4-5　不同植被类型的 K_c 值及其他参数

序号	一级植被分类	SR_{max}	SR_{min}	$Light_{max}$	K_{c1}	K_{c2}	K_{c3}	K_{c4}	K_{c5}	K_{c6}	K_{c7}	K_{c8}	K_{c9}	K_{c10}	K_{c11}	K_{c12}
1	针叶林	6.17	1.08	0.44	0.30	0.30	0.30	0.75	0.75	0.75	0.75	0.75	0.75	0.75	0.30	0.30
2	针阔叶混交林	6.17	1.08	0.48	0.30	0.30	0.30	0.75	0.75	0.75	0.75	0.75	0.75	0.75	0.30	0.30
3	阔叶林	6.17	1.08	0.69	0.30	0.30	0.30	0.75	0.75	0.75	0.75	0.75	0.75	0.75	0.30	0.30
4	灌丛	5.13	1.08	0.43	0.30	0.30	0.30	0.75	0.75	0.75	0.75	0.75	0.75	0.75	0.30	0.30
5	荒漠	5.13	1.08	0.54	0.30	0.30	0.30	0.75	0.75	0.75	0.75	0.75	0.75	0.75	0.30	0.30
6	草原	5.13	1.08	0.54	0.30	0.30	0.30	0.75	0.75	0.75	0.75	0.75	0.75	0.75	0.30	0.30
7	草丛	5.13	1.08	0.54	0.30	0.30	0.30	0.75	0.75	0.75	0.75	0.75	0.75	0.75	0.30	0.30
8	草甸	5.13	1.08	0.54	0.30	0.30	0.30	0.75	0.75	0.75	0.75	0.75	0.75	0.75	0.30	0.30
9	沼泽	5.13	1.08	0.54	0.30	0.30	0.30	0.75	0.75	0.75	0.75	0.75	0.75	0.75	0.30	0.30
10	高山植被	5.13	1.08	0.54	0.30	0.30	0.30	0.75	0.75	0.75	0.75	0.75	0.75	0.75	0.30	1.10
11	农田	5.13	1.08	0.54	1.10	1.10	1.10	1.15	1.15	0.45	0.65	1.25	1.25	0.55	0.70	0.30
12	无植被地段	5.13	1.08	0.54	0.30	0.30	0.30	0.75	0.75	0.75	0.75	0.75	0.75	0.75	0.30	0.30
13	荒漠+草甸	5.13	1.08	0.54	0.30	0.30	0.30	0.75	0.75	0.75	0.75	0.75	0.75	0.75	0.30	0.30
14	阔叶林+农田	5.13	1.08	0.62	0.70	0.70	0.70	0.95	0.95	0.60	0.70	1.00	1.00	0.65	0.50	0.70
15	灌丛+草甸	5.13	1.08	0.49	0.30	0.30	0.30	0.75	0.75	0.75	0.75	0.75	0.75	0.75	0.30	0.30
16	阔叶林+灌丛	5.13	1.08	0.57	0.30	0.30	0.30	0.75	0.75	0.75	0.75	0.75	0.75	0.75	0.30	0.30
17	草原+灌丛	5.13	1.08	0.49	0.30	0.30	0.30	0.75	0.75	0.75	0.75	0.75	0.75	0.75	0.30	0.30
18	草丛+农田	5.13	1.08	0.54	0.70	0.70	0.70	0.95	0.95	0.60	0.70	1.00	1.00	0.65	0.50	0.70
19	沼泽+草甸	5.13	1.08	0.54	0.30	0.30	0.30	0.75	0.75	0.75	0.75	0.75	0.75	0.75	0.30	0.30
20	灌丛+针叶林	5.13	1.08	0.43	0.30	0.30	0.30	0.75	0.75	0.75	0.75	0.75	0.75	0.75	0.30	0.30
21	草丛+阔叶林	5.13	1.08	0.62	0.30	0.30	0.30	0.75	0.75	0.75	0.75	0.75	0.75	0.75	0.30	0.30
22	针叶林+荒漠	5.13	1.08	0.49	0.30	0.30	0.30	0.75	0.75	0.75	0.75	0.75	0.75	0.75	0.30	0.30
23	灌丛+荒漠	5.13	1.08	0.49	0.30	0.30	0.30	0.75	0.75	0.75	0.75	0.75	0.75	0.75	0.30	0.30
24	草原+荒漠	5.13	1.08	0.54	0.30	0.30	0.30	0.75	0.75	0.75	0.75	0.75	0.75	0.75	0.30	0.30
25	针叶林+草丛	5.13	1.08	0.49	0.30	0.30	0.30	0.75	0.75	0.75	0.75	0.75	0.75	0.75	0.30	0.30

续表

序号	一级植被分类	SR_{max}	SR_{min}	$Light_{max}$	K_{c1}	K_{c2}	K_{c3}	K_{c4}	K_{c5}	K_{c6}	K_{c7}	K_{c8}	K_{c9}	K_{c10}	K_{c11}	K_{c12}
26	阔叶林+草甸	5.13	1.08	0.62	0.30	0.30	0.30	0.75	0.75	0.75	0.75	0.75	0.75	0.75	0.30	0.30
27	草原+草甸	5.13	1.08	0.54	0.30	0.30	0.30	0.75	0.75	0.75	0.75	0.75	0.75	0.75	0.30	0.30
28	针叶林+草原	5.13	1.08	0.49	0.30	0.30	0.30	0.75	0.75	0.75	0.75	0.75	0.75	0.75	0.30	0.30
29	灌丛+农田	5.13	1.08	0.49	0.70	0.70	0.70	0.95	0.95	0.60	0.70	1.00	1.00	0.65	0.50	0.70
30	草丛+灌丛	5.13	1.08	0.49	0.70	0.70	0.70	0.95	0.95	0.60	0.70	1.00	1.00	0.65	0.50	0.70
31	针叶林+农田	5.13	1.08	0.49	0.70	0.70	0.70	0.95	0.95	0.60	0.70	1.00	1.00	0.65	0.50	0.70
32	针叶林+草丛+农田	5.13	1.08	0.51	0.57	0.57	0.57	0.88	0.88	0.65	0.72	0.92	0.92	0.68	0.73	0.87
33	针叶林+草甸	5.13	1.08	0.49	0.30	0.30	0.30	0.75	0.75	0.75	0.75	0.75	0.75	0.75	0.30	0.30
34	阔叶林+荒漠	5.13	1.08	0.62	0.30	0.30	0.30	0.75	0.75	0.75	0.75	0.75	0.75	0.75	0.50	0.30
35	草原+农田	5.13	1.08	0.54	0.70	0.70	0.70	0.95	0.95	0.60	0.70	1.00	1.00	0.65	0.50	0.70
36	草丛+阔叶林	5.13	1.08	0.62	0.30	0.30	0.30	0.75	0.75	0.75	0.75	0.75	0.75	0.75	0.30	0.30
37	草原+高山植被	5.13	1.08	0.54	0.30	0.30	0.30	0.75	0.75	0.75	0.75	0.75	0.75	0.75	0.30	0.30
38	草原+草丛	5.13	1.08	0.54	0.30	0.30	0.30	0.75	0.75	0.75	0.75	0.75	0.75	0.75	0.30	0.30
39	草丛+草甸	5.13	1.08	0.54	0.30	0.30	0.30	0.75	0.75	0.75	0.75	0.75	0.75	0.75	0.30	0.30
40	针叶林+阔叶林+草丛	5.13	1.08	0.56	0.30	0.30	0.30	0.75	0.75	0.75	0.75	0.75	0.75	0.75	0.30	0.30
41	草甸+农田	5.13	1.08	0.54	0.70	0.70	0.70	0.95	0.95	0.60	0.70	1.00	1.00	0.65	0.50	0.70
42	阔叶林+沼泽	5.13	1.08	0.62	0.30	0.30	0.30	0.75	0.75	0.75	0.75	0.75	0.75	0.75	0.30	0.30
43	草丛+沼泽	5.13	1.08	0.54	0.30	0.30	0.30	0.75	0.75	0.75	0.75	0.75	0.75	0.75	0.30	0.30
44	草甸+高山植被	5.13	1.08	0.54	0.30	0.30	0.30	0.75	0.75	0.75	0.75	0.75	0.75	0.75	0.30	0.30
45	农田+沼泽	5.13	1.08	0.54	0.70	0.70	0.70	0.95	0.95	0.60	0.70	1.00	1.00	0.65	0.50	0.70

它们与土壤深度（m）的乘积可用于确定土壤含水量的上限与下限。田间持水量与萎蔫含水量与土壤质地有关，可以通过土壤含水量和土壤水势之间的关系求出：

$$\psi = a\theta^b \qquad (4\text{-}17)$$

式中，ψ 为土壤水势（kPa）。Potter 等（1993）在关于土壤田间持水量和萎蔫含水量的计算中，采用前人关于土壤水分与质地关系的研究成果（Papendick and Campbell，1980；Saxton et al.，1986），即认为粗土壤质地的田间持水量 10kPa 时的土壤体积含水量，中、细土壤质地的田间持水量等于土壤水势为 33kPa 时的土壤体积含水量，土壤中萎蔫含水量则等于土壤水势为 1500kPa 时的土壤体积含水量。当土壤含水量大于上限值时，模型假设多余的水分以径流的形式流出该栅格，且相邻的栅格之间没有相互作用。关于土壤深度的假定，Potter 等假设森林类型的土壤深度为 2m，其他植被类型土壤深度为 1m。此外，细、中、粗土壤质地类型的划分可以利用土壤黏粒所占的比例来划分，中、细土壤质地对应的黏粒含量大于 30%，而粗土壤质地对应的黏粒含量小于 30%（Potter et al.，1993）。

水分胁迫因子计算公式中的当月实际蒸散量可以根据上月的土壤含水量、降水量、潜在蒸散、土壤相对干燥率 RDR，以及土壤萎蔫含水量来计算。其计算公式如下：

当月降水量小于潜在蒸散时：

$$E(x,t) = \min\{\{PPT(x,t) + [E_p(x,t) - PPT(x,t)]RDR\},$$
$$\{PPT(x,t) + [SOILM(x,t-1) - WPT(x)]\}\} \qquad (4\text{-}18)$$

当月降水量大于或等于潜在蒸散时：

$$E(x,t) = E_p(x,t) \qquad (4\text{-}19)$$

另外，在实际运行土壤水分子模型中，牵涉两个亟待解决的关键问题：一是土壤的初始含水量如何确定；二是土壤质地的相关参数划分是按照美国制土壤质地分级标准来划分，而实际研究所用的土壤图中的质地属性来自于全国第二次土壤普查，是按国际制进行的，如何将国际制式的土壤质地分级转换为适合模型应用的美国制式，是需要解决的第二个问题。

根据土壤水分子模型，当月土壤含水量总依赖于上月土壤含水量的值，因此，如何确定一个初始的土壤含水量用于模型的模拟至关重要。在本书中，首先将土壤含水量完全饱和状态，即全部达到田间持水量，然后利用 20 世纪 70 年代的平均气候条件（即计算 70 年代月均温度、降水量、蒸散等气候因子）进行循环计算，直到 t 次循环和 $t-1$ 次循环土壤含水量相差小于 1% 时即认为达到稳定。然后，就可以用 t 次循环模拟的 12 月的土壤含水量作为初始含水量来计算研究起始年 1 月的土壤水分含量。

目前，我国的土壤属性数据大多来自全国第二次土壤普查所获得的数据，而对于土壤质地的分析，第二次土壤普查采用的是国际标准。然而，本书中关于利用土壤黏粒、沙粒百分比计算相关参数的经验公式，都是基于美国制式而得出的，因此需要采取一定的方法将两种制式进行转换。国际制与美国制关于土壤颗粒的划分如表 4-6 所示。

在本书中，采用 Skaggs 等提出的土壤颗粒累积分布模型来进行转换（Skaggs et al.，2001）。该模型可以通过以下方程来表示：

$$P(r) = \cfrac{1}{1 + [1/P(r_0) - 1]\exp(-uR^c)} \qquad (4\text{-}20)$$

表 4-6　国际制与美国制土粒分级标准对比

国际制土粒分级标准（FAO）	美国制土粒分级标准（USDA）
FAO-A：粗砂（2 ～ 0.2 mm）	USA-A：砂粒（2 ～ 0.05 mm）
FAO-B：细砂（0.2 ～ 0.02 mm）	USA-B：粉粒（0.05 ～ 0.002 mm）
FAO-C：粉砂（0.02 ～ 0.002 mm）	USA-C：黏粒（<0.002 mm）
FAO-D：黏粒（<0.002 mm）	

$$R = \frac{r - r_0}{r_0}, r \geqslant r_0 > 0 \tag{4-21}$$

式中，$P(r)$ 为小于 r 粒级的土壤颗粒所占的比例；r_0 为相对于 r 粒级更低的一个粒级；u 和 c 为模型参数，可以通过以下方程获得：

$$c = \alpha \ln \frac{v}{w}, u = -v^{1-\beta} w^{\beta} \tag{4-22}$$

$$v = \ln \frac{1/P(r_1) - 1}{1/P(r_0) - 1}, w = \ln \frac{1/P(r_2) - 1}{1/P(r_0) - 1} \tag{4-23}$$

$$\alpha = 1/\ln \frac{r_1 - r_0}{r_2 - r_0}, \beta = \alpha \ln \frac{r_1 - r_0}{r_0} \tag{4-24}$$

$$1 > P(r_2) > P(r_1) > P(r_0) > 0, r_2 > r_1 > r_0 > 0 \tag{4-25}$$

式中，r_2、r_1、r_0 分别为不同的粒级。在本书的实际转换中，r_2、r_1、r_0 分别对应 0.2、0.02 和 0.002。由于国际制与美国制对黏粒的划分采用相同的粒级，因此对于国际制向美国制的转化，只需利用上面的方程组计算 $r = 0.05$ 的 $P(r)$ 即可。基于此，实现了国际制向美国制的转换。

4）最大光能利用率 ε_{max} 的确定

植被的最大光能利用率是在理想条件下所能达到的最大光利用效率。在 CASA 模型中，全球植被的最大光能利用率被认为是一个固定值，即 0.389gC/MJ（Potter et al.，1993）。然而，人们对它的大小一直存在争议，不同的学者在模型中的取值不一样，取值范围为 0.09 ～ 2.16gC/MJ。在实际情况中，植被最大光能利用率受植被类型、地理位置的限制。朱文泉等通过利用实测的 NPP 数据及植被吸收的光合有效辐射、温度和水分胁迫因子之间的关系计算得到了全国主要植被类型的最大光能利用效率（朱文泉等，2006）。本书采取其研究的结果，以 1 ：100 万中国植被图为基础，得到中国一级植被类型的最大光能利用率（表 4-5 中 Light$_{max}$）。

4.3.2　潜在植被 NPP 反演

人类成百上千年以来对植被的利用、干扰，环境条件的持续变迁，以及植物中间关系的作用等，使植被处在一个不断变化的"演替"过程中，并使一部分人类活动剧烈地区的植被逐渐偏离了其"原始状态"或"潜在状态"，并且无法恢复。根据 Reinhold Tuxen 在 1956 年提出的潜在自然植被的概念，认为潜在自然植被是假定植被全部演替系列在没有人为干扰、在现有的环境条件下（如气候、土壤、地形条件，包括由人类所创造的条件），生境应该存在的植被（方书敏，2005）。随后，不同学者又从不同的角度对潜在植被进行了定义和解释，但总体上他们共同强调一个概念，即潜在植被不一定是目前现存的植被，而是与它所处生境相适应的演替终态。

空间分布与净初级生产力的估算一直是潜在植被研究的热点。长期以来，国内外学者通过建立典型地区天然植被与气候、土壤、地形等环境条件的关系，来估算区域乃至全球尺度潜在植被的空间分布，并构建潜在植被 NPP 估算模型。在潜在植被 NPP 估算方面，主要是基于植被分布与气候之间的相关关系，以及植被光合生长过程来进行建模。例如，国外比较经典的 Holdridge 生命地带分类系统、Thornthwaite 模型、Penman 模型、Miami 模型、Chikugo 模型 等（Holdridge，1947；Penman，1956；Thornthwaite and Mathe，1957；张新时，1993；周广胜和张新时，1996；侯嫚，2010），都是利用热量、降水量等气候因素与植被之间的关系来估算潜在植被的 NPP，其中以 Holdridge 生命地带分类系统应用最为广泛，该系统根据月平均气温和年降水量来估算植被类型与 NPP。动态全球植被模型（dynamic global vegetation model，DGVM）、BIOME 模型等则耦合了植被光合过程的动力学模型来估算潜在植被 NPP。相比较而言，DGVM、BIOME 等过程模型更为精细，模拟精度较高，但所需变量较多，模型较为复杂；而 Holdridge 生命地带分类系统、Thornthwaite 模型、Penman 模型等相对较为简洁，模型参数较少，较易应用，但在小尺度上应用精度较差，且在全球不同地区应用时需要对参数进行修正与调整。

综合考虑植物生理生态学特点和水热平衡关系，周广胜和张新时根据联系能量平衡方程和水量平衡方程的区域蒸散模式，基于严格的数学推导，并结合全球各地 23 组森林、草地及荒漠等自然植被资料及相应气候资料，建立了适用于我国气候 - 植被特点的综合自然植被（也即"潜在植被"）净第一性生产力模型。该模型相比于 CHIKUGO 等模型，更能准确的反映我国自然植被的净第一性生产力，特别是对于较干旱的地方（周广胜和张新时，1995；周广胜和张新时，1996；周广胜等，1998）。考虑到沙漠化主要分布在中国北方干旱及半干旱地区，以及模型本身的模拟精度、简洁性等因素，本书选择周广胜和张新时提出的综合自然植被净第一性生产力模型来模拟中国北方沙漠化地区潜在植被 NPP 的变化，计算公式如下：

$$PNPP = RDI^2 \times \frac{r(1+RDI+RDI^2)}{(1+RDI)(1+RDI^2)} \times \exp(-\sqrt{9.87+6.25RDI}) \times 45 \qquad (4-26)$$

$$RDI = (0.629 + 0.237PER - 0.00313PER^2)^2 \qquad (4-27)$$

$$PER = PET / r \qquad (4-28)$$

式中，PNPP 为潜在植被 NPP；RDI 为辐射干燥度；r 为降水量（mm）；PET 为潜在蒸散（mm），PET 的计算方式参见 FAO 推荐的 Penman-Monteith 模型；PER 为中国各植被地带的可能蒸散率；45 为单位转换系数，由于该模型得到的 NPP 单位为干物质重，即 $tDM/(hm^2 \cdot a)$，按照每克干物质碳含量为 0.45g 这一比例来计算，将 $tDM/(hm^2 \cdot a)$ 转换为与实际 NPP 相同的单位 $gC/(m^2 \cdot a)$，需要在原公式后乘以 45。

4.3.3 非气候因素引起的 NPP 变化与趋势分析

在本书中，非气候因素引起的 NPP 变化被定义为潜在植被 NPP（PNPP）与实际NPP 的差值，简称 HNPP。对于某一时间点而言，HNPP 的大小代表了该时间点以前人类活动的强度；而在本书中，我们更关心 HNPP 的趋势变化，即某一时段内，人类活动等非气候因素的变化强弱。

$$HNPP = PNPP - NPP \tag{4-29}$$

在本书中，我们用线性倾向率来表征 HNPP 的变化趋势，即以年份为自变量，以 HNPP 为因变量，通过最小二乘法来拟合斜率，进而得到线性回归方程，来分析非气候因素引起的 NPP 变化趋势，其中基于最小二乘法的线性斜率的拟合方程如下。在得到变化趋势的基础上，本书利用 t 检验对趋势的显著性进行检验，$P<0.1$。

$$Slope = \frac{n\sum xy - (\sum x)(\sum y)}{n\sum x^2 - (\sum x)^2} \tag{4-30}$$

若 HNPP 的变化趋势为正，说明相对于潜在植被 NPP，非气候因素引起的 NPP 降低越来越大，植被在人类活动等非气候因素的扰动下正在向退化的方向发展，亦可以理解为人类活动等非气候因素的负面影响越来越大；若 HNPP 的变化趋势为负，说明相对于潜在植被 HNPP，非气候因素引起的 NPP 降低越来越小，植被在人类活动的扰动下正在向恢复的方向发展，亦可以理解为人类活动等非气候因素的正面影响越来越大。若这种趋势通过显著性检验，则表明具有统计意义的变化趋势。

4.3.4　土地利用变化引起的沙漠化逆转和发展分析

在本书中，我们重点考虑土地利用一级类型间的变化与沙漠化逆转和发展的联系。综合考虑土地利用类型变化特点，我们将未利用地（沙漠化土地对应的主要土地利用类型）向耕地、林地、城镇与工矿用地转化的区域视为人类活动引起的沙漠化逆转潜在区域；将耕地、林地、城镇与工矿用地向未利用地转化的区域视为人类活动等非气候因素引起的沙漠化发展的潜在区域。在这里，我们未将草地与未利用地之间的转换考虑进来，主要是因为草地与未利用地之间的转换也会受到气候变化的影响；而人类活动等非气候因素引起的，并表现为草地与未利用地转换所带来的沙漠化逆转与发展主要通过 HNPP 的变化趋势进行识别。

对于土地利用变化引起的沙漠化逆转和发展的识别过程主要分为两个步骤：①将两期土地利用图相叠加进行空间分析，识别出未利用地向耕地、林地、城镇与工矿用地转换的区域，以及耕地、林地、城镇与工矿用地向未利用地转换的区域；②将未利用地向耕地、林地、城镇与工矿用地转换的区域与同一时段内沙漠化逆转区域相叠加，将耕地、林地、城镇与工矿用地向未利用地转换的区域与同一时段内沙漠化发展区域相叠加，即可识别出土地利用变化引起的沙漠化逆转和发展区域。

4.4　关键指标变化趋势分析

4.4.1　实际 NPP 变化趋势分析

1. 中国北方沙漠化地区实际 NPP 总体情况

根据 1981～2010 年实际 NPP 的反演结果，中国北方沙漠化地区实际 NPP 的平均值为 89.41gC/（$m^2 \cdot a$）；其中，内蒙古东部的半湿润 - 半干旱地区、三江源的东南部等地的实际 NPP 要明显高于西北干旱区。在过去 30 年中，中国北方沙漠化地区实际 NPP 发生了明显的变化，整体呈上升的态势；但对于不同区域而言，这种变化则具有典型的空间异质性。实际 NPP 显著上升的区域主要分布在鄂尔多斯草原、阿拉善高原、河西走廊、准噶尔盆地，以及三江源等地区，占 NPP 上升区域的 52.19%；实际 NPP 显著下降的区域主要分布在科尔沁草原和浑善达克沙地交界区域、呼伦贝尔草原东部地区、塔里木盆地中部等地区，占 NPP 下降区域的 33.18%（图 4-4）。

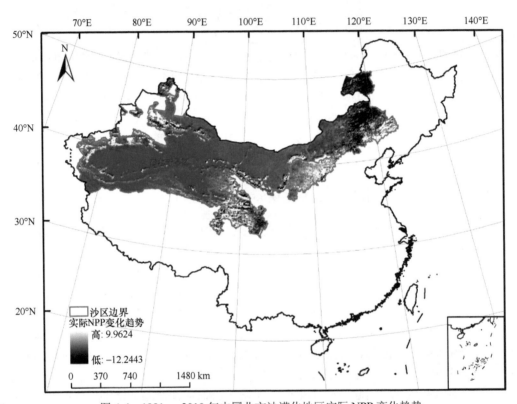

图 4-4　1981～2010 年中国北方沙漠化地区实际 NPP 变化趋势

2. 不同沙区实际 NPP 变化情况

从不同沙区来看，内蒙古长城沿线、西北干旱区、三江源地区的实际 NPP 分别为 125.7gC/（$m^2 \cdot a$）、20.4gC/（$m^2 \cdot a$）、119.6gC/（$m^2 \cdot a$）。为了排除非沙漠化土地的影响，这里我们重点考察各沙区中沙漠化土地实际 NPP 的均值的变化趋势，以此来反映各沙区沙漠化土地的植被恢复和退化情况。

1）内蒙古及长城沿线

内蒙古及长城沿线实际 NPP 整体呈上升的趋势。对于不同沙区，鄂尔多斯草原、晋西北地区、宁夏河东沙地、乌盟前山及土默特平原等实际 NPP 呈上升的趋势，其中鄂尔多斯草原、晋西北地区、乌盟前山及土默特平原的实际 NPP 上升趋势显著，说明这些沙漠化地区植被得到明显的恢复；坝上乌兰察布、察哈尔草原、呼伦贝尔草原、浑善达克沙地等实际 NPP 呈下降的趋势，其中呼伦贝尔草原的实际 NPP 下降趋势显著，说明这些沙漠化地区植被整体退化十分严重（图 4-5）。

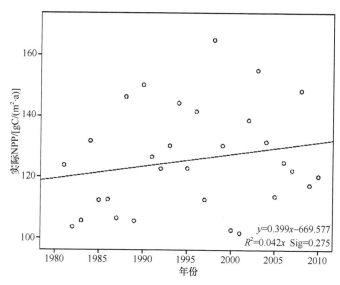

图 4-5　内蒙古及长城沿线实际 NPP 的变化趋势图

2）西北干旱区

西北干旱区实际 NPP 整体呈上升的趋势。对于不同沙区，阿拉善高原、额济纳、河套平原、河西走廊、塔里木盆地、吐哈盆地、银川平原、伊利盆地、准噶尔盆地等实际 NPP 呈上升的趋势，其中河套平原、银川平原、准噶尔盆地的实际 NPP 上升趋势显著，说明这些沙漠化地区植被得到明显的恢复；柴达木盆地实际 NPP 呈下降的趋势且趋势显著，说明该地区植被整体退化十分严重（图 4-6）。

3）三江源地区

三江源地区实际 NPP 整体呈上升的趋势且趋势显著，说明三江源地区植被得到明显的恢复（图 4-7）。

4.4.2　潜在植被 NPP

1. 中国北方沙漠化地区潜在植被 NPP 总体情况

为了与实际 NPP 更好的比较，这里重点对 1981～2010 年的潜在植被 NPP 进行分析。根据 1981～2010 年潜在植被 NPP 的反演结果，中国北方沙漠化地区潜在植被 NPP 的平均值为 100.14gC/（m²·a）；其中，内蒙古东部的半湿润-半干旱地区、三江源的东南部等地的潜在植被 NPP 要明显高于西北干旱区。在过去 30 年中，中国北方沙漠化地区潜在植被 NPP 的均值整体变化并不明显；但对于不同区域而言，则表现出上升和下

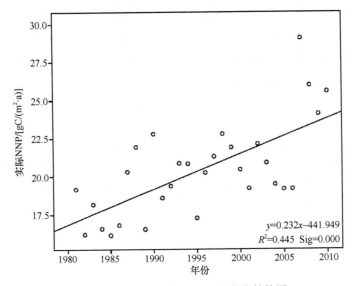

图 4-6　西北干旱区实际 NPP 的变化趋势图

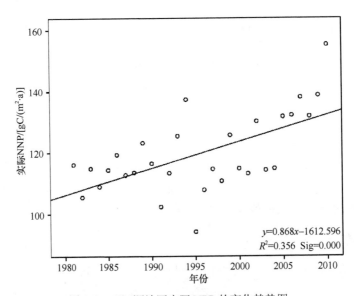

图 4-7　三江源地区实际 NPP 的变化趋势图

降并存的特征。潜在植被 NPP 显著上升的区域主要分布在阿拉善高原东北部、三江源西北部与柴达木盆地交界区域,占上升区域的 4.14%;潜在植被 NPP 显著下降的区域主要分布在科尔沁草原和浑善达克沙地东部交界区域、呼伦贝尔草原的东南部地区等,占下降区域的 15.59%(图 4-8)。

2. 不同沙区潜在植被 NPP 变化情况

从不同沙区来看,内蒙古长城沿线、西北干旱区、三江源地区的潜在植被 NPP 分别为 205.97 gC/(m²·a)、25.94 gC/(m²·a)、194.22gC/(m²·a)。为了排除非沙漠化土地

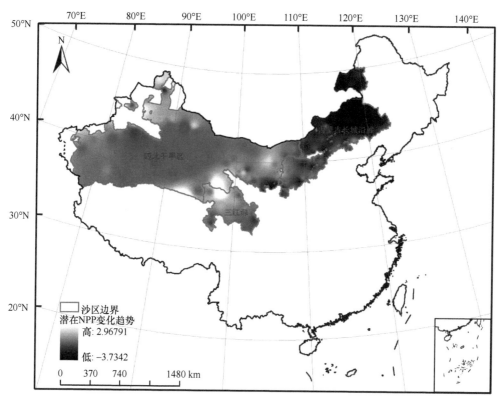

图 4-8　1981～2010 年中国北方沙漠化地区潜在植被 NPP 变化趋势

的影响，这里我们同样对各沙区中沙漠化土地潜在植被 NPP 均值的变化趋势进行分析，以此来反映气候变化影响下各沙区沙漠化土地潜在植被的恢复和退化情况。

1）内蒙古及长城沿线

内蒙古及长城沿线潜在植被 NPP 整体呈下降的趋势。对于不同沙区，晋西北地区、乌盟前山及土默特平原潜在 NPP 呈上升的趋势，其中晋西北地区的潜在植被 NPP 上升趋势显著，说明这些沙漠化地区气候变化有利于植被的恢复；察哈尔草原、鄂尔多斯草原、呼伦贝尔草原、浑善达克沙地、科尔沁草原、宁夏河东沙地等潜在植被 NPP 呈下降的趋势，其中宁夏河东沙地、科尔沁草原、呼伦贝尔草原的潜在植被 NPP 下降趋势显著，说明这些沙漠化地区气候变化不利于植被的恢复甚至有可能导致植被的退化（图 4-9）。

2）西北干旱区

与内蒙古长城沿线相反，西北干旱区潜在植被 NPP 整体呈上升的趋势。对于不同沙区，柴达木盆地、河西走廊、塔里木盆地、吐哈盆地、伊利盆地、准噶尔盆地的潜在 NPP 呈上升的趋势，其中伊利盆地、准噶尔盆地的潜在植被 NPP 上升趋势显著，说明这些沙漠化地区气候变化有利于植被的恢复；阿拉善高原、银川平原、内蒙古后山地区潜在植被 NPP 呈下降的趋势，其中银川平原的潜在植被 NPP 下降趋势显著，说明这些沙漠化地区气候变化不利于植被的恢复甚至有可能导致植被的退化（图 4-10）。

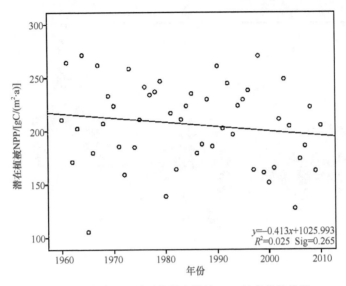

图 4-9　内蒙古及长城沿线潜在植被 NPP 的变化趋势图

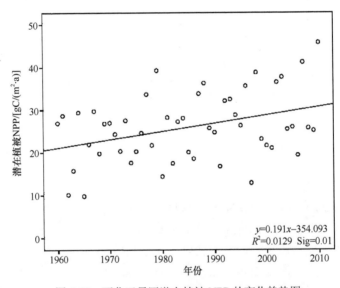

图 4-10　西北干旱区潜在植被 NPP 的变化趋势图

3）三江源地区

三江源地区潜在植被 NPP 整体呈上升的趋势，且上升趋势显著，说明在过去 30 年中三江源地区气候变化有利于植被的恢复（图 4-11）。

4.4.3　非气候因素引起的 NPP 变化

1. 中国北方沙漠化地区非气候因素引起的 NPP 变化总体情况

根据 1981 ~ 2010 年非气候因素引起的 NPP 变化的计算结果，中国北方沙漠化地

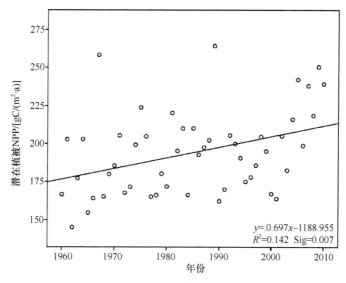

图 4-11 三江源地区潜在植被 NPP 的变化趋势图

区非气候因素引起的 NPP 变化平均值为 10.70gC/（m²·a）；其中，科尔沁草原西北部、河套平原、三江源地区东南部，以及天山北坡的农耕区域为典型的负值区域，说明该地区实际植被（多为农作物）NPP 要高于潜在植被的 NPP；而位于鄂尔多斯与陕北榆林交界的毛乌素沙地、科尔沁草原中部的沙地，以及三江源西北部的沙漠化地区等为典型的正值区域,说明该地区实际植被NPP要明显低于潜在植被的NPP。在过去30年中,中国北方沙漠化地区非气候因素引起的 NPP 变化整体呈略微降低的态势，但不同区域又有所不同。非气候因素引起的 NPP 变化显著上升的区域主要分布在科尔沁草原和浑善达克沙地交界区域、呼伦贝尔草原东部、柴达木盆地中部及其与三江源交界地区、塔里木盆地南缘等，占上升区域的 14.36%；非气候因素引起的 NPP 变化显著下降的区域主要分布在鄂尔多斯草原东南部、科尔沁草原东部、三江源地区、塔里木盆地边缘等地区，占下降区域的 31.93%（图 4-12）。

2. 不同沙区非气候因素引起的 NPP 变化情况

从不同沙区来看，内蒙古长城沿线、西北干旱区、三江源地区的非气候因素引起的 NPP 变化分别为 77.08 gC/（m²·a）、7.33 gC/（m²·a）、81.91gC/（m²·a）。为了排除非沙漠化土地的影响，这里我们同样对各沙区中沙漠化土地非气候因素引起的 NPP 变化均值进行趋势分析，以此来反映非气候因素对各沙区沙漠化土地植被的影响。

1）内蒙古及长城沿线

内蒙古及长城沿线非气候因素引起的 NPP 变化整体呈下降的趋势。对于不同沙区，坝上乌兰察布、呼伦贝尔草原非气候因素引起的 NPP 变化呈上升的趋势，其中坝上乌兰察布地区的非气候因素引起的 NPP 变化上升趋势显著，说明这些沙漠化地区非气候因素导致的植被退化十分严重；察哈尔草原、鄂尔多斯草原、浑善达克沙地、晋西北地区、科尔沁草原、宁夏河东沙地、乌盟前山及土默特平原非气候因素引起的 NPP 变化呈下降

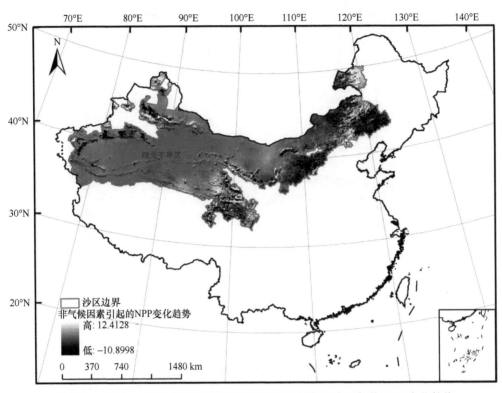

图 4-12　1981～2010 年中国北方沙漠化地区非气候因素引起的 NPP 变化趋势

的趋势，其中鄂尔多斯草原、晋西北地区、科尔沁草原的非气候因素引起的 NPP 变化下降趋势显著，说明这些沙漠化地区非气候因素正在加快推动区域植被的恢复（图 4-13）。

2）西北干旱区

西北干旱区非气候因素引起的 NPP 变化整体上变化不明显。对于不同沙区，阿拉善

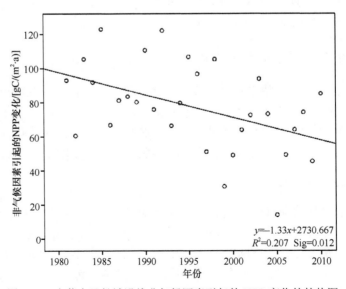

图 4-13　内蒙古及长城沿线非气候因素引起的 NPP 变化的趋势图

高原、额济纳、内蒙古后山、伊犁盆地、准噶尔盆地等非气候因素引起的 NPP 变化呈上升趋势，其中伊犁盆地非气候因素引起的 NPP 变化上升趋势显著，说明这些沙漠化地区非气候因素导致的植被退化十分严重；柴达木盆地、河套平原、塔里木盆地、银川平原非气候因素引起的 NPP 变化呈下降的趋势，其中柴达木盆地的非气候因素引起的 NPP 变化下降趋势显著，说明这些沙漠化地区非气候因素正在加快推动区域植被的恢复（图 4-14）。

3）三江源地区

三江源地区非气候因素引起的 NPP 变化整体上无显著变化，但其内部不同区域也表现出典型的空间异质性，如三江源中部地区非气候因素引起的 NPP 变化呈现降低的趋势，说明非气候因素正在推动植被的恢复（图 4-15）。

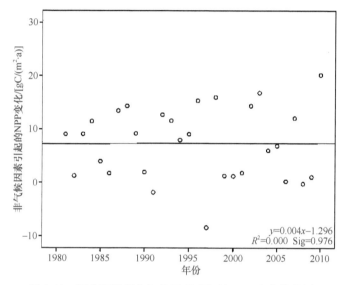

图 4-14　西北干旱区非气候因素引起的 NPP 变化趋势图

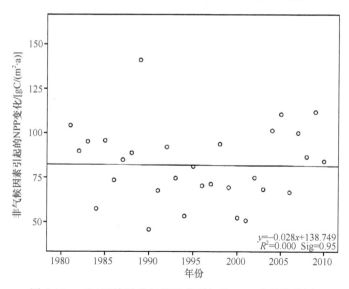

图 4-15　三江源地区非气候因素引起的 NPP 变化趋势图

4.4.4　土地利用变化引起的沙漠化逆转和发展情况

基于本书建立的识别土地利用变化引起的沙漠化逆转和发展区域方法，我们提取了相应的沙漠化逆转和发展区域。从空间分布上可以看出，这些区域相对较为分散，而且总体上面积不大；其中土地利用变化引起的沙漠化逆转区域面积为 1344km²，而土地利用变化引起的沙漠化发展区域面积为 1664km²。这一方面与我国北方沙漠化地区土地利用变化特点有关，即土地开发多从城镇周边或农田、林地周边区位及自然条件好的地方先开发，而少有直接从较为严重的沙漠化土地开发为农田、林地以及城镇用地，另一方面这也与土地利用分类数据的精度有关。

4.5　沙漠化过程中非气候因素分离的结果

4.5.1　沙漠化逆转过程中非气候因素的作用

我们将人类活动引起的 NPP 显著降低的区域（$p<0.1$）和土地利用类型由未利用地向耕地、林地、城镇与工矿用地转化的区域，视为非气候因素影响下的沙漠化逆转潜在区域，并将其与实际沙漠化逆转区域进行空间叠加，即识别出非气候因素显著影响的沙漠化逆转区域。

对于沙漠化逆转，非气候因素显著影响的沙漠化逆转面积为 10.12 万 km²，占沙漠化总逆转面积的 30%，主要分布于三江源的中部、鄂尔多斯草原的东南部、科尔沁草原南部，以及浑善达克沙地中部等地区。对于不同沙区而言，非气候因素在沙漠化逆转中的作用也并不相同。从沙漠化大区尺度来看，内蒙古长城沿线沙漠化逆转中非气候因素的作用较为明显，非气候因素显著影响的沙漠化逆转区域占该地区总逆转区域比例的 40.9%。从具体的沙漠化地理单元尺度来看，鄂尔多斯草原、科尔沁草原、乌盟前山土默特平原，以及晋西北地区中非气候因素显著影响的沙漠化逆转区域的占比均超过了 70%，而宁夏河东沙地、阿拉善高原、内蒙古后山地区中非气候因素对沙漠化逆转的影响较弱，非气候因素显著影响的沙漠化逆转区域的占比均在 10% 以下（图4-16）。

4.5.2　沙漠化发展过程中非气候因素的作用

对于沙漠化发展，非气候因素在沙漠化发展中的作用与逆转相比总体较弱，非气候因素显著影响的沙漠化发展面积为 34624km²，占沙漠化总逆转面积的 8.3%。其中，伊犁盆地地区非气候因素对沙漠化发展的影响最为明显，其占比达到 38.9%。相比较而言，内蒙古沿长城沿线的各个地理单元中非气候因素对沙漠化发展的影响相对西北干旱区及三江源地区较弱，非气候因素显著影响的沙漠化发展区域占比平均不足 4%，其中鄂尔多斯草原、晋西北地区、宁夏河东沙地为 0（图4-17）。

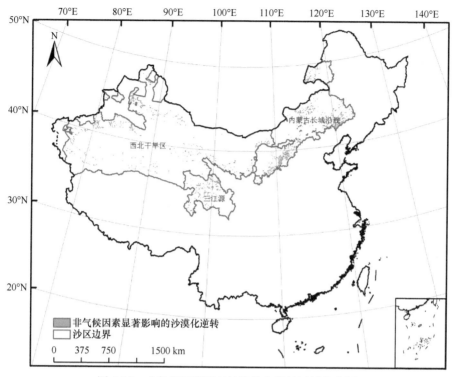

图 4-16　非气候因素引起的沙漠化逆转区域分布图

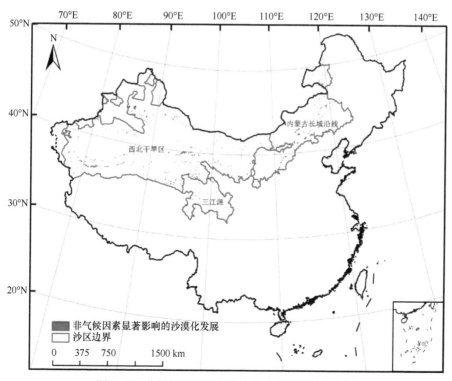

图 4-17　非气候因素引起的沙漠化发展区域分布图

4.6 沙漠化过程中非气候因素分离的验证

在本书中，沙漠化过程中非气候因素分离的验证主要是将我们通过上述方法识别的非气候因素引起的沙漠化逆转或发展区域与通过其他数据源（野外调查、高分辨率遥感影像等）并结合专家知识判别出的非气候因素引起的沙漠化逆转或发展区域进行比对，进而达到验证的目的。

4.6.1 野外调查验证

基于本书的识别结果及前期的工作基础，可以看出鄂尔多斯草原是受人类活动等非气候因素影响而发生沙漠化逆转的典型区域。为此，我们选择鄂尔多斯草原为开展验证的典型区域，并于 2013 年 6 月对鄂尔多斯地区特别是当地的亿利资源集团多年来开展的防沙治沙工作进行了考察调研。从调研过程中了解到，亿利资源集团多年来在库布齐沙漠边缘开展了大量的防沙治沙工作，包括植树造林、飞播、发展沙生林木产业，以及沙漠新能源等，在发展沙漠经济的同时有效地遏制了沙漠化的发展，并带动鄂尔多斯地区沙漠化实现整体逆转。据调研，2001～2002 年，亿利资源集团开始对库布齐的沙荒地进行围栏封育，累积架设围栏 360km，封育区禁牧，减少人、畜活动，利用自然尽快恢复封育区植被。亿利资源集团从 1999 年开始连续多年在库布齐沙漠北缘及锡乌穿沙公路进行飞播造林种草，到 2010 年累积飞播造林面积达 11.4hm^2。飞播所选用的植物种子有：沙米、沙拐枣、杨柴、花棒、油蒿、柠条、沙打旺、甘草等旱生植物种。此外，还在春秋季及雨季进行人工补种沙拐枣、杨柴、花棒、旱柳等乔灌木，增加人工植被群落，为进一步扩大种群提供了一定的种源（王文彪，2012）。

从此次调研的野外记录点的空间分布可以看出，与本书识别的非气候因素导致沙漠化逆转区域高度吻合。从调查点 4、6、7、9 的实地照片也可以看出，大面积的围栏封育，以及造林是致使该地区沙漠化逆转的重要原因，这也间接地反映出本书提出的非气候因素影响分离方法的可行性（图 4-18、图 4-19）。

4.6.2 高分辨率遥感影像对比验证

针对 2000～2010 年中国北方农牧交错带沙漠化动态变化，我们利用上述技术方法对非气候因素影响的沙漠化逆转和发展进行定量分离，并用 2010 年的 Aster 影像和 2000 年的 Landsat ETM+ 影像识别的非气候因素导致的沙漠化逆转和发展区域与其进行比对，效果也较为理想（图 4-20）。

图 4-18　鄂尔多斯野外调研记录点分布图

图 4-19　鄂尔多斯地区的野外考察验证实地照片

	ETM+ (2000年)	ASTER (2010年)	ASTER+识别结果	左上角及右下角坐标
1				198923.779 4110364.875 m 213145.162 4100786.939 m
2				210974.516 4102129.63 m 219483.533 4096374.931 m
3				186251.516 4060793.305 m 208899.895 4045616.775 m
4				196386.137 4043573.313 m 207636.242 4036027.382 m

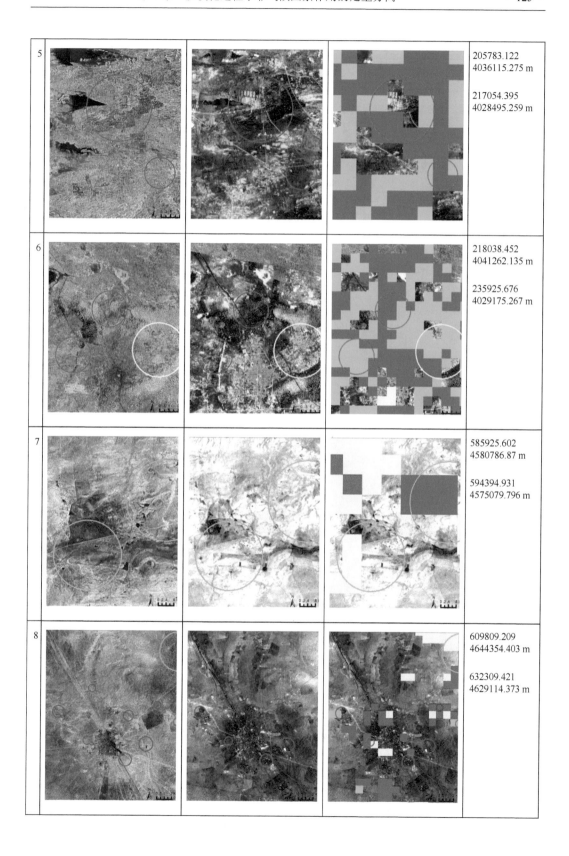

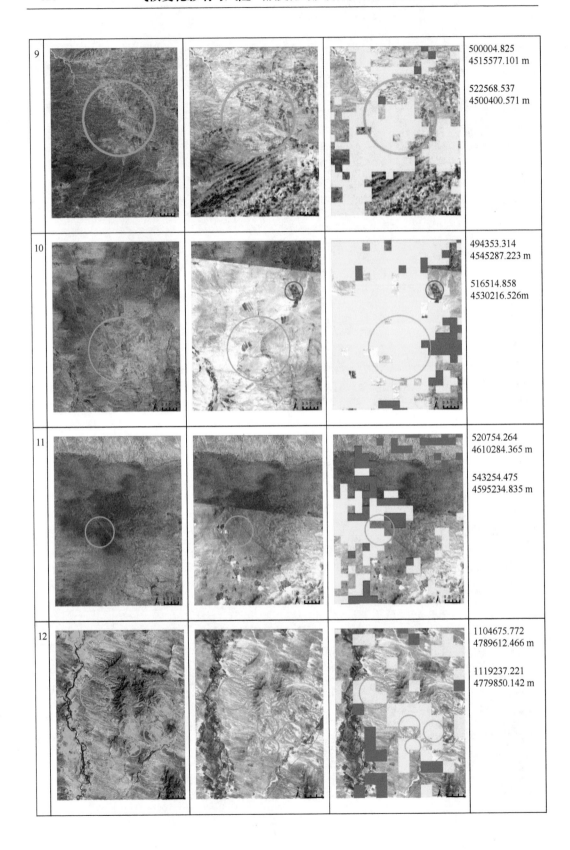

9			500004.825 4515577.101 m 522568.537 4500400.571 m
10			494353.314 4545287.223 m 516514.858 4530216.526m
11			520754.264 4610284.365 m 543254.475 4595234.835 m
12			1104675.772 4789612.466 m 1119237.221 4779850.142 m

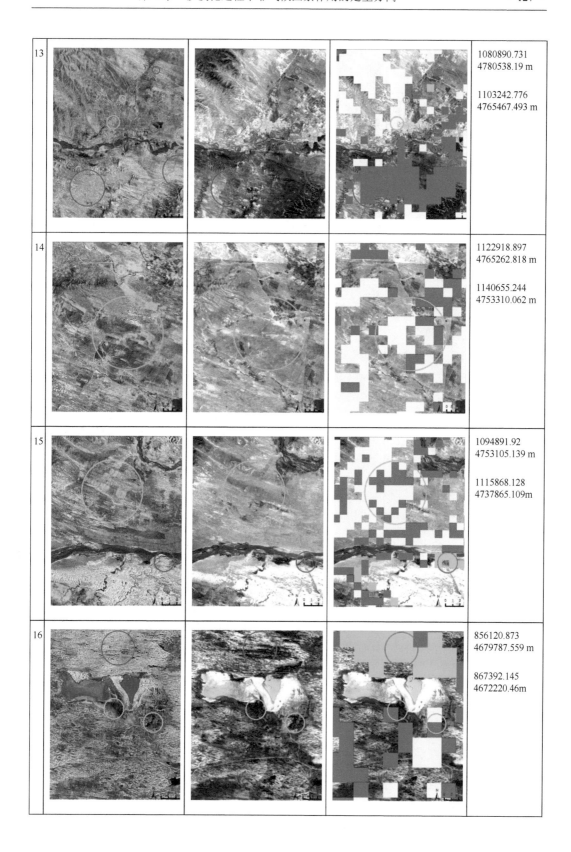

13			1080890.731 4780538.19 m 1103242.776 4765467.493 m
14			1122918.897 4765262.818 m 1140655.244 4753310.062 m
15			1094891.92 4753105.139 m 1115868.128 4737865.109m
16			856120.873 4679787.559 m 867392.145 4672220.46m

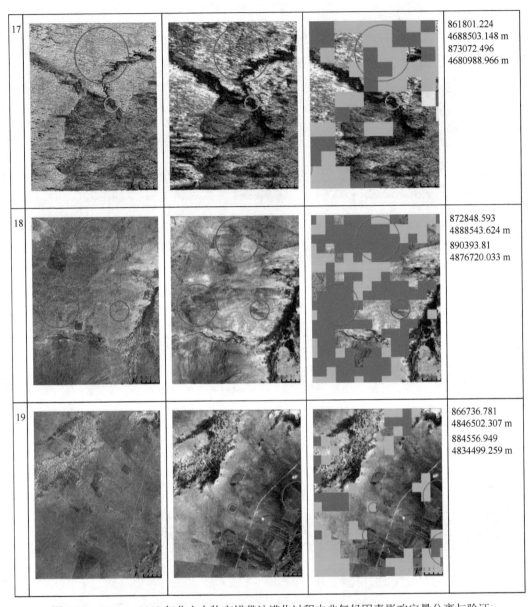

図 4-20　2000～2010 年北方农牧交错带沙漠化过程中非气候因素影响定量分离与验证

在 Aster+ 识别结果图中，气候和非气候共同导致的沙漠化逆转用亮绿色表示；非气候因素导致的沙漠化逆转用蓝色表示；气候和非气候共同导致的沙漠化发展用亮黄色表示；非气候因素导致的沙漠化发展用红色表示。绿色圆圈代表基于地物特征判别的非气候因素引起的沙漠化逆转区域；黄色圆圈代表基于地物特征判别的非气候因素引起的沙漠化发展区域

参 考 文 献

方精云, 徐嵩龄. 1996. 我国森林植被的生物量和净生产量. 生态学报, 16(5): 497～508.

方书敏, 秦将为, 李永飞, 等. 2005. 基于GIS的甘肃省气温空间分布模式研究. 兰州大学学报(自然科学版), 41(02):6～9.

封志明, 杨艳超, 丁小强, 等. 2004. 甘肃地区参考作物蒸散量时空变化研究. 农业工程学报, 20(1): 99～103.

侯琧, 王黎娟. 2010. 植被可能蒸散的4种计算方法的综述和评价. 安徽农业科学, 38(28): 15753～15759.

胡顺军, 潘渝, 康绍忠, 等. 2005. Penamn-Monteith与Panman修正式计算塔里木盆地参考作物潜在蒸发量比较. 农业工程学报, 21(6): 30～35.

李飞, 赵军, 赵传燕, 等. 中国西北干旱区潜在植被模拟与动态变化分析. 草业学报, 20(4): 42～50.

李振山, 贺丽敏, 王涛. 2006. 现代草地沙漠化中自然因素贡献率的确定方法. 中国沙漠, 26(5): 687～692.

朴世龙, 方精云, 郭庆华. 2001. 利用CASA模型估算我国植被净第一性生产力. 植物生态学报, 25(5): 603～608.

朴世龙, 方精云, 贺金生, 等. 2004. 中国草地植被生物量及其空间分布格局. 植物生态学报, 28(004): 491～498.

孙艳玲, 延晓东, 谢德体, 等. 2007. 应用动态植被模型LPJ模拟中国植被变化研究. 西南大学学报(自然科学版), 29(11): 86～92.

孙艳玲, 延晓东, 谢德体. 2006. 基于布迪科指标的中国植被-气候关系研究. 资源科学, 28(3): 23～29.

王涛. 2003. 我国沙漠化研究的若干问题——2. 沙漠化的研究内容. 中国沙漠, 23(5): 477～482.

王涛. 2004. 我国沙漠化研究的若干问题——4. 沙漠化的防治战略与途径. 中国沙漠, 24(2): 115～123.

王涛, 吴薇, 赵哈林, 等. 2004. 科尔沁地区现代沙漠化过程的驱动因素分析. 中国沙漠, 24(5): 519～528.

王涛, 朱震达. 2003. 我国沙漠化研究的若干问题——1. 沙漠化的概念及其内涵. 中国沙漠, 23(3): 209～214.

王文彪, 冯伟, 张吉树. 2012. 库布其沙漠综合防护体系防风改土效益研究. 中国水土保持, 04:55～57+68.

吴绍洪, 尹云鹤, 郑度, 等. 2005. 近30年中国陆地表层干湿状况研究. 中国科学D辑: 地球科学, 35(3): 276～283

许端阳, 李春蕾, 庄大方, 等. 2011. 气候变化和人类活动在沙漠化过程中相对作用评价综述. 地理学报, 66(1): 68～76.

尹云鹤, 吴绍洪, 郑度, 等. 2005. 近30年我国干湿状况变化的区域差异研究. 科学通报, 50(15): 1636～1642.

张新时. 1993. 研究全球变化的植被-气候分类系统. 第四纪研究, 2: 157～169.

赵英时. 2003. 遥感应用分析原理与方法. 北京: 科学出版社.

周广胜, 张新时. 1995. 自然植被净第一性生产力模型初探. 植物生态学报, 19(3): 193～200.

周广胜, 张新时. 1996. 全球气候变化的中国自然植被的净第一性生产力研究. 植物生态学报, 20(1): 11～19.

周广胜, 郑元润, 陈四清, 等. 1998. 自然植被净第一性生产力模型及其应用. 林业科学, 34(5): 2～11.

周晓东, 朱启疆, 孙中平, 等. 2002. 中国荒漠化气候类型划分方法的初步探讨. 自然灾害学报, 11(2): 125～131.

朱文泉, 除云浩, 徐丹, 等. 2005. 陆地植被净初级生产力计算模型研究进展. 生态学杂志, 24(3): 296～300.

朱文泉, 潘耀忠, 何浩, 等. 2006. 中国典型植被最大光利用率模拟. 科学通报, 51(6): 700～706.

左大康, 王懿贤, 陈建绥. 1963. 中国地区太阳总辐射的空间分布特征. 气象学报, 33(1): 78～96.

Allen R G, Pereira L S, Raes D, et al. 1998. Crop evapotranspiration – Guidelines for computing crop water requirements. FAO Irrigation and drainage paper 56. FAO – Food and Agriculture Organization of the United Nations, Rome.

Archer Emma R M. 2004. Beyond the "climate versus grazing" impasse: Using remote sensing to investigate the effect of grazing system choice on vegetation cover in the eastern Karoo. Journal of Arid Environments, 57: 381～408.

Dickinson R E, Henderson-Sellers A, Kennedy P J. 1993. Biosphere-Atmosphere Transfer Scheme (BATS)

Version 1e as Coupled to the NCAR Community Climate Model. NCAR Technical Note, NCAR/TN-387+STR, doi:10.5065/D67W6959.

Dickinson R E, Henderson-Sellers A, Kennedy P J. 1993. Biosphere-Atmosphere Transfer Scheme (BATS) Version 1e as Coupled to the NCAR Community Climate Model.

Dong G G, Jin H L, Chen H Z, et al. 1998. Geneses of desertification in semiarid and subhumid regions of north China. Quaternary Sciences, 2: 136~143.

Evans J, Geerken R. 2004. Discriminating between climate and human-induced dryland degradation. Journal of Arid Environments, 57: 535~554.

Field C B, Behrenfeld M J, Randerson J T, et al. 1998. Primary production of the biosphere: Integrating terrestrial and oceanic components. Science, 281: 237~240.

Field C B, Randerson J T, Malmstrom C M. 1995. Global net primary production: Combining ecology and remote sensing. Remote Sensing of Environment, 51(1): 74~88.

Geerken R, Ilaiwi M. 2004. Assessment of rangeland degradation and development of a strategy for rehabilitation. Remote Sensing of Environment, 90: 490~504.

Haberl H, Erausmann F, Erb K H, et al. 2002. Human appropriation of net primary production. Science, 296: 1968~1969.

Haberl H, Erb K H, Krausmann F, et al. 2007. Quantifying and mapping the human appropriation of net primary production in earth's terrestrial ecosystems. PNAS, 104: 12942~12947.

Herrmann S M, Anyamba A, Tucker C J. 2005. Recent trends in vegetation dynamics in the African Sahel and their relationship to climate. Global Environment Change, 15: 394~404.

Holdridge L R. 1947. Determination of world plant formations from simple climatic data. Science, 105: 367~368.

Jensen M E, Burman R D, Allen R G. 1990. Evapotranspiration and irrigation requirements. ASCE Manuals and Reports on Engineering Practice No. 70. New York: American Society of Civil Engineer.

Lobell D B, Asner G P, Ortiz-Monasterio J I, et al. 2003. Remote sensing of regional crop production in the YaquiValley, Mexico: Estimates and uncertainties. Agriculture Ecosystems & Environment, 94: 205~220.

Lunkeit F, Bottinger M, Fraedrich K, et al. 2007. Planet Simulator Reference Manual Version 15.0.

Lunkeit F, Bottinger M, Fraedrich K, et al. 2007-7-18. Planet Simulator—reference Manual, version 15.0. Meteorologisches Institut, Universität Hamburg, Bremerhaven, PANGAEA.

Monteith J L, Moss C J. 1977. Climate and the efficiency of crop production in britain and discussion. Philosophical Transactions of the Royal Society of London Series B, Biological Sciences (1934-1990), 281(980): 277~294.

Monteith J L. 1972. Solar radiation and productivity in tropical ecosystems. Journal of Applied Ecology, 9(3): 747~766.

O'Neill D W, Tyedmers P H, Beazley K F. 2007. Human appropriation of net primary production (HANPP) in Nova Scotia, Canada. Regional Environment Change, 7: 1~14.

Papendick R I, Campbell G S. 1980. Theory and measurement of water potential. Water Potential Relations in Soil Microbiology, 9: 1~21.

Penman H L. 1956. Estimating evaporation. Transaction of American Geophysical Union, 37(1): 43~50.

Potter C S, Randerson J T, Field C B, et al. 1993. Terrestrial ecosystem production: A process model based on global satellite and surface data. Global Biogeochemical Cycles, 7(4): 811~841.

Prince S D. 2002. Spatial and temporal scales for detection of desertification. In: Reynolds J F, Stafford Smith

D M. Global Desertification: Do Humans Cause Deserts. Berlin: Dahlem University Press, 23～40.

Rojstaczer S, Sterling S M, Moore N J. 2001. Human appropriation of photosynthesis products. Science, 294: 2549～2552.

Saxton K E, Rawls W J, Romberger J S, et al. 1986. Estimating generalized soil-water characteristics from texture. Soil Science Society of America Journal, 50(4): 10～31.

Skaggs T H, Arya L M, Shouse P J, et al. 2001. Estimating particle-size distribution from limited soil texture data. Soil Science Society of America Journal, 65(4): 1038～1044.

Tao F L, Yokozawa M, Zhao Z, et al. 2005. Remote sensing of crop production in China by production efficiency models: Models comparisons estimates and uncertainties. Ecological Modelling, 183(4): 385～396.

Thornthwaite C W, Mather J R. 1957. Instructions and tables for computing potential evapotranspiration and the water balance. Publication in Climatology, 10(3): 182～311.

UNCCD (United Nations Convention to Combat Desertification). 1994-6-7. United Nations Publication.

Walko R L, Tremback C J. 2005. ATMET Technical Note: Modifications for the Transition.

Wang X M, Chen H F, Dong Z B. 2006. The relative role of climatic and human factors in desertification in semiarid China. Global Environment Change, 16: 48～57.

Wang X M, Zhang C X, Hasi E, et al. 2010. Has the three Norths Forest Shelterbelt program solved the desertification and dust storm problems in arid and semiarid China. Journal of Arid Environments, 74: 13～22.

Xu D Y, Kang X W, Liu Z L, et al. 2009. Assessing the relative role of climate change and human activities in sandy desertification of Ordos region, China. Science in China Series D: Earth Sciences, 52: 855～868.

Xu D Y, Kang X W, Zhuang D F, et al. 2010. Multi-scale quantitative assessment of the relative roles of climate change and human activities in desertification—A case study of the Ordos Plateau, China. Journal of Arid Environments, 74: 498～507.

Zheng Y R, Xie Z X, Robert C, et al. 2006. Did climate drive ecosystem change and induce desertification in Otindag sandy land, China over the past 40 years. Journal of Arid Environments, 64: 523～541.

Zika M, Erb K. 2007. Net primary production losses due to human-induced desertification. Second International Conference on Earth System Modelling(ICESM), 1.

第5章 气候变化对沙漠化的影响评估

评估气候变化对沙漠化的影响一直以来都是沙漠化研究中的一个十分重要的议题。通过对近年来相关文献的梳理，国内外学者围绕全球沙漠化的热点区域，如北非撒哈拉地区、地中海地区、中国北方地区等开了大量的工作，不仅在技术方法上取得了一定的进展，也为科学认识不同时空尺度下气候变化对全球沙漠化的影响奠定了基础。本书在吸收前人研究成果的基础上，通过识别气候变化对沙漠化影响的实事，定量分离非气候因素对沙漠化的影响，进而定量评估气候变化对沙漠化的影响。

5.1 气候变化对沙漠化影响的评估思路

评估气候变化对沙漠化的影响，首先要识别气候变化对沙漠化影响的实事，即通过一定的科学方法和手段来建立起气候变化与沙漠化正逆过程之间的联系，判断气候变化是否对沙漠化的正逆过程产生了影响，并识别这些影响的空间分布；其次，考虑这些受气候变化影响的沙漠化正逆区域也可能存在人类活动等非气候因素的影响，因此需要分离出非气候因素的影响（本书第4章对非气候因素的分离方法进行了详细的介绍）；最终，在分离了人类活动等非气候因素影响的基础上，可以得到气候变化对沙漠化正逆过程的影响，并通过选择沙漠化土地面积作为指标，对气候变化的影响进行定量评估（图5-1）。

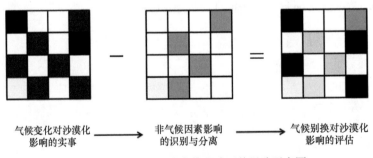

气候变化对沙漠化　　　　非气候因素影响　　　　气候别换对沙漠化
影响的实事　　　　　　　的识别与分离　　　　　影响的评估

图 5-1　气候变化对沙漠化影响评估思路示意图

5.2 气候变化对沙漠化影响实事的识别

气候变化对沙漠化影响实施的识别，关键是建立起气候变化与沙漠化正逆过程之间的关联关系，而这种关联关系的建立，则需要对以下两个条件进行判断：①气候是否发生了变化；②这种气候变化是否与沙漠化逆转或沙漠化发展有显著的相关关系；若上述两个条件均满足，则我们认为气候变化对沙漠化正逆过程产生了影响，也即识别出气候变化对沙漠化影响的实施。

对于第一个条件，即气候是否发生了变化，本书重点考察降水量、温度、日照时数、平均风速 4 个气候因素，以线性倾向率为指标，来判断这些气候因素在过去 50 年时间尺度上是否发生显著变化（$p<0.1$）；对于一个分析的基本栅格而言，若 4 个气候因素的其中一个发生显著变化，则认为该栅格气候发生了变化。对于第二个条件，考虑到沙漠化逆转和发展本身并不是一个可以连续观测的生态地理变量，因此选择植被净初级生产力作为土地沙漠化的替代指标（NPP 为基于 CASA 模型反演的实际 NPP，具体算法可参见第 4 章），并假定气候变化与沙漠化正逆过程存在因果关系，在此基础上通过分析气候变化趋势及对 NPP 的影响，并结合实际逆转和发展的区域，综合判断气候变化与沙漠化逆转和发展的关联性。以气候变化对沙漠化逆转影响实事的识别为例，对于一个已经判别为沙漠化逆转的栅格，若气候因子显著增加且与 NPP 呈显著正相关，或气候因子显著降低且与 NPP 呈显著负相关，则认为气候变化与沙漠化逆转存在关联，也即识别出气候变化对沙漠化逆转影响的实事。对于沙漠化发展亦可通过相反的规则进行判断。气候变化对沙漠化影响实事的识别示意图如下所示（图 5-2）。

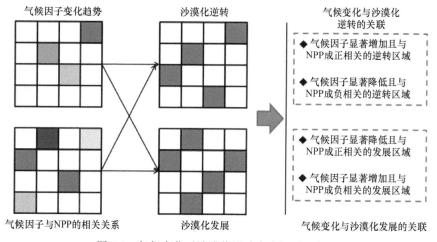

图 5-2　气候变化对沙漠化影响实事识别示意图

5.2.1　降水与 NPP 的相关性

从降水与 NPP 的相关系数分布图来看，降水与 NPP 呈正相关的区域主要分布在内蒙古长城沿线地区，以及三江源地区的西北部，也即气候带上的半干旱地区，这些地区植被以温带草原、荒漠草原为主，植被净初级生产力对降水较为敏感。相比而言，西部干旱区降水与 NPP 的相关性降低，这可能与这些地区植被覆盖度低、对降水变化响应不敏感有关。降水与 NPP 呈显著正相关的区域面积为 107.51 万 km²，占研究区面积的 35.8%；降水与 NPP 呈显著负相关的区域面积为 69952 km²，占研究区面积的 2.3%（图 5-3）。

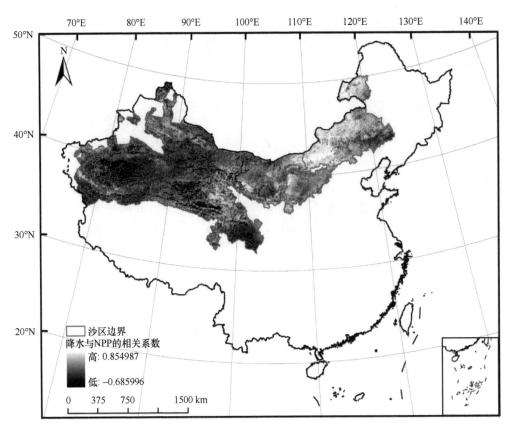

图 5-3　降水与 NPP 的相关性

5.2.2　温度与 NPP 的相关性

从温度与 NPP 的相关系数分布图来看，温度与 NPP 呈正相关的区域主要分布在西北干旱区、三江源地区，以及内蒙古长城沿线东南部降水条件较好的地区，其中温度与 NPP 呈显著正相关的区域面积为 78.19 万 km^2，占研究区面积的 26%；温度与 NPP 呈负相关的区域在空间上分布较为零散，主要集中在内蒙古长城沿线的科尔沁沙地和浑善达克沙地东部、西北干旱区塔里木盆地南缘等地区，其中温度与 NPP 呈显著负相关的区域面积为 12 万 km^2，占研究区面积的 4%（图 5-4）。

5.2.3　日照时数与 NPP 的相关性

从日照时数与 NPP 的相关系数分布图来看，日照时数与 NPP 呈正相关的区域主要分在西北干旱区，其中日照时数与 NPP 呈显著正相关的区域面积为 23.58km^2，占研究区面积的 7.8%；日照时数与 NPP 呈负相关的区域主要分布在内蒙古长城沿线的浑善达克沙地、科尔沁草原、晋西北地区，以及西北干旱区的河西走廊沿线、柴达木盆地东部等，其中日照时数与 NPP 呈显著负相关的区域面积为 50.41 万 km^2，占研究区面积的 16.8%（图 5-5）。

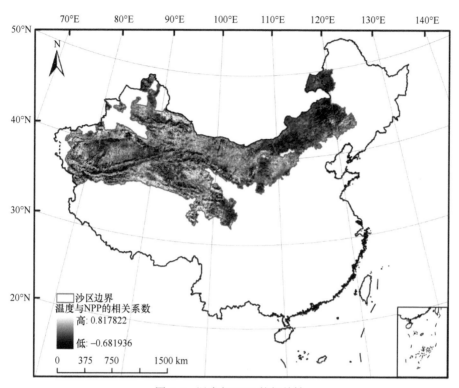

图 5-4 温度与 NPP 的相关性

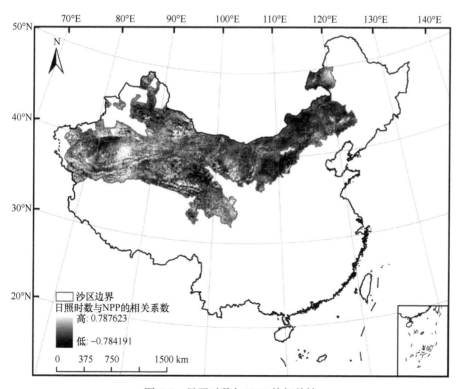

图 5-5 日照时数与 NPP 的相关性

5.2.4　平均风速与 NPP 的相关性

从平均风速与 NPP 的相关系数分布图来看，平均风速与 NPP 呈正相关的区域主要分布在西北干旱区的塔里木盆地、吐哈盆地，以及内蒙古长城沿线的呼伦贝尔草原的东部地区，其中平均风速与 NPP 呈显著正相关的区域面积 29.06 万 km²，占研究区面积的 9.7%；平均风速与 NPP 呈负相关的区域主要分布在三江源地区，内蒙古长城沿线的鄂尔多斯、科尔沁草原和浑善达克沙地等地区，以及西北干旱区的准噶尔盆地，其中平均风速与 NPP 呈显著负相关的区域面积为 50.18 万 km²，占研究区面积的 16.7%（图 5-6）。

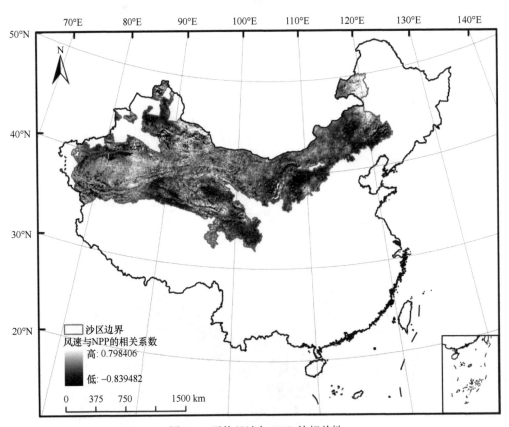

图 5-6　平均风速与 NPP 的相关性

5.2.5　气候变化对沙漠化逆转和发展实事的识别

在分析降水量、温度、日照时数、平均风速 4 个气候因子与 NPP 变化相关性的基础上，按照本章提出的气候变化影响实事的识别思路，结合前期已经得到的沙漠化逆转和发展区域空间分布数据，可以对气候变化对沙漠化影响的实事进行识别。结果表明，气候变化与有遥感影像记录以来中国北方沙漠化变化密切相关，但并不能完全解释沙漠化逆转和发展。对于沙漠化逆转，与气候变化显著相关的沙漠化逆转区域占总逆转区域的 45.5%，主要分布在鄂尔多斯毛乌素沙地东南部、三江源西北部、准噶尔盆地、塔里木河流域等（图 5-7 中的绿色部分）；对于沙漠化发展，与气候变化显著相关的沙漠化发展区域占总发展区域的 16%，主要分布在科尔沁草原，以及浑善达克沙地东部地区（图 5-7 中的红色部分）。对于这些地区而言，目前的分析仅能说明沙漠化逆转和发展与气候变化在统计意义上具有显著的相关性，但并不能证明这些逆转和发展完全是由气候变化引起的，因为还需进一步分离人类活动等非气候因素的影响才能对气候变化的作用进行科学判断。

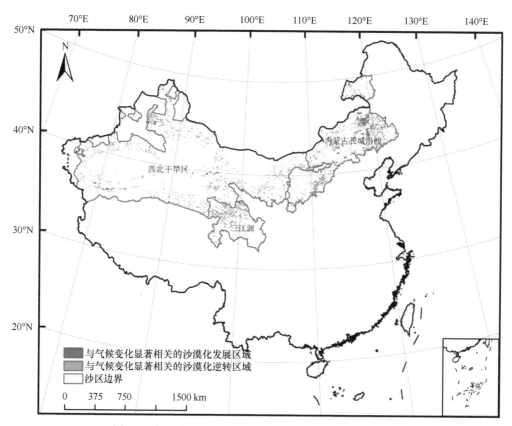

图 5-7　气候变化对沙漠化逆转和沙漠化发展影响的实施

5.3　气候变化对沙漠化影响的评估

5.3.1　气候变化对沙漠化影响评估方法

根据本章提到的气候变化对沙漠化影响评估思路，在识别气候变化对沙漠化逆转和发展影响实事的基础上，通过定量分离沙漠化逆转和发展过程中非气候因素的作用，可以得到气候变化对沙漠化的影响。基于上述，我们可以分析沙漠化逆转、发展区域空间格局与气候变化影响实事、非气候因素作用分离结果的对应关系，通过多情景分析的方法，系统评估气候变化对沙漠化逆转和发展的影响。例如，对于某一发生沙漠化逆转的区域（栅格）而言，若识别出这种逆转与气候变化显著相关，同时非气候因素又无显著影响（即基于第 4 章的方法判断出的非气候因素显著影响的沙漠化逆转区域之外的其他逆转区域），则我们可以认为这种逆转完全是由气候变化导致的；同样，若识别出这种逆转既与气候变化显著相关，又是非气候因素显著影响的沙漠化逆转区域，那么可以认为这个区域的沙漠化逆转是由气候变化和人类活动等非气候因素共同造成的；若沙漠化逆转区域无法归入上述两类，则认为是其他无法判断为气候变化或非气候因素引起的沙漠化逆转，这有可能是在统计意义上没有显著趋势的气候变化或非气候因素导致的沙漠化逆转，也可能是由于沙漠化监测误差造成的对沙漠化逆转的误判。对于沙漠化发展，亦可以用类似的规则进行判断，具体如表 5-1 所示。

表 5-1　气候变化对沙漠化逆转和发展影响评估规则

	气候变化	非气候因素	说明
沙漠化逆转	与气候变化显著相关的沙漠化逆转	非气候因素无显著影响（非气候因素显著影响的沙漠化逆转区域之外的其他逆转区域）	完全由气候变化导致的沙漠化逆转
	与气候变化显著相关的沙漠化逆转	非气候因素显著影响	气候变化和非气候因素共同导致的沙漠化逆转
	其他无法判断为气候变化或非气候因素引起的沙漠化逆转		
沙漠化发展	与气候变化显著相关的沙漠化发展	非气候因素无显著影响（非气候因素显著影响的沙漠化发展区域之外的其他发展区域）	完全由气候变化导致的沙漠化发展
	与气候变化显著相关的沙漠化发展	非气候因素显著影响	气候变化和非气候因素共同导致的沙漠化发展
	其他无法判断为气候变化或非气候因素引起的沙漠化发展		

为了进一步量化气候变化对沙漠化的影响，本书以沙漠化逆转和发展面积作为评估气候变化影响的指标。对于完全由气候变化导致的沙漠化逆转或发展，我们认为就这一个被评价的基本栅格内，气候变化影响的沙漠化逆转或发展的面积就为栅格的总面积，即 $64km^2$。对于气候变化和非气候因素共同导致的沙漠化逆转或沙漠化发展区域，则需要对两者的影响进行定量分解。在本书中，我们以潜在植被净初级生产力、非气候因素引起的 NPP 变化作为气候变化和非气候因素的代理指标，以评估时段内潜在植被净初级生产力、非气候因素引起的 NPP 变化的线性趋势增量来评估气候变化和非气候因素作用的大小，那么对于气候变化和非气候因素共同导致的沙漠化逆转或沙漠化发展区域中气候变化的影响与贡献，可以用以下公式来衡量：

$$\frac{|\Delta PNPP|}{|\Delta PNPP| + |\Delta HNPP|} \times 100\% \tag{5-1}$$

式中，$\Delta PNPP$ 为评估时段内潜在植被净初级生产力的线性趋势增量；$\Delta HNPP$ 为非气候因素引起的 NPP 变化的线性趋势增量。

在基于以上计算方法，可以对典型沙区，以及全国尺度上气候变化对沙漠化逆转和发展影响面积进行计算，具体如以下公式：

$$Climate_{desertification} = climate \times d + climatehuman \times d \times \frac{|\Delta PNPP|}{|\Delta PNPP| + |\Delta HNPP|} \tag{5-2}$$

式中，Climate$_{desertification}$ 为气候变化导致的沙漠化逆转或发展面积；climate 为完全由气候变化导致的逆转或发展栅格数；climatehuman 为气候变化和非气候因素共同导致的沙漠化逆转或发展栅格数；d 为单位栅格面积。

5.3.2　气候变化对沙漠化逆转的影响评估

在过去 50 年中有遥感影像记录以来，气候变化导致的沙漠化逆转面积为 8.95 万 km²，占总体沙漠化逆转的 26.5%，其中完全由气候变化导致的沙漠化逆转的占比为 22.6%；此外，气候变化还与积极的人类活动因素（如 20 世纪 90 年代以来开展的退耕还林还草、围封禁牧等）相耦合，共同解释了 23.8% 的沙漠化逆转；但在这一过程中，气候变化的作用相对较弱，其导致的沙漠化逆转面积仅占总体逆转面积的 3.9%。对于不同沙区而言，三江源、西北干旱区气候变化对沙漠化逆转的影响较之非气候因素更为明显，而内蒙古长城沿线则正好相反，人类活动的等非气候因素更为突出。这主要归因于过去 50 年中国北方地区气候、沙漠化治理的区域差异，特别是与西北地区干湿环境的改善以及近 10 年来半干旱地区（内蒙古长城沿线）生态保护政策的大力实施有密切关联（图5-8、表 5-2）。

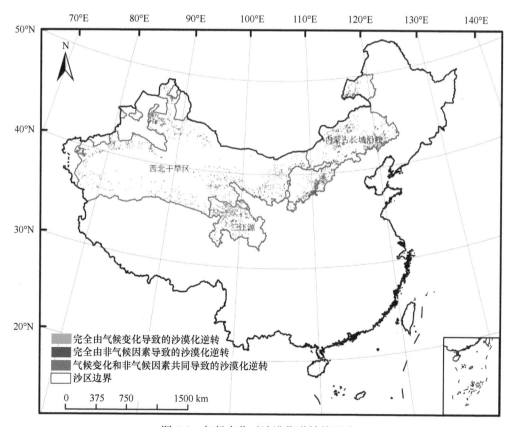

图 5-8　气候变化对沙漠化逆转的影响

表 5-2　不同沙区气候变化对沙漠化逆转的影响

	气候变化导致的沙漠化逆转面积 /km²	气候变化导致的沙漠化逆转占本沙区总逆转面积的比例 /%
呼伦贝尔草原	2366.08	8.11
科尔沁草原	2766.08	15.38
浑善达克沙地	8568.96	30.85
察哈尔草原	1048.32	20.22
坝上草原	1150.72	18.93
土默特平原	924.16	19.78
晋西北地区	485.12	7.50
鄂尔多斯草原	1913.60	11.77
宁夏河东沙地	263.04	3.07
柴达木盆地	8798.72	55.44
阿拉善高原	7437.44	59.00
河套平原	547.20	10.96
河西走廊	9109.76	24.71
内蒙古后山	832.00	22.03
塔里木盆地	6490.88	20.00
吐哈盆地	1466.88	19.10
银川平原	491.52	26.11
伊犁盆地	223.36	58.17
准噶尔盆地	12451.20	36.43
三江源	22177.92	34.55
内蒙古长城沿线	19486.08	15.90
西北干旱区	47848.96	31.60
总和	89512.96	26.50

5.3.3　气候变化对沙漠化发展的影响评估

对于沙漠化发展，气候变化导致的沙漠化发展面积为 5.21 万 km²，占总体沙漠化发展的 12.6%，其中完全由气候变化导致的沙漠化发展占总体沙漠化发展的 11.4%，高于非气候因素的影响。对于不同沙区而言，内蒙古长城沿线气候变化对沙漠化发展的影响要明显高于西北干旱区，以及三江源地区，其中呼伦贝尔草原、科尔沁草原、浑善达克沙地中气候变化导致的沙漠化发展占该地区总体发展的比例均超过了 30%，科尔沁草原更是接近 50%。总体上，过去 50 年中气候变化对中国沙漠化的有利影响要大于不利影响（图 5-9、表 5-3）。

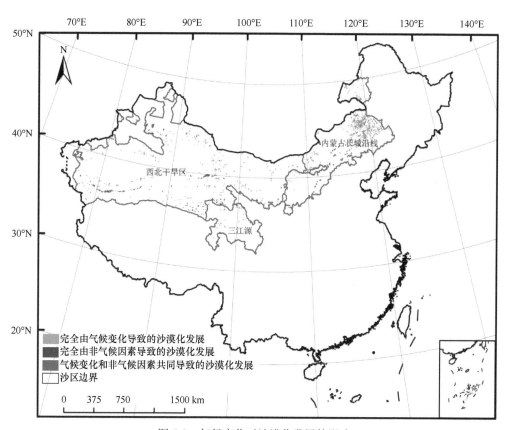

图 5-9 气候变化对沙漠化发展的影响

表 5-3 不同沙区气候变化对沙漠化发展的影响

	气候变化导致的沙漠化发展面积 /km²	气候变化导致的沙漠化发展占本沙区总逆转面积的比例 /%
呼伦贝尔草原	2661.76	32.49
科尔沁草原	15989.76	47.68
浑善达克沙地	15677.44	37.63
察哈尔草原	141.44	1.58
坝上草原	3256.96	9.98
土默特平原	516.42	16.81
晋西北地区	0.00	0.00
鄂尔多斯草原	896.00	2.53
宁夏河东沙地	256.00	26.67
柴达木盆地	1617.28	6.48
阿拉善高原	197.31	2.80
河套平原	128.00	8.70
河西走廊	3752.32	6.32
内蒙古后山	192.00	2.91
塔里木盆地	4491.52	4.93
吐哈盆地	1550.72	5.49

	气候变化导致的沙漠化发展面积 /km²	气候变化导致的沙漠化发展占本沙区总逆转面积的比例 /%
银川平原	64.00	16.67
伊犁盆地	0.00	0.00
准噶尔盆地	467.20	2.83
三江源	239.36	2.56
内蒙古长城沿线	39395.78	23.40
西北干旱区	12460.35	5.30
总和	52095.49	12.56

5.4 不同气候因素作用分析

在以上评估过程中，我们将气候变化作为各种气候因素的一个整体来评估其对沙漠化逆转和发展的影响。为了进一步分析不同气候因素的作用及其在空间上的差异，我们基于本章开展的气候变化对沙漠化正逆过程影响实事识别的研究结果，将与降水、温度、日照时数、平均风速 4 个气候因子显著相关的沙漠化逆转区域或沙漠化发展区域在空间上进行叠加，并结合 4 个气候因子的变化趋势，即可分析不同气候因素的作用。对于沙漠化逆转和发展，往往并非单独的一个气候因子的作用，为了更好地区分不同气候因素的影响，识别它们的耦合关系，我们将空间叠加后实际情况进行分类，共分为 15 类，分别为：降水、温度、日照时数、平均风速、降水 + 温度、降水 + 日照时数、降水 + 平均风速、温度 + 日照时数、温度 + 平均风速、日照时数 + 平均风速、降水 + 温度 + 日照时数、降水 + 温度 + 平均风速、降水 + 日照时数 + 平均风速、温度 + 日照时数 + 平均风速、降水 + 温度 + 日照时数 + 平均风速。

5.4.1 不同气候因素对沙漠化逆转的作用分析

从图 5-10 可以看出，气候因素对沙漠化逆转的影响具有明显的空间异质性，且呈现出多因素耦合影响的特点。对于内蒙古长城沿线区域的沙漠化逆转，日照时数，以及平均风速的降低及其相互的耦合是影响内蒙古长城沿线沙漠化逆转的主要气候因素，而降水的变化则对该区域沙漠化逆转的影响较小。据统计，在内蒙古长城沿线，与日照时数显著相关的沙漠化逆转区域面积为 2.28 万 km²，与平均风速显著相关的沙漠化逆转区域面积为 7616km²，与两者均显著相关的沙漠化逆转区域面积为 5440km²。在过去 50 年中，内蒙古长城沿线日照时数呈显著降低的趋势，平均每 10 年下降约 40 小时；日照时数的降低会导致潜在蒸散的降低并最终对土壤水分产生影响，但从过去 50 年该地区潜在蒸散的变化趋势来看，日照时数的降低并未导致潜在蒸散的下降，反而呈显著上升的趋势，这主要是受温度持续上升的影响，抵消了日照时数降低对植被净初级生产力的影响。内蒙古长城沿线的平均风速在过去 50 年总体呈现下降的趋势，从 20 世纪 60 年代的 3.65m/s 下降到近 10 年的 2.6m/s （$p<0.01$），其中与沙漠化密切相关的春季平均风速也呈显著下降的趋势，从 60 年代的 4.5m/s 下降到近 10 年的 3.3m/s，平均每 10 年下降约 0.24m/s，风蚀环境的改善为沙丘的固定创造了良好的条件，这也与前人的研究结果相一致。

对于西北干旱区（主要是准噶尔盆地南缘及塔河流域），水热条件的改善及其与平均风速降低的耦合则是这些地区沙漠化逆转的主要气候驱动力。据统计,该地区与降水显著相关的沙漠化逆转面积为 3712km^2,与温度显著相关的沙漠化逆转面积为 24320km^2,与平均风速显著相关的沙漠化逆转面积为 11456km^2,与温度和平均风速均显著相关的沙漠化逆转面积为 10560km^2。在过去 50 年特别是有遥感影像记录的 30 年中,西北干旱区的水热条件得到显著改善,降水量总体呈增加的趋势,其中准噶尔盆地的干湿指数(降水量/最大潜在蒸散)从 60 年代的 0.12 上升到近 10 年的 0.16(p<0.01)。

　　对于三江源地区,沙漠化逆转的主要气候驱动力与西北干旱区一致,表现为水热条件的改善及其与平均风速降低的耦合。据统计,该地区与降水显著相关的沙漠化逆转面积为 3328km^2,与温度显著相关的沙漠化逆转面积为 14016km^2,与平均风速显著相关的沙漠化逆转面积为 2816km^2,与温度和平均风速均显著相关的沙漠化逆转面积为 4096 km^2,明显高于其他气候因素的影响。在过去 50 年特别是有遥感影像记录的 30 年中,三江源地区的降水量从 60 年代的 430mm 上升到近 10 年的 450mm,平均每 10 年增加约 4mm,特别是近 10 年相比 90 年代降水量增加了近 30mm;随着温度的持续上升,三江源地区水热条件得到了改善。风速的降低是三江源地区影响沙漠化逆转的另外一个主要气候因素,该地区平均风速从 60 年代的 2.45m/s 下降到近 10 年的 2.05m/s,平均每 10 年下降约 0.8m/s,风蚀气候因子指数从 60 年代的 24 下降到近 10 年的 9(p<0.01)(图 5-10、表 5-4)。

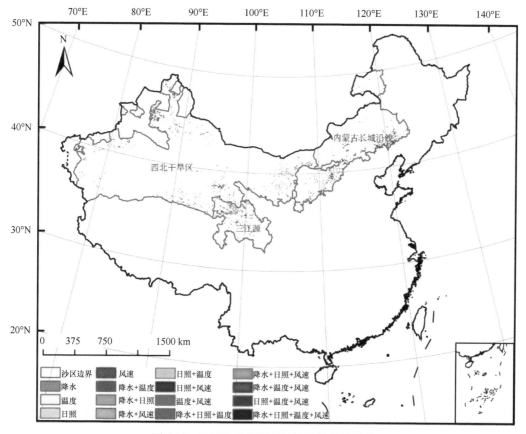

图 5-10　不同气候因子对沙漠化逆转的影响

表 5-4　不同气候因素对沙漠化逆转影响的面积　　　　（单位：km²）

	内蒙古长城沿线	西北干旱区	三江源地区	合计
降水	0	3712	3328	7040
温度	2176	24320	14016	40512
日照时数	22848	6528	640	30016
平均风速	7616	11456	2816	21888
降水 + 温度	0	2368	1472	3840
降水 + 日照时数	0	640	1280	1920
降水 + 平均风速	0	1984	128	2112
温度 + 日照时数	3008	3712	1024	7744
温度 + 平均风速	3840	10560	4096	18496
日照时数 + 平均风速	5440	1472	64	6976
降水 + 温度 + 日照时数	0	1088	1856	2944
降水 + 温度 + 平均风速	0	1472	256	1728
降水 + 日照时数 + 平均风速	0	256	256	512
温度 + 日照时数 + 平均风速	3648	1088	1472	6208
降水 + 温度 + 日照时数 + 平均风速	0	1472	1088	2560

5.4.2　不同气候因素对沙漠化发展的作用分析

　　与沙漠化逆转相比，沙漠化发展过程中气候因子的作用则相对简单，主要归因于区域性的降水量降低（近 30 年来尤为显著）以及中国北方近 30 年来的持续升温导致的局部干旱。对于内蒙古长城沿线，这种趋势更加明显。在过去 50 年中，该地区平均气温呈显著升高的趋势，从 20 世纪 60 年代的 3.6℃增加到近 10 年的 5.8℃，平均每 10 年增加约 0.44℃。然而，降水量并没有同步的增加，反而整体呈略微下降的趋势，从 60 年代的 330mm 下降到近 10 年的 310mm，平均每 10 年下降约 4mm；对于个别沙区，降水量下降趋势就更加明显，其中以内蒙古长城沿线东北部的科尔沁草原和浑善达克沙地东部地区最为突出。例如，科尔沁草原降水量从 80 年代的 450mm 下降到近 10 年的 340mm，平均每 10 年下降约 37mm。这种局部的干旱化是导致该地区沙漠化发展的重要原因。

　　对于西北干旱区，过去 50 年温度的持续上升，以及局部地区平均风速的增加是导致该地区沙漠化发展的重要气候驱动力。据统计，西北干旱区的平均温度从 60 年代的 7.2℃上升到 21 世纪头 10 年的 8.7℃；尽管该地区平均风速在过去 50 年中整体呈降低的趋势，但个别地区的平均风速则有所增加，如塔里木盆地南缘、河西走廊的中部地区等。这些地区随着温度的升高，土壤水分丧失不断加快，再加上局部风速的增加，则很容易导致沙漠化的发生，以及原本固定的沙丘进一步活化。

　　对于三江源地区而言，各气候因子对沙漠化发展的影响均不大，这也间接的反映出过去 50 年特别是近 10 年来气候变化有利于三江源地区植被的恢复，而导致沙漠化发展更多的是人类活动等非气候因素作用的结果（图 5-11、表 5-5）。

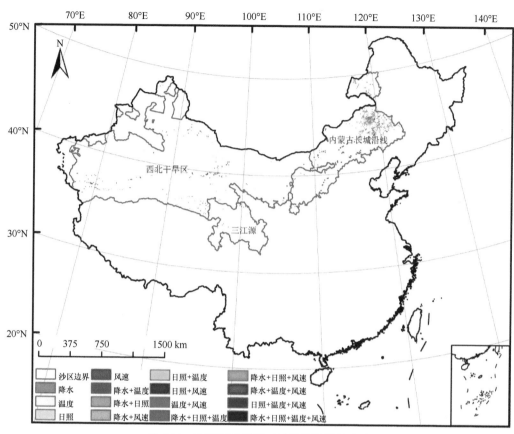

图 5-11　不同气候因子对沙漠化逆转的影响

表 5-5　不同气候因素对沙漠化发展影响的面积　　　　　　（单位：km^2）

	内蒙古长城沿线	西北干旱区	三江源地区	合计
降水	23168	1216	0	24384
温度	3264	6208	256	9728
日照时数	448	3264	64	3776
平均风速	2752	6464	320	9536
降水 + 温度	2432	0	0	2432
降水 + 日照时数	3392	448	64	3904
降水 + 平均风速	1536	64	0	1600
温度 + 日照时数	320	1280	0	1600
温度 + 平均风速	1152	3072	320	4544
日照时数 + 平均风速	192	256	0	448
降水 + 温度 + 日照时数	1536	64	0	1600
降水 + 温度 + 平均风速	576	64	0	640
降水 + 日照时数 + 平均风速	768	192	64	1024
温度 + 日照时数 + 平均风速	64	256	64	384
降水 + 温度 + 日照时数 + 平均风速	576	64	0	640

参 考 文 献

白美兰, 沈建国, 裴浩, 等. 2002. 气候变化对沙漠化影响的评估. 气候与环境研究, 7(4): 457～464.

董光荣, 靳鹤龄, 陈惠忠, 等. 1998. 中国北方半干旱和半湿润地区沙漠化的成因. 第四纪研究, 2: 136～143.

董玉祥. 1989. 土地沙漠化影响因子的定量分析. 干旱区研究, 4: 34～41.

董玉祥. 2001. 我国半干旱地区现代沙漠化驱动因素的定量辨识. 中国沙漠, 21(4): 412～417.

高小红, 王一谋, 王建华, 等. 2005. 陕北长城沿线地区1986-2000年沙漠化动态变化分析. 中国沙漠, 25(1): 63～67.

李香云, 王立新, 章予书, 等. 2004. 塔里木河下游绿色走廊土地荒漠化驱动因子贡献度研究. 干旱区资源与环境, 18(6) : 44～49.

李振山, 贺丽敏, 王涛. 2006. 现代草地沙漠化中自然因素贡献率的确定方法. 中国沙漠, 26(5): 687～692.

林培松, 李森, 李保生, 等. 2005. 近20a来海南岛西部土地沙漠化与气候变化关联度研究. 中国沙漠, 25(1): 27～32.

刘树林, 王涛. 2004. 浑善达克沙地地区土地沙漠化初步研究. 水土保持学报, 18(5): 99～103.

马绍休, 王涛, 薛娴, 等. 2007. 锡林郭勒盟北五旗近5年沙漠化过程及成因分析. 干旱区资源与环境, 21(3): 77～82.

孙丹峰. 2005. 民勤1988～1997年间土地荒漠化社会经济驱动力分析. 农业工程学报, z1: 131～135.

王涛. 2003. 我国沙漠化研究的若干问题——2. 沙漠化的研究内容. 中国沙漠, 23(5): 477～482.

王涛. 2004. 我国沙漠化研究的若干问题——4. 沙漠化的防治战略与途径. 中国沙漠, 24(2): 115～123.

王涛, 吴薇, 赵哈林, 等. 2004. 科尔沁地区现代沙漠化过程的驱动因素分析. 中国沙漠, 24(5): 519～528.

王涛, 朱震达. 2003. 我国沙漠化研究的若干问题——1. 沙漠化的概念及其内涵. 中国沙漠, 23(3): 209～214.

武健伟, 赵廷宁, 鲁瑞洁. 2003. 浑善达克沙地现代土地沙漠化发展动态与成因分析. 中国水土保持科学, 1(4): 36～40.

徐小玲, 延军平. 2005. 陕北沙区人为因素与沙漠化的定量关系研究. 干旱区资源与环境, 19(5): 38～41.

杨永梅, 杨改河, 冯永忠. 2007. 近45年毛乌素沙地的气候变化及其与沙漠化的关系. 西北农林科技大学学报(自然科学版), 35(12): 87～92.

张春来, 董光荣, 邹学勇, 等. 2005. 青海贵南草原沙漠化影响因子的贡献率. 中国沙漠, 25(4): 511～518.

张登山. 2000. 青海共和盆地土地沙漠化影响因子的定量分析. 中国沙漠, 20(1): 59～62.

章予舒, 王立新, 张红旗, 等. 2003. 甘肃疏勒河流域环境因子变异对荒漠化态势的影响. 资源科学, 25(6): 60～65.

Archer Emma R M. 2004. Beyond the "climate versus grazing" impasse: Using remote sensing to investigate the effect of grazing system choice on vegetation cover in the eastern Karoo. Journal of Arid Environments, 57: 381～408.

Evans J, Geerken R. 2004. Discriminating between climate and human-induced dryland degradation. Journal of Arid Environments, 57: 535～554.

Geerken R, Ilaiwi M. 2004. Assessment of rangeland degradation and development of a strategy for rehabilitation. Remote Sensing of Environment, 90: 490～504.

Haberl H, Erausmann F, Erb K H, et al. 2002. Human appropriation of net primary production. Science, 296: 1968～1969.

Haberl H, Erb K H, Krausmann F, et al. 2007. Quantifying and mapping the human appropriation of net primary production in earth's terrestrial ecosystems. PNAS, 104: 12942~12947.

Herrmann S M, Anyamba A, Tucker C J. 2005. Recent trends in vegetation dynamics in the African Sahel and their relationship to climate. Global Environmental Change, 15: 394~404.

Li S, Zheng Y, Luo P, et al. 2007. Desertification in western Hainan Island, China (1959-2003). Land Degradation and Development, 18(5): 473~485.

Ma Y H, Fan S Y, Zhou L H, et al. 2007. The temporal change of driving factors during the course of land desertification in arid region of North China: The case of Minqin County. Environment Geology, 51: 999~1008.

O'Neill D W, Tyedmers P H, Beazley K F. 2007. Human appropriation of net primary production (HANPP) in Nova Scotia, Canada. Regional Environment Change, 7: 1~14.

Prince S D. 2002. Spatial and temporal scales for detection of desertification. In: Reynolds J F, Stafford Smith D M. Global Desertification: Do Humans Cause Deserts. Berlin: Dahlem University Press, 23~40.

Rojstaczer S, Sterling S M, Moore N J. 2001. Human appropriation of photosynthesis products. Science, 294: 2549~2552.

Wang X M, Chen H F, Dong Z B. 2006. The relative role of climatic and human factors in desertification in semiarid China. Global Environment Change, 16: 48~57.

Wang X M, Zhang C X, Hasi E, et al. 2010. Has the three Norths Forest Shelterbelt program solved the desertification and dust storm problems in arid and semiarid China. Journal of Arid Environments, 74: 13~22.

Wessels K J, Prince S D, Malherbe J, et al. 2007. Can human-induced land degradation be distinguished from the effects of rainfall variability. A case study in South Africa. Journal of Arid Environments, 68: 271~297.

Wessels K J, Prince S D, Reshef I. 2008. Mapping land degradation by comparison of vegetation production to spatially derived estimates of potential production. Journal of Arid Environments, 72: 1940~1949.

Xu D Y, Kang X W, Liu Z L, et al. 2009. Assessing the relative role of climate change and human activities in sandy desertification of Ordos region, China. Science in China Series D: Earth Sciences, 52: 855~868.

Xu D Y, Kang X W, Zhuang D F, et al. 2010. Multi-scale quantitative assessment of the relative roles of climate change and human activities in desertification——A case study of the Ordos Plateau, China. Journal of Arid Environments, 74: 498~507.

Zheng Y R, Xie Z X, Robert C, et al. 2006. Did climate drive ecosystem change and induce desertification in Otindag sandy land, China over the past 40 years. Journal of Arid Environments, 64: 523~541.

Zika M, Erb K. 2007. Net primary production losses due to human-induced desertification. Second International Conference on Earth System Modelling (ICESM), 1.

第6章 未来气候变化对沙漠化的可能影响与风险评估技术

任何事物的发展变化都是遵循"量变"到"质变"的发展规律，从量变到质变涉及一个"度"的问题，即量变积累到一定程度的度值才可以导致质变，但是涉及不同的问题，需要跨越的度值不同。以沙漠化的发生为例说明，沙漠化的发生是一个量变到质变的过程，但是自然条件不同，发生沙漠化所需要跨越的度值不同。例如，一个地区的降水量达到 1000mm，而且蒸发量小于降水量，那么这个度值会很高，不论人类对自然界的压力多大，也不会存在沙漠化的问题，如一个地区的降水量为 400mm，人类活动大到一定程度就诱发沙漠化，当人类稍加治理生态也会很快恢复，而一个地区的降水量为 200mm，本身条件很差，人类稍微活动，沙漠化就会迅速扩展，而且采取的保护措施也不能及时奏效。中国北方，特别是西北地区本身自然条件差，导致沙漠化所需要的度值很低，只要人为稍微活动一下，就会向沙漠化倾斜，就会引起沙漠化的加速，而且自然条件恶劣，即使人为治理也很难恢复，因此，虽然人为活动远远小于其他地区，但是沙漠化很严重，而且难以治理；呼伦贝尔、科尔沁、晋西北等东部地区的降水多，水资源丰富，生态条件较西部好，因而导致东部地区沙漠化所需要的"度"比较高，只有人为因素的活动大于这个度值才存在沙漠化的问题，东部地区历来人为活动剧烈，气候也曾经有过恶化，但沙漠化程度始终低于西部地区，此是量变距离质变所需要的度还有较大差距所致。说明自然条件对沙漠化影响很大，因此笔者认为就中国北方沙漠化的发生，自然气候是主导因素，人为因素只是加速了沙漠化的发展。

6.1 气候变化对沙漠化影响的风险评价技术

6.1.1 风险评估基本框架

为了明确气候变化情景下中国北方沙漠化的风险大小，需要建立一套方法体系来进行评价。由于类似研究内容以及研究方法的匮乏，本章提出了以表征气候变化的沙漠化风险评价方法为重点，从风险指标的选取理论基础、基础数据的获取与处理、风险等级的划分等方面进行全面的论述。

关于气候变化的沙漠化风险研究，现有的诸多研究都是在土地利用或者土地覆盖发生变化后，利用相关手段建立不同等级的沙漠化评价指标，结合区域现状，分析得到不同等级的沙漠化风险。为了满足相关研究目的，本书重新构建一种新的方法体系，从生态风险评价的角度重新估量气候变化的沙漠化风险。

6.1.2　风险指标的选取

为了能够从时间序列的视角来阐述气候变化的沙漠化风险，弥补沙漠化遥感监测得到的只是十年尺度沙漠化数据结果的不足，沿承沙漠化遥感监测中所用的植被覆盖度指标。本书最终选取了 NDVI 作为联系过去沙漠化土地与未来气候变化沙漠化风险评价的公共指标。

具体来说，选取 NDVI 指标不同时期沙漠化的依据有以下三点。

（1）过去 30 年沙漠化遥感监测中对不同程度的沙漠化土地进行分级，主要分级标准是植被覆盖度，这里的植被覆盖度由 NDVI 运用像元二分法计算所得。可见，NDVI 是前期沙漠化程度分级的基础；

（2）遥感影像的获取和处理是获取陆地土地利用变化时序数据的重要途径。AVHRR 的 NDVI 数据可以满足本书对数据连续性的使用需求；

（3）基于（1）和（2）出发点的考虑，运用最小二乘法对 1981～2010 年的各年 NDVI、年降水量、年积温构成的时间序列进行线性倾向估计，对每个像元的 NDVI 值进行一元线性回归方程拟合，构建回归方程，进而获得未来气候变化情景下像元尺度的 NDVI 拟合结果是可行的。如此，可以获得未来不同气候变化情景下的不同时期的 NDVI 预测值，将未来气候变化的沙漠化同过去的沙漠化放在了一个可以比较的层次上。

公共指标的选取是建立评价方法的关键，需要综合考虑以下几个方面：①该指标能够指示沙漠化动态，是沙漠化变化过程中的核心指标，具有明确的生态意义；②该指标不仅能够反映气候变化的相对作用，也能够反映人类活动的相对作用，即利用该指标能将气候变化和人类活动统一到一个可比的层面上；③该指标能够通过遥感进行定量反演，进而实现时空上的连续表达并与沙漠化动态信息相对应。基于以上三点，本书从沙漠化过程引起的植被变化入手，选取植被的净初级生产力作为公共指标来衡量气候变化和人类活动在沙漠化过程中的相对作用。

陆地表层植被的格局与变化是气候变化和人类活动共同作用的结果（信忠保等，2007），特别是人类活动，使得地表植被状况从其稳定状态发生了偏离，形成了具有人类活动特征的地表植被的格局与变化过程（康相武等，2007）。这为从植被变化入手研究气候变化和人类活动对沙漠化的影响提供了理论支持。NPP 作为陆地表层碳循环的重要组成部分，它直接反映了植被群落在自然条件下的生产能力，是一个估算地球支持能力和评价陆地生态系统可持续发展的一个重要生态指标。NPP 作为沙漠化土地生态系统的核心指标，综合反映了气候变化和人类活动对沙漠化的影响。另外，可以通过潜在 NPP（无人为干扰的、只有气候作用的 NPP）与实际 NPP 之间的差值来衡量以土地利用方式和强度变化为主要特征的人类活动造成的 NPP 降低，进而衡量人类活动的影响。关于人类活动引起的 NPP 变化，国外的相关研究在理论与应用两个层面上都做了大量的工作。此外，不论是潜在还是实际 NPP 的计算都可以通过模型并借助气候数据、遥感数据，以及相关经验参数来进行计算，能够实现时空上的连续表达。在本书中，选择潜在 NPP 即只有气候作用下的以及 NPP 潜在与实际 NPP 的差值来反映沙漠化过程中气候变化和人类活动的相对作用，将气候变化和人类活动在沙漠化过程中的相对作用统一到了一个可比的层面。

6.1.3　基础数据获取及处理

1. 多年 NDVI 数据

考虑到 NDVI 数据获取的时间连续性，本书选用了来自美国航空航天局（NASA）全球监测与模型研究组（Global Inventor Modeling and Mapping Studies，GIMMS）发布的半月最大值合成的（naximum value composites，MVC）GIMMS NDVI 数据。

这套数据是由搭载与 NOAA 卫星的改进型甚高分辨率辐射计（advanced very high resolution radiometer，AVHRR）获得，时间范围是 1981 ～ 2010 年，空间分辨率为 8km。此外，GIMMS NDVI 数据集利用经验模式分解（EMD）部分消除了由于卫星轨道漂移所产生的噪声，并且降低了火山喷发对 NDVI 的影响辐射定标方面，GIMMS 数据集利用交叉辐射定标的方法，增强了数据的精度。

本书根据需要下载了全球 1981 ～ 2010 年 8 月植被覆盖比较好的上旬和下旬 15 天的数据，并利用 Matlab 数据处理软件对原始数据进行了符合研究目的的处理。同时，参考前人的研究，为了减少云、大气、太阳高度角等的影响，确保所用的 NDVI 为年最大值，采用最大值合成法 MVC 获得了 8 月份的最大 NDVI 合成数据集。因为该数据集的 NDVI 数据都已经经过几何精校正、辐射校正、大气校正等预处理，所以随后直接用中国北方地区的矢量图对每个年份的全球数据进行批量裁剪即得到了中国北方地区 1981 ～ 2010 年长时间序列的 NDVI 影像数据。

2. 多年气象数据

为了保持气象数据前后的一致性，本书所用的气象数据，统一采用了项目组经过研究、订正后得到的历史气候数据及不同气候变化情景下的未来气候数据。该数据集的主要信息如下：①时间范围为 1981 年 1 月 1 日～ 2050 年 12 月 31 日；时间分辨率为日值；②空间属性，地理范围为 70.25° ～ 140.25°E，15.25° ～ 55.25°N，水平分辨率为 0.5°×0.5°；③数据来源：由 ISI-MIP 提供的 5 套全球气候模式插值、订正结果，由中国农科院环发所进行集合。

本书因为要实现像元尺度的各个变量关系的拟合，所以必须将不同分辨率的栅格数据进行重采样以保持像元大小的一致性。由于初始的气象数据的时间分辨率为每日数据，所以需要对其进行年数据的处理。借助于 Matlab 软件工具，加和了同一格网点处的每日降水量数据和 >0℃ 的每日温度数据，得到各个年份的年降水量数据和年积温数据。程序处理的主要思路是，读取每一天的气候要素数据，对每个格点的数据进行一年内的加和，然后输出研究区内的年数据信息。

6.1.4　风险等级的划分

在研究区内，对基准期（2010 年）和 2011 ～ 2020 年、2011 ～ 2030 年、2011 ～

2040 年各时间段的 NDVI 构成的时间序列继续运用线性回归的方法，进行年变化趋势的拟合，构建一元线性回归方程：

$$NDVI_{future}=a*T_{futuretime}+b \tag{6-1}$$

式中，$NDVI_{future}$ 为未来不同气候变化情景下、不同时段的 NDVI 预测值；$T_{futuretime}$ 为未来不同气候变化情景下的不同时段（2010～2020 年、2010～2030 年、2010～2040 年）；a 为回归曲线的斜率；b 为回归曲线的截距项。当 $a>0$ 时，说明未来气候变化情况下 NDVI 是随着时间的增加呈现出了上升的趋势；当 $a>0$ 时，说明未来气候变化情况下 NDVI 是随着时间的增加呈现出了下降的趋势。作为截距项的 b，反应的是初始条件下该像元的 NDVI 值。根据各个像元的拟合结果，所有的拟合方程可以归纳为以下几种类型，不同类型与风险等级之间的对应关系如表 6-1 所示。

表 6-1　沙漠化风险等级划分标准及分类表

截距	斜率	终点值	风险等级
$b>=0$	$a>=0$	$NDVI_{future}$ 为任意值	无风险
$b>0$	$a<0$	$NDVI_{future} \in [b/2,\ b)$	低风险
$b>0$	$a<0$	$NDVI_{future} \in [b/6,\ b/2)$	中风险
$b>0$	$a<0$	$NDVI_{future} \in [0,\ b/6)$	高风险
$b=0$	$a<0$	$NDVI_{future}$ 为任意值	高风险
$b<0$	$a<=0$	$NDVI_{future}$ 为任意值	高风险
$b<0$	$a>0$	$NDVI_{future}$ 为任意值	无风险

6.2　未来气候变化对沙漠化影响的风险评估

在对历史气候数据与历史 NDVI 值之间进行多元回归得到回归系数的基础上，本节利用未来不同气候变化情景下的气候要素数据，在预测未来 NDVI 变化情况的基础上，依据前文界定的风险的定义，对不同气候变化情景下的沙漠化风险进行了评估。

6.2.1　中国北方

1. 空间分布

由图 6-1～图 6-3 可见，不同气候变化情景下，未来不同年段，中国北方未来沙漠化风险空间分布表现特征不同。2011～2020 年，RCP6.0、RCP8.0 情境下，沙漠化风险较 RCP2.6 和 4.5 情境下高，其区别主要体现在内蒙古东部及吐哈盆地地区在 RCP6.0 和 8.0 情境下沙漠化风险较高；2011～2020 年，RCP6.0 情境下，沙漠化风险相对较高，2011～2030 年 RCP4.5、RCP6.0 和 RCP8.5 情景下，沙漠化均表现出较高的风险，其不同主要体现在内蒙古东部及塔里木盆地西部地区。总体来看，RCP2.6 情景下，沙漠化风险相对较低，且随着未来年段的时间越长，风险越低；RCP4.5、6.0 和 8.5 情景下，沙漠化风险相对较高，且变化规律不明显。

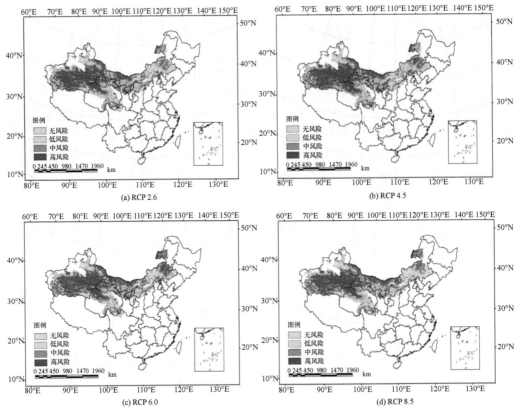

图 6-1　中国北方 2011 ～ 2020 年沙漠化风险分析图

灰色 . 无风险；绿色 . 低风险；橙色 . 中风险；红色 . 高风险；下同

2. 面积统计

在获取了不同气候情景下各年代不同等级沙漠化风险的空间分布的基础上，对不同风险等级的沙漠化土地面积进行了统计，如表 6-2 所示。

表 6-2　不同气候情景下各年代不同沙漠化风险等级的面积统计表　（单位：km²）

RCP 类型	风险等级	未来 10 年	未来 20 年	未来 30 年
2.6	无风险	1912771.62	1891122.67	1845612.47
	低风险	184569.16	226681.88	311539.45
	中风险	612965.52	686998.61	840121.48
	高风险	998380.03	903883.18	711412.94
4.5	无风险	1802314.58	1831232.51	1841819.96
	低风险	180302.56	170663.25	178801.36
	中风险	631217.01	623157.9	621498.69
	高风险	1094852.18	1083632.57	1066566.31
6.0	无风险	1749377.36	1865681.21	1849721.04
	低风险	176589.07	258997.29	212459.97
	中风险	672144.58	788764.47	730217.49
	高风险	1110575.32	795243.35	916287.84

续表

RCP 类型	风险等级	未来 10 年	未来 20 年	未来 30 年
8.5	无风险	1823252.42	1851459.27	1850274.1
	低风险	193734.4	159522.73	140797.18
	中风险	662189.23	567771.38	513095.92
	高风险	1029510.28	1129932.95	1204519.12

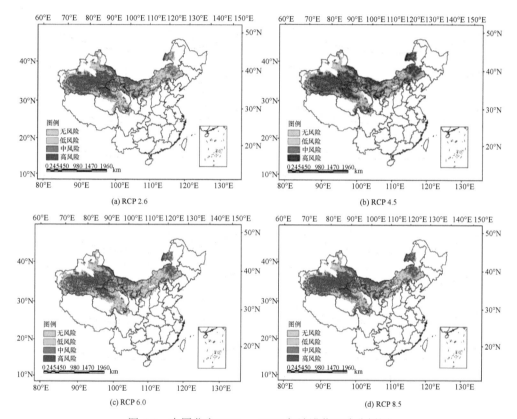

图 6-2　中国北方 2011～2030 年沙漠化风险分析图

由表 6-2 可知,中国北方未来沙漠化风险程度,大部分地区表现为无风险。在 RCP2.6 和 4.5 情景下,无风险沙漠化面积比 RCP6.0 和 8.5 情景下面积稍大。未来 10 年,无风险沙漠化面积在 RCP2.6 情景下面积最大,RCP6.0 情景下最小;未来 20 年, RCP2.6 情景下无风险沙漠化面积面积最大,RCP4.5 情景下最小;未来 30 年,RCP8.5 情景下面积最大,RCP4.5 情景下面积最小,四种情景下面积差距不大。在 RCP2.6 情景下,无风险沙漠化土地面积呈现出递减的趋势;RCP4.5 情景下,缓慢增加;RCP6.0 情景下,面积变化不定,并无明显规律;RCP8.5 情景下,面积不断增加,之后略有下降。其中无风险沙漠化土地面积变化在 RCP2.6 情景下最为稳定,变化幅度为 27021.68km², RCP4.5 情景下变化幅度最大,达到 100343.68km²。

对于低风险沙漠化土地面积,在各种风险沙漠化土地面积中所占比例最低,但变化幅度最大。未来 10 年,RCP8.5 情景下,低风险沙漠化面积最大,RCP6.0 情景下

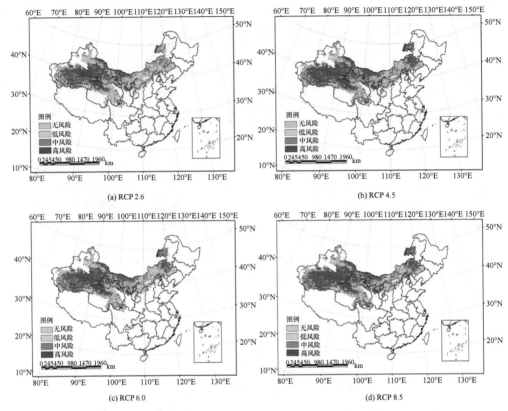

图 6-3　中国北方 2011 ～ 2040 年沙漠化风险分析图

面积最小；未来 20 年，RCP2.6 情景下面积最大，RCP4.5 情景下最小；未来 30 年，
RCP6.0 情景下面积最大，RCP8.5 情景下最小。在 RCP2.6 情景下，低风险沙漠化土
地面积相对其它情景最大，未来 10 之后迅速增加；RCP4.5 情景下，面积不断减少；
RCP6.0 情景下，面积先增加后减少；RCP8.5 情景下，面积不断减少。其中低风险沙漠
化土地面积变化在 RCP4.5 情景下最为稳定，变化幅度为 1501.2km^2，RCP2.6 情景下变
化幅度最大，达到 126970.29km^2。

对于中风险沙漠化土地面积，在 RCP2.6 和 6.0 情景下，面积相对稍大。未来 10
年，中风险沙漠化土地面积在 RCP6.0 情景下面积最大，2.6 情景下面积最小；未来 20
年，RCP6.0 情景下面积最大，RCP8.5 情景下最小；未来 30 年，RCP2.6 情景下面积最
大，RCP8.5 情景下最小。在 RCP4.5 和 8.5 情景下，中风险沙漠化土地面积均不断减少；
RCP2.6 情景下，未来 10 年和 20 年面积相差不大，之后不断增加，整体呈上升趋势；
RCP6.0 情景下，略微减少，面积基本保持不变。从变化幅度看，中风险沙漠化土地面
积在 RCP4.5 情景下最为稳定，变幅仅为 9718.32km^2，RCP2.6 情景下变幅最大，达到
227155.96km^2。

对于高风险沙漠化土地面积，在 RCP8.5 情景下面积相对较大，RCP2.6 情景下面
积相对最小。未来 10 年，高风险沙漠化土地面积在 RCP6.0 情景下面积最大，RCP2.6
情景下面积最小；未来 20 年，RCP8.5 情景下面积最大，但 RCP6.0 情景下面积最小；
未来 30 年，RCP8.5 情景下面积最大，RCP2.6 情景下面积最小。在 RCP2.6 与 RCP4.5

情景下，高风险沙漠化土地面积不断减少；在 RCP6.0 情景下，面积先减少后增加；RCP8.5 情景下，面积呈递增的趋势。从变化幅度看，高风险沙漠化土地面积在 RCP8.5 情景下最稳定，仅 175008.84km²，其他 3 种情景变化幅度均较大，其中 RCP2.6 情景下，变化幅度达 315331.97km²。

6.2.2　内蒙古及长城沿线半干旱地区未来气候变化的沙漠化风险评估

1. 空间分布

由图可见不同气候变化情景下，内蒙古及长城沿线半干旱地区未来沙漠化风险空间分布表现特征不同：RCP4.5、RCP6.0 与 RCP8.5 在后三个时间段内表现较高的相似性；RCP2.6 情景下的沙漠化风险情况是四者里较好的，总体风险等级较低；RCP8.5 情景下沙漠化风险最大。RCP2.6 情境下，锡林郭勒地区沙漠化将变得更加严重，而晋西北地区、河北坝上地区西北部、鄂尔多斯地区、乌兰察布盟地区的交接地带沙漠化风险有所降低，该区域沙漠化有所改善。RCP4.5 情景下，高风险沙漠化地区未来 10 年主要分布于察哈尔草原、乌兰察布盟及河北坝上，在之后的 30 年则主要分布于锡林郭勒草原及科尔沁草原。RCP6.0 及 RCP8.5 在三个时限内，沙漠化风险分布与 RCP4.5 大体一致（图6-4 ～图 6-6）。

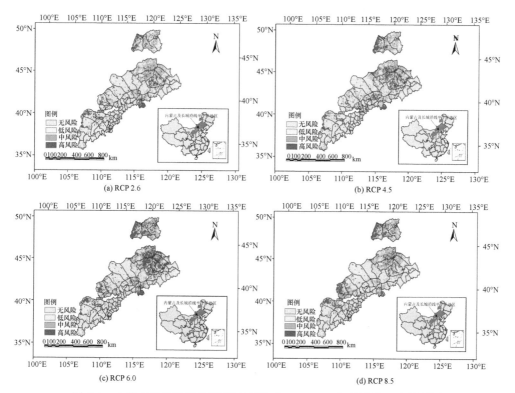

图 6-4　内蒙古及长城沿线半干旱地区 2011 ～ 2020 年沙漠化风险分析图

灰色 . 无风险；绿色 . 低风险；橙色 . 中风险；红色 . 高风险；下同

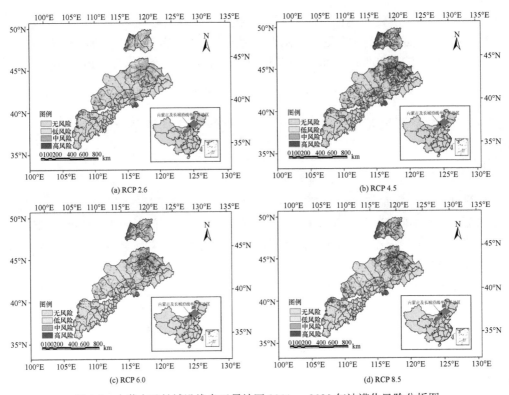

图 6-5　内蒙古及长城沿线半干旱地区 2011～2030 年沙漠化风险分析图

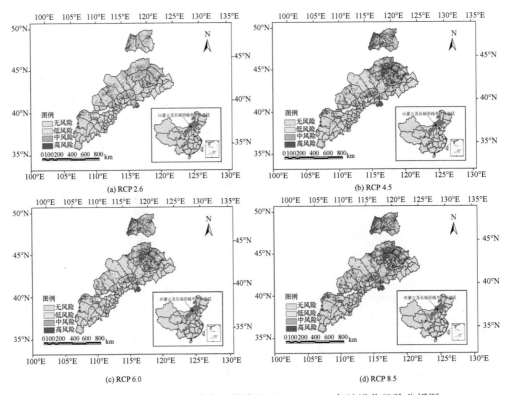

图 6-6　内蒙古及长城沿线半干旱地区 2011～2040 年沙漠化风险分析图

2. 面积统计

在获取了不同气候情景下各年代不同等级沙漠化风险的空间分布的基础上，对不同风险等级的沙漠化土地面积进行了统计，如表 6-3 所示。

表 6-3　不同气候情景下各年代不同沙漠化风险等级的面积统计表　（单位：km²）

RCP 类型	风险等级	未来 10 年	未来 20 年	未来 30 年
2.6	无风险	570615.75	549361.85	493264.21
	低风险	72057.82	101370.81	135819.51
	中风险	193576.38	220835.09	258760.26
	高风险	85647.67	50329.87	34053.64
4.5	无风险	518705.68	504641.76	513411.96
	低风险	76008.36	53016.22	59258.07
	中风险	221072.12	172717.53	184648.16
	高风险	106111.46	191522.11	164579.43
6.0	无风险	539564.52	533638.71	534586.84
	低风险	44720.10	83119.33	73243.00
	中风险	162841.19	208509.41	199344.15
	高风险	174771.81	96630.17	114723.63
8.5	无风险	551653.16	536878.15	513253.93
	低风险	66211.02	57124.78	50645.90
	中风险	201082.40	182751.91	165527.56
	高风险	102951.04	145142.78	192470.23

由表 6-3 可知，不同气候情景下，无沙漠化风险的土地面积最大值与最小值均出现在 RCP2.6 情景下，四种情景模式相差不大。RCP6.0 与 RCP8.5 两个情景下无沙漠化风险的土地面积在四个年限中呈现先增加后减少的趋势；RCP2.6 情景下呈现递减的趋势；而 RCP4.5 的无风险沙漠化土地面积则呈现先减少再增加的状态。在 RCP2.6 情景下，无沙漠化风险土地面积增加值最大，无沙漠化风险的土地面积增加接近 570615.75km²。

对于低沙漠化风险的土地，四种气候情景下面积变化各不相同。其面积只在 RCP2.6 情景下是增加的，增加值高达 63761.69km²。而在 RCP4.5 情景下，低沙漠化风险土地面积减少得最多，高达 38399.23km²。未来不同时间范围内，在未来 10 年，RCP4.5 情景下低沙漠化风险的土地面积最大，RCP2.6 情景次之，RCP6.0 情景下最小；在未来 20 年、30 年年，RCP2.6 情景下低沙漠化风险的土地面积最大。

对于中沙漠化风险的土地，各个情境模式下表现不同。只有在 RCP8.5 情景下土地面积是不断减少的，中风险沙漠化土地面积减少量高达 35554.84km²，在 RCP2.6 情景下土地面积是不断增加的，增加量达 65183.88km²。在后两个时限内，RCP2.6 情景下，中风险沙漠化土地面积达到最大值。

对于高沙漠化风险的土地，其面积在 RCP2.6 情景下面积是不断减少的；RCP4.5 情景模式下面积先增加在最后 10 年减少；RCP8.5 情景下土地面积不断增加；RCP6.0 则呈现出和 RCP4.5 截然相反的变化趋势。尤其是在 RCP6.0 情景下，减少量高达

78141.64km², RCP2.6 情景，达 51594.03km²，RCP4.5 最小；而在 RCP4.5 情景下，高沙漠化风险的土地面积则在未来 20 年增加，增加量为 85410.65km²。未来不同时间范围内，高风险沙漠化土地面积在不同气候情景中的变化比较复杂：未来 10 年里，高沙漠化风险的土地面积从大到小对应的气候情景分别为 RCP6.0、RCP4.5、RC8.5、RCP2.6；未来 20 年里，高沙漠化风险的土地面积从大到小对应的气候情景分别为 RCP4.5、RCP8.5、RCP6.0、RCP2.6；未来 30 年里，高沙漠化风险的土地面积从大到小对应的气候情景分别为 RCP8.5、RCP4.5、RCP6.0、RCP2.6。

6.2.3　西北干旱区未来气候变化的沙漠化风险评估

1. 空间分布

由图可见不同气候变化情景下，西北干旱区未来 10 年的沙漠化风险空间分布表现特征相似：RCP2.6 与 RCP6.0 表现出较高的相似性，主要差异在于 RCP6.0 情景下塔里木盆地地区沙漠化风险等级较高；RCP4.5 情景下的沙漠化风险情况是四者里最好的，总体风险等级较低；RCP8.5 情景下沙漠化风险最大，尤其是中部地区，出现了较大的沙漠化风险。由三张图可见不同气候变化情景下，西北干旱区未来 10 年、未来 20 年、未来 30 年的沙漠化风险 4 种模式的差异不大，都呈现高风险递增的趋势，在空间分布特征上，三个时间段比较相似（图 6-7 ～图 6-9）。

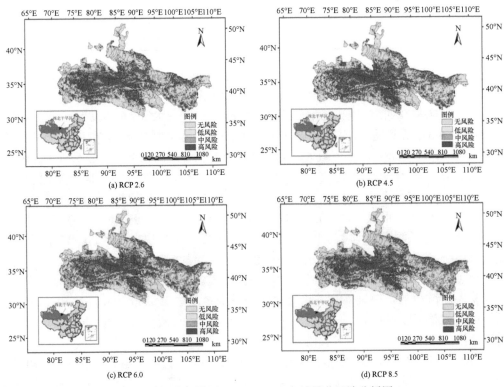

图 6-7　西北干旱区 2011 ～ 2020 年沙漠化风险分析图

灰色.无风险；绿色.低风险；橙色.中风险；红色.高风险；下同

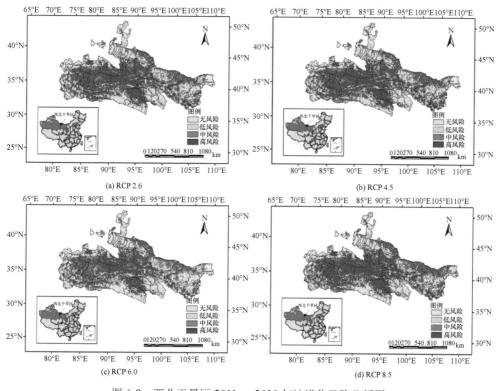

图 6-8　西北干旱区 2011 ~ 2030 年沙漠化风险分析图

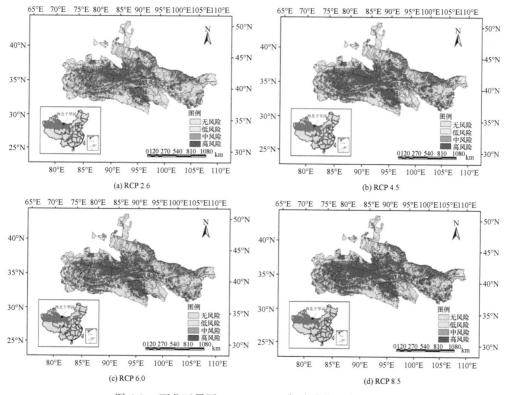

图 6-9　西北干旱区 2011 ~ 2040 年沙漠化风险分析图

2. 面积统计

在获取了不同气候情景下各年代不同等级沙漠化风险的空间分布的基础上，对不同风险等级的沙漠化土地面积进行了统计，如表 6-4 所示。

表 6-4　不同气候情景下各年代不同沙漠化风险等级的面积统计表　（单位：km²）

RCP 类型	风险等级	未来 10 年	未来 20 年	未来 30 年
2.6	无风险	1005728.03	999091.13	1010784.72
	低风险	78852.75	88887.11	124837.01
	中风险	338561.13	393473.61	506617.03
	高风险	808201.12	749891.18	589104.27
4.5	无风险	969225.06	1006676.16	1001856.51
	低风险	73638.03	86437.78	84541.52
	中风险	335005.65	373641.91	365029.74
	高风险	853474.29	764587.18	779915.26
6.0	无风险	906885.57	1000908.38	988424.68
	低风险	89124.14	119227.25	100343.67
	中风险	417097.83	498794.96	450598.40
	高风险	818235.49	612412.44	691976.28
8.5	无风险	941334.26	977837.23	1000276.29
	低风险	88413.05	71741.78	65104.87
	中风险	380594.86	314225.82	282305.47
	高风险	821000.86	867538.20	883656.40

由表 6-4 可知，不同气候情景下，无沙漠化风险的土地面积在 RCP2.6 情景下达到最大值，RCP4.5 情景下无风险沙漠化土地面积接近于 RCP2.6 情景，RCP6.0 情景下无风险沙漠化土地面积最小，RCP8.5 介于中间水平。RCP4.5、RCP6.0 两个情景下无沙漠化风险的土地面积在三个年限中先增加后减少；而 RCP2.6 的无风险沙漠化土地面积则呈现减少先再增加的状态。只有在 RCP8.5 情景下，无沙漠化风险土地面积增大，无沙漠化风险的土地面积增加接近 58942.03km²。

对于低沙漠化风险的土地，其面积在 RCP2.6 情境下增加的，RCP8.5 情境下减少，在其他两个气候情景下都是先增加后减少的；尤其是 RCP8.5 情景下，低沙漠化风险土地面积减少得最多，高达 23308.18km²。未来不同时间范围内，在未来 10 年、20 年，RCP6.0 情景下低沙漠化风险的土地面积最大，而在未来 30 年，RCP2.6 情景下低沙漠化风险的土地面积最大，RCP8.5 最小。

对于中沙漠化风险的土地，其面积亦表现出低沙漠化风险土地中出现的特点，在 RCP2.6 情景下其面积是增加的，RCP8.5 情境下减少，在其他两个气候情景下都是先增加后减少的；尤其是 RCP8.0 情景下，中沙漠化风险土地面积减少量高达 98289.39km²。未来不同时间范围内，沙漠化风险的土地面积最大值分布于不同情境模式，但是在未来 30 年的时间尺度上，RCP2.6 情景下中沙漠化风险的土地面积接近 RCP4.5 情景下的水平。

对于高沙漠化风险的土地，其面积在 RCP2.6 情景下是减少的，在 RCP8.0 情境下是增加的，而在 RCP4.5 和 RCP6.0 的情景下呈现先减少再增加的状态。尤其是在 RCP2.6 情景下，高沙漠化风险的土地面积减少量高达 219096.85km²。未来不同时间范围内，高风险沙漠化土地面积在不同气候情景中的变化比较复杂：未来 10 年里，高沙漠化风险的土地面积从大到小对应的气候情景分别为 RCP4.5、RCP2.6、RCP6.0、RCP8.5；未来 20 年里，高沙漠化风险的土地面积从大到小对应的气候情景分别为 RCP8.5、RCP4.5、RCP2.6、RCP6.0；未来 40 年里，高沙漠化风险的土地面积从大到小对应的气候情景分别为 RCP8.5、RCP4.5、RCP6.0、RCP2.6。RCP8.5 情景下高沙漠化风险的土地面积在未来长时间一直保持最高水平。

6.2.4 三江源地区未来气候变化的沙漠化风险评估

1. 空间分布

由图可见不同气候变化情景下，三江源地区未来沙漠化风险空间分布表现特征不同：RCP2.6 与 RCP4.5 表现出较高的相似性，而 RCP6.0 与 RCP8.5 在三个时间段内表现较高的相似性；RCP2.6 情景下的沙漠化风险情况是四者里较好的，总体风险等级较低；RCP8.5 情景下沙漠化风险最大。整体来看，四种模式在未来 10 年、20 年、30 年的沙漠化风险都呈现相似性，即沙漠化风险在空间分布大体一致（图 6-10 ~ 图 6-12）。

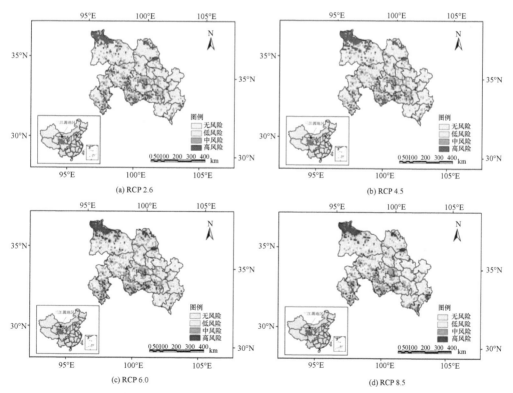

(a) RCP 2.6

(b) RCP 4.5

(c) RCP 6.0

(d) RCP 8.5

图 6-10 三江源地区 2011 ~ 2020 年沙漠化风险分析图

灰色 . 无风险；绿色 . 低风险；橙色 . 中风险；红色 . 高风险；下同

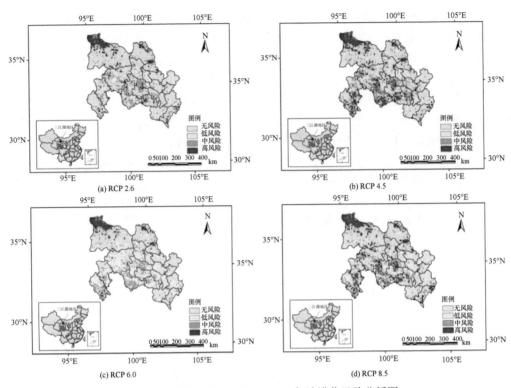

图 6-11　三江源地区 2011～2030 年沙漠化风险分析图

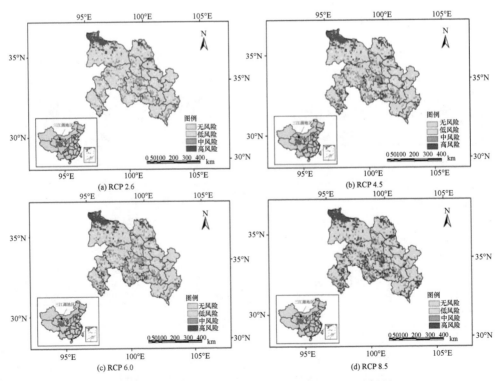

图 6-12　三江源地区 2011～2040 年沙漠化风险分析图

2. 面积统计

在获取了不同气候情景下各年代不同等级沙漠化风险的空间分布的基础上，对不同风险等级的沙漠化土地面积进行了统计，如表 6-5 所示。

表 6-5　不同气候情景下各年代不同沙漠化风险等级的面积统计表　　（单位：km²）

RCP 类型	风险等级	未来 10 年	未来 20 年	未来 30 年
2.6	无风险	183858.05	196736.81	199818.23
	低风险	25678.50	28048.82	37293.08
	中风险	52937.21	46142.29	38952.31
	高风险	28680.91	20226.76	15091.06
4.5	无风险	185675.30	183858.05	190494.96
	低风险	25125.42	22676.09	25915.53
	中风险	49460.74	49697.77	47485.47
	高风险	30893.21	34922.76	27258.71
6.0	无风险	179275.42	189309.80	187571.56
	低风险	30498.16	43771.96	29550.03
	中风险	55860.61	44167.02	50724.91
	高风险	25520.48	13905.89	23308.17
8.5	无风险	184569.15	189309.80	190415.94
	低风险	29629.04	23150.15	19436.65
	中风险	53095.23	46142.29	44246.03
	高风险	23861.25	32552.43	37056.05

由表 6-5 可知，不同气候情景下，无沙漠化风险的土地面积在 RCP2.6 情景下达到最大值，RCP6.0 情景下无风险沙漠化土地面积最小，RCP 8.5 情景下无风险沙漠化土地面积接近于 RCP6.0 情景，RCP4.5 介于中间水平。RCP2.6 和 RCP8.5 三个情景下无沙漠化风险的土地面积在四个年限中呈现递增的趋势；而 RCP4.5 的无风险沙漠化土地面积则呈现先减少再增加的状态；RCP6.0 情境下无风险沙漠化土地面积则先增加后减少。在 RC2.6 情景下，无沙漠化风险土地面积增加值最大，无沙漠化风险的土地面积增加接近 15960.18km²。

对于低沙漠化风险的土地，其面积只在 RCP2.6 情景下是增加的，增加值高达 11614.58km²。而在 RCP8.5 情景下，低沙漠化风险土地面积减少得最多，高达 10192.39km²。未来不同时间范围内，在未来 10 年，RCP6.0 情景下低沙漠化风险的土地面积最大，RCP8.5 情景次之，RCP4.5 情景下最小，而在未来 20 年、43 年，RCP6.0 情景下低沙漠化风险的土地面积最大，RCP8.5 最小。

对于中沙漠化风险的土地，各个情境模式下表现不同，在 RCP2.6、RCP8.5 情景下土地面积是不断减少的，RCP2.6 情景下中沙漠化风险土地面积减少量高达 13984.9km²，RCP8.5 情景下减少量为 8849.2km²。未来不同时间范围内，沙漠化风险的土地面积最大值分布于不同情境模式，在未来 20 年的时间尺度上，各个情景下中沙漠化风险的土地面积相近。

　　对于高沙漠化风险的土地，其面积在 RCP2.6 情景下面积是不断减少的；RCP4.5 情景模式下面积先增加在最后 10 年减少；RCP6.0 情景模式下面积先减少而在最后 10 年增加，呈现出和 RCP4.5 截然相反的变化趋势；RCP8.5 情景下面积不断增加，与 RCP2.6 情景下的变化趋势相反。尤其是在 RCP 2.6 情景下，未来 30 年高沙漠化风险的土地面积减少量高达 13589.85km², RCP4.5 情景次之，达 3634.5km², RCP6.0 最小。未来不同时间范围内，高风险沙漠化土地面积在不同气候情景中的变化比较复杂，整体看来 RCP4.5 情景下，高风险沙漠化土地面积变化幅度最小：未来 10 年里，高沙漠化风险的土地面积从大到小对应的气候情景分别为 RCP4.5、RCP2.6、RCP6.0、RCP8.5；未来 20 年里，高沙漠化风险的土地面积从大到小对应的气候情景分别为 RCP4.5、RCP8.5、RCP6.0、RCP2.6；未来 30 年里，高沙漠化风险的土地面积从大到小对应的气候情景分别为 RCP8.5、RCP6.0、RCP4.5、RCP2.6。

参 考 文 献

康相武, 马欣, 吴绍洪. 2007. 基于景观格局的区域沙漠化程度评价模型构建. 地理研究, 02: 297~304.
信忠保, 许炯心, 郑伟. 2007. 气候变化和人类活动对黄土高原植被覆盖变化的影响. 中国科学(D辑: 地球科学), 11: 1504~1514.

第7章 政策建议

7.1 不同时期沙漠化政策和治理结构分析

7.1.1 不同时期的沙漠化政策

1. 新中国成立至20世纪末

1978 年，全国各地开始实施家庭联产承包责任制，有效地提高了农牧民的生产主动性和积极性。历史上，受政治经济形势影响，经历了 4 次垦荒热潮，分别发生于新中国成立初的经济恢复期、三年困难时期、十年动乱时期和 20 世纪 80 年代后期。进入 90 年代后，随着计划经济向市场经济的调整，牧业收入受到重挫，而农业则因农产品价格受到保护得以平稳发展，在这样的背景下，农牧民垦草种粮的积极性受到了激发。90 年代后期，国家和地方政府开始认识到整个中国西北植被退化、沙漠化扩展问题的严重性，土地利用政策开始注重生态环境保护。

在这一时期，为保护生态环境，防治沙漠化，先后实施了以下措施：1978 年的三北防护林工程、1984 年颁布《中华人民共和国森林法》、1985 年通过《中华人民共和国草原法》，以及 1996 年国务院办公厅的《关于治理开发农村"四荒"资源进一步加强水土保持工作的通知》。这些政策、法规的实施在一定程度上约束了滥垦、滥伐、滥牧、滥采等问题，对沙漠化的防治具有积极的意义。

2. 21 世纪初至今

进入 21 世纪后，生态环境问题得到国家和地方政府的进一步重视，普通民众的生态环境意识也得以进一步提高。此阶段国家将西北地区的政策重点放于环境治理和恢复上，这一政策得到了地方政府的积极响应，先后实施了以下措施：2001 年实施京津风沙源治理工程、2002 年实施退耕还林还草工程、2004 年颁布《内蒙古自治区草原管理条例》、2005 年制定新的《内蒙古自治区草原管理条例实施细则》，以及 2007 年内蒙古自治区人民政府就草原监督管理工作专门下发了《内蒙古自治区关于进一步加强草原监督管理工作的通知》，强化了草原监督管理工作。

7.1.2 取得的成绩及存在的问题

生态环境的恶化正得到国家及地方政府越来越多的关注及重视，先后实施了一系列的生态保护及恢复措施。在暖干化趋势明显、风大沙多等恶劣气候背景下，加之人口不断增多，对土地的产出要求不断提高，进一步增加了环境压力。然而，即使在自然因素及人口因素的双重不利因素影响下，沙漠化土地仍然得以不断恢复，特别是在2001～2013年这一暖干化最为明显，牲畜数量、耕地面积等增长最为快速时段，科尔沁沙地逆转面积最大，年均逆转速率也最高，这与2000年后实施的一系列政策及其实施力度的加大不无关系。

但是，在注重生态环境保护的同时，却是以牺牲农牧民的经济利益为代价，虽然也给予了一定的补偿，但仍难满足经济发展及人们对更好生活质量的追求，而且这种情况也难以久持。

2002年实施退耕还林还草之后，牧业收入的减少及所受政策限制迫使农牧民将压力转嫁于农业，造成耕地面积猛然增长。这些耕地的主要来源则是对草地的不断开垦，虽然这种方式在一定程度上弥补了农牧民的经济损失，但给生态环境的恶化埋下了重大隐患：①耕地的增加，不仅表现在旱作农田的变化，灌溉农田及水田面积也在呈增长趋势。如果说旱作农田的增加是在空间上对草地的侵蚀，那么灌溉农田及水田的增加则是通过对地表水、地下水以及土壤水分的影响，在垂直方向上加深了人类活动对生态系统的影响（赵哈林等，2003）。而这种垂直方向上的影响其潜在威胁性更大，因为由此引起的地下水位下降则会对整个区域的地表植被生长构成严重威胁。②耕地利用及管理水平低下，广泛采用轮闲耕作制度，对草地进行大面积开垦，但是却不注重投入与维护，严重违背了生态系统投入、产出应保持适当平衡的基本原理，种植几年后便弃耕，转而开垦新的草地，导致地面裸露，在干旱多风的环境下不断遭受风蚀而退化、沙化。

7.1.3　当前沙漠化治理结构存在的问题

同沙漠化政策的演变一样，中国的沙漠化治理结构也同样经历了不同的发展阶段。《中国人类发展报告2002》指出（UNDP，2002），过去20年中国的治理结构不断变化，大多数有关中国目前发展状况的治理结构指标均表明中国在向正确的方向发展，主要特征包括：法治、立法和执法的分离、部门之间的联合、权力下放、从指令走向依靠市场力量、从集体所有制转向私人所有制、拓宽参与面，以及有影响、更中立的技术和学术领域的诞生等。这些因素结合起来，确保更负责任的决策和环境规划的实施，给中国环境带来了巨大的潜在益处。

治理的最大特征之一是主体多元化，政府、市场和公民社会三方的互动构成现代环境治理结构的基础。而从组织制度角度来讲，政府、市场和公民社会形成了环境治理的三种调整机制，即行政调整机制、市场调整机制和社会调整机制（肖晓春，2007），这也是环境政策工具分类的基本原则。因此，政府、市场和公民社会在环境治理中的角色和定位、参与方式及其作用大小等都对中国沙漠化治理结构产生了重大影响。

自20世纪70年代末以来，我国沙漠化治理结构以渐进方式向前发展，大致可以划分为以下三个阶段（图7-1）（丁文广，2008）：①以行政控制和命令手段为主导的一元治理阶段；②法治与市场手段相结合的二元治理阶段；③政府、市场和公民社会互动与合作的多元治理阶段。

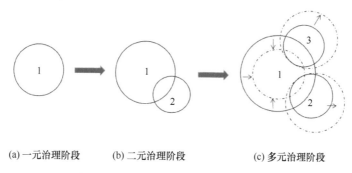

(a) 一元治理阶段　　　(b) 二元治理阶段　　　(c) 多元治理阶段

图 7-1　我国沙漠化治理结构演变简图

7.1.4　治理结构分析

综合考虑善治和环境治理的基本特征可以判断，目前我国正处于环境多元治理结构形成的早期阶段，在政府与公民社会、公共部门和私人经济部门间正在形成一种相对独立的、分工合作的新型治理结构，即已经初步形成了环境多元治理结构的一个"雏形"。而这是构建一个更加有效、透明和多元化的治理结构的基础。在这一阶段，我国沙漠化治理结构的主要特征表现为如下几个方面：

（1）政府力量、市场力量和公民社会力量在环境治理中同时表现出不断增强的趋势，特别是政府力量在环境治理中的作用明显强化。例如，近年来发起的"环评风暴""整治违法排污企业保障群众健康专项行动"及"设立区域环境保护督察机构"等诸多举措都是政府力量在沙漠化治理中逐步强化的反映。这也在一定程度上说明，现实中仍存在一种明显的倾向，即相信指令性法规和靠命令而治，而不是充分利用市场和社会的力量。并且，很多解决环境问题的方式仍旧带有明显的运动式特征。

（2）环境 NGO 和公民社会参与沙漠化治理的力量薄弱，影响有限。中国环境NGO 对决策的参与和监督也是各领域 NGO 在国家治理中介入问题程度深浅的一个标志。近年来，随着我国环境 NGO 和公民社会的迅速成长与发展，它们在环境宣教、政策倡导和社会监督等层面上开展了大量富有成效的工作，正在成为环境治理中的一支积极力量。但是，由于其本身数量相对较少、专业能力不足及受政策法律环境的限制等，在沙漠化治理结构中，相比政府干预和市场调节而言，其整体作用及实质性的影响还过于微弱，它们所具备的职能优势和功能，如社会力量的整合功能、环境治理的监督功能及公众意见的表达功能等，还未得到充分体现。

（3）在我国当前沙漠化治理结构中，基于市场的手段和机制正在得到越来越广泛的运用，但仍旧面临着诸多障碍。我国正积极尝试排污权交易、开展循环经济实践、完善多元环保投融资机制及制定更有利于环境的价格税收政策。但经济手段的行政化倾向还是较为明显。例如，在我国得到广泛实行的排污收费制度实际上仍旧是一种行政管理机制，是一种用收费和罚款来调控的行政管理手段，由此也导致企业将环保支出主要用在了与相应法规斗争而不是寻求真正的解决办法，企业和其他社会经济活动主体经济激励和持续改进的动力不足。而区域生态补偿机制建立、绿色 GDP 核算等工作还都处于初期阶段，还未能从根本上发挥其潜力。

（4）在沙漠化治理结构中，冲突与协作共存。环境问题本身就是人类社会经济系统与自然环境系统发生冲突的结果，它与人类社会内部各利益团体之间的冲突有着紧密的联系（叶文虎，2002）。因此，有学者指出（布鲁斯·米切尔，2004），资源和环境管理的实质是对冲突的管理。在我国当前治理结构中，环境冲突的形式呈现多样化特征。冲突主要表现在政府部门与企业、环境 NGO 与企业和政府部门、社区与政府部门和企业、各级政府及政府的不同部门之间。

综上所述，沙漠化政策的演变过程真实地揭示了我国环境保护的发展历程。我国的环境经济政策、环境技术政策、环境社会政策、环境行政政策和国际环境政策逐步构成了一个基本完整的政策体系。步入 21 世纪，在科学发展观指导下沙漠化政策也要有所创新，因此必须回顾过去，思考现在，展望未来，从而构建新时期促进人与自然和谐发展的环境政策。面对现阶段我国环境政策出现的问题与不足，应"坚持以人为本，树立全面、协调、可持续的发展观，促进经济和人的全面发展"的科学发展观的指导思想，结合国内外经验，努力构建新世纪我国环境政策的发展蓝图。

我国现阶段沙漠化治理结构最突出的特点是空间上的不平衡性、时间上的动态性、内部结构的不稳定性及相互作用关系的复杂性。中国正处在自然资源日益短缺、环境质量不断下降及旨在纠正这种状况的社会压力日益加剧的关键时刻，好的治理成为控制这种局面并将其转向环境可持续发展的基本条件。随着我国市场经济体制的成熟、政府职能的转变、环境法律制度体系的完善、环境 NGO 和公民社会的成长及社会公众参与空间的不断拓宽，可以预见，一个更加合理、有效和均衡的环境治理结构将在我国逐步建立起来。而这样的政治蓝图和治理结构的构建的基础就是"环境善治"框架。

案例一：2002 年 9 月 16 日，国家提出了草原生态保护的目标，发布了《国务院关于加强草原保护与建设的若干意见》，这是新中国成立以来第一个专门针对草原出台的政策性文件，把草原保护与建设工作提到经济社会发展的突出位置。该文件指出，要充分认识和加强草原保护与建设的重要性和紧迫性；建立和完善草地保护制度、草畜平衡制度、推行划区轮牧、休牧和禁牧制度等在内的草原治理和提高防灾减灾能力等措施来稳定和提高草原生产能力；实施已垦草原退耕还草；积极推行舍饲圈养方式、调整优化区域布局以转变草原畜牧业经营方式；加强草原科学技术研究和开发、加强引进草原新技术和牧草新品种、加大草原适用技术推广力度以推进草原保护与建设的科技进步；增加草原保护与建设投入；强化草原监督管理和监测预警工作，认真做好草原生态监测和预警工作；地方要加强对草原保护与建设工作的领导等九条建议。退牧还草政策机制运行如图 7-2 所示。

实践证明，对于大面积草原的生态治理而言，真正行之有效的方法是退牧，因为草地植被两三年时间就可以自然恢复，不用辅以人工种草来治理。对于畜牧业发展而言，退牧后实行舍饲圈养，也为利用科技提高养畜质量和效益提供有利条件。对于牧民而言，通过退牧转变靠天养畜、自然放牧的生产方式，既有利于提高生活水平，也有利于通过科学化、市场化经营增加畜牧业收入，同时也有利于牧户子女的教育和就业。这是政策执行初期牧户对该政策表示支持的重要原因。

自实行草场承包、围栏，至近年的全面禁牧，草原得到了休养生息机会，植被开始恢复，生态环境改善（陈洁，2006）；同时，由于草原承包明确了草原使用责权利，牧户对自属草场加大了资金、人力的投入，特别是牧草的补播，提高了产草量，有效

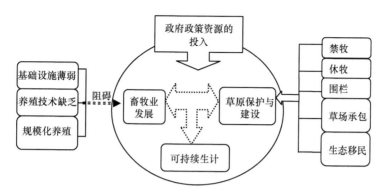

图 7-2　退牧还草政策机制运行图

遏制了草原退化；同时，改变了牧户的养殖方式，使传统的以放牧为主的低投入、低产出的养殖业向以舍饲为主的高投入、高产出的养殖业转变，并且一定程度上提高了牧民的生态意识。在禁牧措施实施的最初阶段，牧户碍于政府执行和监督力度的强硬，不得不放弃对草场的利用，实行圈养（齐顾波，胡新萍，2006）。但这种养殖方式增加了劳动量，且使牧户的经济收入减少，这是导致违规放牧的最重要和最直接的原因。从最初少数人的大胆尝试，到人数不断增多的"偷牧"，退牧政策没有得到有效的执行。

　　禁牧地区的牧户从自身经济利益出发违规放牧。因当地人均耕地资源较少，特别是水资源少且分布不均，养殖业是牧民的主要收入来源。禁牧使牧民养殖成本大幅增加，加之当地经济结构单一，缺乏替代性收入来源，在面对市场进行生产决策和消费决策时，牧民就选择偷牧来降低成本。同时，由于草场使用权没有得到明确界定，这种违规放牧并不会因过多使用草场而付费，草场生态退化的后果也并非由其中的某一个人承担，这导致的共同放牧问题挫伤了牧户保护和改良草地的积极性。因此，政策执行并没有取得预期效果。

　　（参考资料：陈洁，《西部草原退牧还草政策研究》调研报告，2006）

　　案例说明，当前在我国广大牧区实施的"退牧还草"政策是促进畜牧业和生态环境建设协调发展的良性措施。但我国牧区地理环境复杂，民族众多，文化多元，贫困人口多，贫困发生率高，各种政策性资金投入较少，牧民依靠政策和有限资金支持转变几千年传承下来的生产生活方式面临的挑战较大，"一刀切"式的退牧还草政策在执行过程中必然受到阻力。所以，沙漠化治理政策的执行能够客观反映环境政策制定是否科学、是否具有广泛的参与性、是否体现了自上而下与自下而上的互动、是否将各民族的传统文化和本土经验与环境科学有机结合、是否及时调整政策制定过程中的不足。沙漠化治理政策执行过程是检验其是否科学的试剂。

7.2　未来气候变化背景下采取的沙漠化治理对策

　　我国未来气候变化总的趋势是变暖变干，广大的西北地区无论夏季，冬季还是全年平均温度都是增温的，夏季增温最明显，可高达 3～5℃，而年降水量普遍变化为 -1%～1%，而夏季降水量则可能有明显减少。因此未来气候将更为变暖变干，这无疑为我国广大地区生态环境带来更加严酷和不利的影响，如果任之发展则必然使干旱半干旱地区更加扩大，沙漠化进一步扩展和推进，给人民生活和经济发展带来更大阻碍和危害。这一问题必须引起我们高度重视，处处、事事、时时都要把未来气候这种可能变化以及其可能带来的影响纳入各种规划、计划、措施和行动中，防患于未然，付之于行动，切不可麻痹大意，无所顾忌，更不可忽视。要从未来气候变化可能带来的坏处着想和着手，预防在先，工作在前，使之立于不败之地。

7.2.1 新思路——环境善治的提出

随着政府职能的强化，市场体系和功能的不断完善及第三方运动的方兴未艾，我国沙漠化治理政策面临着新的机遇和挑战，要求对以公共行为规范的环境价值、环境服务、环境决策和治理等重新进行深层探究。"环境善治"（good environmental governance）的提出是建立在对市场与政府角色重新认识的新的治理理念基础上的（钟水映，简新华，2005）。

"治理"概念提出的直接原因就是为了克服和弥补社会资源配置中市场体制和国家体制的某些不足，但是治理本身也存在着许多局限性。由于在社会资源配置中存在着治理失效的可能性，很多学者和国际组织提出了"善治"或称之为"良好治理"（good governance）的理论，新治理模式所追求的最高目标就是实现善治（梁莹，2003）。概括地说，善治就是使公共利益最大化的社会管理过程，其本质特征在于它是政府与公民对公共生活的合作管理，是政治国家与市民社会的一种新颖关系，是两者的最佳状态。

因此，善治实际上是国家权力向社会的回归，是政府与公民间积极而有成效的互动与合作。正如世界银行（World Bank）1992 年的研究报告《治道与发展》中指出的那样，良好治理的基础在于政府的职能从"划桨"转变为"掌舵"。其中，公民社会是善治的现实基础，没有一个健全和发达的公民社会就不可能有真正的善治。

关于善治的衡量标准或构成善治的基本要素，较有代表性的是亚洲开发银行（Asian Development Bank，ADB）和联合国亚太经济和社会委员会（United Nations Economic and Social Commission for Asia and the Pacific，UNESCAP）提出的。ADB 提出的善治的 4 个基本要素包括问责、参与、可预测性和透明；UNESCAP 概括的善治包括参与、法治、透明、回应性、共识取向、公平与包容、有效性与效率、问责等八个特征（图 7-3）。通过文献回顾，我们将构成善治的基本要素总结为如下几个方面（何增科，

图 7-3　善治的特征（UNESCAP，2014）

2002）：合法性、透明性、责任性、法治、回应性、有效性、参与性和公正性等。

环境善治包括环境制度创新、市场机制运用、科技进步、能力建设，以及全球环境治理等各个方面。环境制度方面包括建立健全环境政策和法规体系及社会监督管理机制；能力建设方面包括强化政府管理职能，以及政府、市场和其他相关利益团体的协调与互动等；在全球和国际环境治理方面，则通过"积极引进"（资金、技术和经验）、"积极宣传"（成绩和举措）和参与等良性互动机制，推进全球环境治理和国际环境治理，"认真履行国际公约"，树立"良好国际形象"。正如《可持续发展世界首脑会议实施计划》指出的，国内善治和国际善治是可持续发展不可或缺的组成部分，而国际层面的环境善治是实现全球可持续发展的基本条件。

"环境善治"作为一种新的环境治理理念，完全可以应用于沙漠化防治方面。综合运用国家政府和公民社会的力量，同时积极加入市场经济、科学技术、民族文化等相关因素，制定有利于减少沙漠化威胁，防治沙漠化，同时又符合社会各个群体利益的优秀沙漠化防治政策。

7.2.2 构建善治体系

根据资源互相依存理论（宋言奇，2006），政府、市场、社会三种机制各有其优劣势、各有其适用范围和作用方式，并且相互依赖、相互补充。而治理改革将意味着政府、非政府和生产单位等不同角色间的比较优势会越来越明显。政府将集中力量注重框架和法规，并提供一些大规模投资；非政府部门将着重于信息收集、监测、预警，并反映不同的民意；生产单位则将注重引进新的清洁工艺流程和建立有效的处理设施。

但是，构建我国现代沙漠化治理体系依然面临着诸多困难和挑战。例如，公共治理涉及对我国传统权威理念、政府调控能力及行为方式的挑战，以及必须面对合作与竞争、开放与封闭、可治理性与灵活性、责任与效率等两难困境（鲍勃·杰索普，1999）。因此，为了实现环境善治和可持续发展，逐步构建我国现代沙漠化治理结构的支持体系就显得非常重要（图7-4）。

1.政策法律支持体系

法制是沙漠化治理的基础。我国已初步建立起由宪法、环境保护基本法、环境保护单行法、环境保护行政法规和环境保护部门规章等所组成的一个较为完善的环境保护法律体系（周生贤，2006）。但到目前为止，我国的环境政策法律支持体系仍存在着很多问题与不足，如经济和技术政策偏少、政策间缺乏协调、可操作性不强、执法监督薄弱、公众在政策制定过程中发挥的作用有限，以及缺乏完善的责任制和政策评估体系等。由于这些问题的存在，使我国环境政策法律缺乏应有的有效性和效率。因此，构建我国现代沙漠化治理体系需要进一步健全环境法制，完善环境政策体系。

1）增强防沙治沙法的可操作性

我国是世界上人口压力最大的国家，对土地的合理利用关系到子孙万代的幸福，

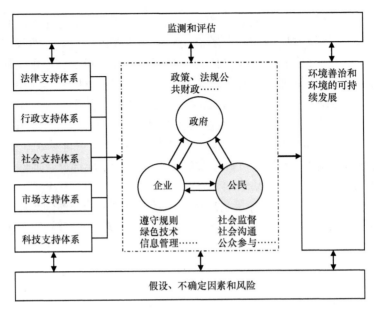

图 7-4　我国沙漠化治理结构支持体系的构建

荒漠化是对我国的严重威胁，我们不得不对之加以重视并采取各种方式加强对它的防治，加强法制化建设、加强对现有法律的清理、修改和补充并充分发挥其作用是一种具有立竿见影效果的方式。一部好的法律或者法规，只有具有较强的操作性、实施可行性，才算得上一部具有高效率的法律或者法规，这样也才能真正实现法的效率价值。对于《防沙治沙法》中过于原则、概括和笼统而缺乏实际操作性的条款，我们要加强研究，广泛征求法学专家、学者、高校法学专业课教师和学生甚至社会公众的修改意见，充分发挥公众参与的作用，通过合法的程序进行修改，在全国范围内增强其实施的效果，更有利于全国的荒漠化防治。例如，对于具有概括性的而不容易理解和把握的词汇和法律术语，可以通过公布相应的法律解释和法律常识读本加强宣传，便于社会公众知晓。对于程序性不明确、行政程序步骤不明朗的规定要尽快进行研究、修改和补充，使之有章可循。各地地方权力机关也可以结合自己本行政区域内的实际情况，通过各种《防沙治沙法》实施细则和办法，增强其实施性，快速推动本地的荒漠化防治工程和环境保护工作。

2）针对实际情况地方各级人民政府制定地方性法规

《中华人民共和国防沙治沙法》第四条规定：国务院和沙漠化土地所在地区的县级以上地方人民政府，应当将防沙治沙工作纳入国民经济和社会发展计划之中，保障和支持防沙治沙工作的开展。沙化土地所在地区的地方各级人民政府，应当采取有效措施，预防土地沙化，治理沙化土地，保护和改善本行政区域的生态质量。

甘肃省是中国沙漠戈壁及沙漠化土地分布大省，又是全国沙尘暴风源地之一，沙漠化危害十分严重，全省有 24 个县（市、区）地处沙漠地带，约 1000 万亩的流动沙丘直接威胁着绿洲的巩固与发展。改革开放以来，甘肃将防沙治沙作为生态建设的重点工程,加大力度予以治理。甘肃省九届人大常委会第 31 次会议通过了《甘肃省实施〈中

华人民共和国防沙治沙法〉办法》（以下简称《办法》），这意味着甘肃省防沙治沙工作
有了切合本省实际的法律保障（赵淑琴，2007）。这一《办法》规定，甘肃省境内的腾
格里、巴丹吉林和库姆塔格原生沙漠为封禁保护区，在封禁保护区内，严禁一切植被
破坏活动；这些区域如需进行铁路、公路等重点工程建设，应经省政府审核，报国务
院或其指定的部门同意；严禁在戈壁、风蚀劣地、固定沙地及沙丘等预防保护区安置
移民；严禁超采、超用水资源等。该《办法》亦要求，表彰奖励防沙治沙的先进单位
和个人，贡献突出的要给予重奖；凡违反《办法》规定的，将依法处罚，构成犯罪的，
依法追究刑事责任。这些具体明确的规定，使甘肃省在防沙治法过程中有了强硬的制
度保障，使防沙治法工作取得了显著的成效。各地人民政府应以甘肃省政府的立法举
动为榜样，根据本地方的实际情况，因地而异，制定出符合本地方防沙治沙工作的地
方性法规，以强有力的法律制度为后盾，切实搞好本地方的防沙治沙工作。

3）积极借鉴国内外沙漠化防治的有效经验

国外沙漠化防治经验的启示：全球受荒漠化影响的国家几乎各洲都有，主要集中
在非洲撒哈拉地带，但说到治理成绩显著的国家还数个别些发达国家。以色列、美国、
澳大利亚对荒漠化经过近几十年的科学防治，取得了巨大的成绩，其做法、经验及所
取得的效果，是目前世界各国所公认的，也是各国荒漠化防治所效仿的示范。这些国
家的做法和经验对我国荒漠化防治有积极的借鉴作用，具体表现在：

一是加强荒漠化防治的立法建设。以上国家防治荒漠化立法中，以色列制定了《水
法》、《植被保护法》等有关法律，规定水资源属国家所有，国家对地上、地下水资源
实行统一管理。美国在 1917 年针对海岸沙丘的破坏情况，也制定了防止植被破坏和保
护植被的法律，马萨诸塞州、路易斯安那州等地方都有相应单独出台了这方面的州法律。
为保护沙化土地美国 1933 年颁布的《农业调整法》《泰勒放牧法》。澳大利亚除了制定
有关管理法规，联邦议会 1936 年颁布的《草原管理条例》、1989 年制定的《土壤保护
和土地爱护法案》，1938 年新南威尔士州制定了澳大利亚第一部《水土保持法》，1940
年维多利亚州和其他州又相继制定了《水土保持法》。我国也应该进一步完善荒漠化防
治的立法体系，制定出一套切实有效、可操作性强的系统的法律制度。

二是建立良好的荒漠化防治机制。上述国家的经验表明，要做好荒漠化防治工作，
必须高度重视管理工作，强化管理措施。环境问题是宏观性的问题，单靠某些个人、企业、
组织，不可能解决好。这就使得政府不得不在环境治理过程中扮演主角，政府的作用
主要表现在：①强化防治荒漠化协调小组的职能，形成强有力的指挥系统；②加强对
土地开发利用的管理。过度利用干旱、半干旱地区水土资源是导致土地退化、荒漠化
的重要原因，要改变中国北方沙漠化现状，必须改革现行的草原管理体制，对草的管
理与对牲畜的管理实行分离，突出草地的生态功能，将草原划分为基本草场和生态草场，
生态草场应加强保护。同时，强化对荒漠化土地开发活动的监管，在荒漠化地区推行
综合执法制度，统筹荒漠化地区防治执法活动。鉴于目前林业公安机构比较健全，应
充分发挥它的作用，由其负责综合执法工作。

国内荒漠化防治经验的启示：根据内蒙古中东部地区的内蒙古科尔沁左翼后旗生
态经济圈治沙、赤峰市翁牛特旗玉田皋"四位一体"庭院经济开发模式、乌兰察布盟

后山"进一退二还三"防治荒漠化进展，以及沙坡头、洪善达克沙地的综合治理成效，我们可以看到科技支撑是荒漠化防治的有效途径，因此提高荒漠资源的综合高效利用对我盟荒漠化防治意义重大。一是结合阿拉善盟资金短缺的现状，我们可以实施小成本科技发展战略，如正在全盟部分环境适宜的地方开展"温棚-猪舍-沼气"三位一体的生态循环经济模式，该投入成本低、见效快可在合适的地方大力推广。二是加大科学植树力度，切实保障绿化成活率。面对严酷的自然环境，阿拉善盟人民的治沙热情却未减少过，每年地方政府投入大量人力物力在荒漠化和戈壁地区进行植树，但由于保护力度的不足导致成活率普遍偏低，如腰坝镇每年种植的树苗没过3个月就只能被农牧民拔出当柴烧去，然后来年再在同一块地上继续绿化。因此面对这样的恶性循环，地方政府应当加大看护力度，切实保障数目的成活率，而不是每年的"绿化政绩"。三是大力扶持沙产业，切实履行营利性治沙制度。阿拉善盟地区特殊的地理位置为沙产业兴盛提供了物质前提，充足的光照为太阳能利用、沙地种植提供了保障；瑰丽奇异的沙漠风光又吸引着无数的观光旅游者，以额济纳旗胡杨林生态旅游、巴丹吉林沙漠探险旅游等特色项目为旅游业发展提供契机；无限的风力资源，为能源利用是拓宽渠道。面对得天独厚的地理优势，政府应当把握机会，大力发展和切实保障沙产业，引导其走上正规法制的道路。最后，地方政府还应当开展与防治荒漠化工程配套的科技攻关研究，建立防沙治沙工程质量技术监督体系，完善和加强工程监测与效益评价。

2. 行政支持体系

在沙漠化治理中，行政手段是指行政机构以命令、指示、规定等形式作用于直接管理对象的一种手段，其主要特征在于权威性、强制性和规范性。虽然现代沙漠化治理结构一直非常强调由单一权威主体向多元主体过渡，由行政化手段向市场化和社会化手段转变，但这并不意味着后者完全取代前者。政府在现代治理结构中仍承担领导作用，是网络的中心，但是这与官僚制政府权力集中化不同，在现代治理结构中，政府的主要任务是确定目标和政策，成为回应社会的战略制定者；在政策和目标面前，动员各方参与，协商和合作，以便共同获益（朱德米，2004）。

如前所述，沙漠化公共治理模式是在传统环境管理模式基础上发展而来的，传统的自上而下的治理结构及与之相适应的命令和控制型管理手段仍会继续存在（任志宏，赵细康，2006）。当前，行政手段在我国环境治理中仍发挥着重要作用。虽然行政手段存在很多弊端，但这种方法也有其优势（UNDP，2002），包括能够为解决一个重要问题而广泛深入地动员全社会的力量，可以确保行动的重心放在那些对人们至关重要的问题上等。因此，构建我国现代沙漠化治理结构同样需要重视行政支持体系的建设，其关键不在于强化或减弱，而是在于明确其优势领域和作用空间。

在防沙治沙任务的地区，都要成立由党政主要领导负责的防沙治沙小组，建立领导干部任期防沙治沙目标责任制，并把防沙治沙工作的好坏作为考核领导干部成绩的重要内容。政府各部门和社会各方面按照各自的职责分工，各尽其职，各负其责，通力合作，紧密结合；各地的项目、资金、物资实行统一管理，集中配套使用，提高效益。做到投资一片，治理一片，见效一片。

1）创新管理制度

应建立由政府牵头的领导小组，计委、林、农、牧、水和环保部门主要负责人参与，以便与国务院近日建立的协调小组衔接，同时指导自治区生态环境治理工程的顺利实施。生态环境建设是涉及社会各个方面的综合性工程，政府有责任在建设中发挥组织、协调功能，各部门既要各负其责，各司其职，又要以全局观念加强协调配合，发挥整体效益。另外，适应市场经济要求的生态环境建设管理办法，规范建设行为，使生态环境建设制度化、规范化。

2）创新补偿制度

新颁布的《防沙治沙法》第条规定因保护生态的特殊要求，将治理后的土地批准划为自然保护区或者沙漠化土地封禁保护区的，批准机关应当给予治理者合理的经济补偿。这从宏观上保障了防沙治沙者的经济利益，为其解决后顾之忧。但是具体如何补偿，补偿的标准怎样，应根据各地具体实际情况应出台具体的解释说明。

3）创新产权制度

土地经营权的问题是解决沙漠化的核心问题，给人民一个稳定的、长期不变的政策，使人民拥有土地的长期的经营权，才会使对环境"涸泽而渔"的现象得到根本的改善，使人口、环境、经济得到良性健康发展。要实行土地责任制，所有权属集体，使用权归个人，长年不变，实行谁开发，谁使用，谁投资，谁受益的方针，给农牧民划自留山草地、沙漠化土地或责任山草地、沙漠化土地，限期治理，治理成果允许继承和转让。

3. 社会支持体系

沙漠化治理思想的演变和发展其实是一个逐渐强调以公民社会和环境 NGO 为主体的社会力量的作用和重要性的过程。而在沙漠化治理中强调公民社会的意义则在于（张世秋，2005）：以自下而上与自上而下相结合的思维方式替代自上而下的唯一观，认真看待社会具有的整合及自组织功能，强调营建社会基础进而渐进地实现民主决策过程，使社会变革和进步的推动力量由自上而下的模式逐渐过渡到自上而下与自下而上的相互运作相结合。在我国当前沙漠化治理结构中公民社会的力量较为薄弱，影响十分有限。因此，社会支持体系的建设对我国环境治理结构的重塑具有重要意义。社会支持体系的构建需要在社会公众环境权益、政府政策、公民社会能力建设等诸多方面开展工作，并做出相应的转变或调整。

（1）需要进一步扩展社会环境权益（夏光，2001），包括环境监督权、环境知情权、环境索赔权和环境议政权等。以环境知情权为例，信息公开是公众参与的前提条件，虽然我国已经在这方面开展了大量工作，如全国所有地级以上城市实现了空气质量自动监测，并发布空气质量日报。但信息公开在实践中仍面临诸多困难，如《中国水污染地图》所公布的"环境信息公开指数"显示，超过 100 个城市没有向公众提供任何有价值的水污染信息。

（2）政府应重新认识环境 NGO 在环境治理中所扮演的角色，放松管制，给环境

NGO 的成长与发展创造一个良好的法律政策环境。同时，环境 NGO 也需要不断加强自身的专业化能力建设。

（3）还应鼓励新闻媒体、学术机构及社区等其他社会力量积极参与中国的环境治理。例如，近年来媒体、学术机构与环境 NGO 联合开展的环境倡导活动，已经初步显示出它们在环境治理中所特有的优势和作用。

案例二（阿拉善 SEE 生态协会）：阿拉善 SEE 生态协会致力于内蒙古阿拉善地区的荒漠化防治，运用内生式社区工作手段，借助调查研究、教育培训、社区可持续发展、产业化调整等工作，紧扣荒漠植被恢复和农业节水两项生态指标，促进当地社区生产生活方式的改善，从而达到遏制阿拉善地区荒漠化趋势加剧的目的。

1）荒漠化基础研究

事实和数据是 SEE 行动的基础，我们调查阿拉善荒漠成因，研究治理办法，建立本地生物多样性数据库，同时与政府合作，探索相关政策模式。近年来，SEE 的科学研究项目（自然科学和社会科学），支持多家国内知名研究机构在阿拉善地区开展研究项目，范围包括"阿拉善腰坝绿洲地下水资源评价及可持续利用研究""基于 3S 技术的阿拉善盟生态环境动态监测与分析（1970～2007 年）""乌兰布和沙漠天然梭梭林遥感调查""阿拉善集体林权制度试点改革模式研究""乌兰布和沙漠水资源调查及其生态环境效应研究"等，通过以上研究项目，强化了对本区域沙生植物资源、水资源的保护，使优良的沙生植物资源和水资源能够得到持续发展，永续利用，为保护和利用沙生植物资源及水资源提供科学依据，使生态环境逐步向着良性循环的方向发展，从而为实现社会、经济、生态效益的统一奠定坚实的基础。

2）植被保护

荒漠化加剧最直接的反映是植被的退化，而植被破坏后反过来也会加速荒漠化进程。我们通过保护以梭梭为代表的荒漠植被，控制荒漠扩展。横贯阿拉善盟的梭梭林带，既是当地生态系统中的旗舰物种，又是防风固沙的天然屏障。由于不适合当地的生产生活方式的介入，导致了梭梭林锐减，直接影响了阿拉善的生态环境。

2004 年 8 月起，在中共阿拉善盟盟委、盟行政公署，阿左旗党委、左旗人民政府，吉兰太镇政府的共同支持下，SEE 运用内生式方法协助召素套勒盖农牧民开展能力培训、多元化养殖，能源替代，三位一体，以草定畜，草籽撒播等一系列项目活动，这些活动都是由牧民自主设计、自主实施、自主管理。项目过程促进了当地人内生与生态相适应的社区文化、生态资源和组织能力；适用的新技术推广应用及社区公共事务管理机制的建立与完善，使生态、生产和生活有机结合，最终促进人与生态环境的和谐发展。

（1）产业化调整：以保护和恢复天然梭梭林及其他植被，不断改善地区生态环境质量为目的，通过实施禁牧保护、舍饲圈养、发展沙产业等措施是当前农牧民摆脱生活困难，实现脱贫致富的有效途径。通过转产及沙产业开发，一定程度上缓解了人畜对天然梭梭林的破坏，真正走上生态效益型可持续发展的路子。

（2）能源替代：通过能源替代，直接减少了当地农牧民对于天然梭梭林的初级利用，减轻了当地人生存对梭梭林的压力。同时为牧区提供了新的能源使用理念。

（3）社区组织能力的建设：通过培训和亲历项目操作，使当地农牧民提高自我组织和管理能力，重构社区构架，组建适合于互助管理的社会组织体系。

（4）技能培训：对农牧民进行养殖、种植、舍饲管理、能源替代等方面的培训，使农牧民适应新的可持续的生产方式。同时，通过项目的发展，影响和推动政府在管理方法和思维体系上的改进。

3）地下水保护

地下水资源对于干旱区至关重要，而农业区不合理的水资源利用方式导致地下水位逐年下降，周边天然灌丛及草本植物因此衰退。通过调整作物，合理灌溉等方式，我们与农牧民一起，留住荒漠绿洲。在极端干旱的地区从事农业生产活动，其农业灌溉完全依赖于对地下水的抽取。目前阿拉善农业用水占到全盟总用水量的90%以上，因此在传统的农业绿洲，地下水资源的开采和保护将直接决定生态环境的好坏，影响当地人的生存、发展。

SEE 通过研究规划、农业作物结构调整、节水技术与工程引进、考察培训与农牧民能力建设等各种方式通过自身行动和政策影响方面推动目前粗放式的农业生产向节水高效的方式转变，推动农灌区的持续发展与地下水资源的保护。

4. 市场支持体系

实施以市场为基础的沙漠化政策和管理手段，必须具备以下几个条件，即完善的市场经济体制和灵敏的价格信号、相应的法律保证、配套的规章和机构及相应的数据和信息。但正如《中国人类发展报告 2002》指出的，在中国要成功地借助市场力量来控制环境行为，面临两个主要障碍：①中国经济仍不是一个成熟的市场经济，限制此类手段的使用；②设计和实施市场手段的能力不足。而市场是沙漠化治理中最为重要的主体之一，因此完善我国沙漠化治理的市场支持体系需要从多个方面入手。

从政府环境管理的角度，不仅需要在一定程度上强化现有的某些经济手段和措施，同时应尝试引进和发展更有效的环境经济激励手段及自愿性手段；企业应积极转变经营模式，提高自然资源利用效率，进行技术革新；同时，还应积极履行沙漠化治理责任，并把其作为企业社会责任的重要组成部分。正如迈克尔·E·伯特所言，真正具备竞争力的产业，往往把新出台的各类环境标准看成挑战，积极地应用创新加以应对；缺乏竞争力的产业则没有采取创新的取向，它们所做的只不过是与所有的法规相抗争。因此，随着中国经济的不断成熟与市场化的深入，着手构建将环境、资源生产率、创新及竞争力有机结合在一起的新的经济思维模式已成必须。

大力发展沙产业，把防治荒漠化与发展经济相结合。在传统观念中，很多人存在着一种认识上的误区，把防沙治沙看成是以改善生态环境为单一目标的社会公益事业，是游离于经济活动之外的一种特殊活动，防沙治沙是应该由政府承担的责任或义务，因此在实践中防沙治沙都是由政府规划、立项，政府投资治理和管理。其实沙化土地的治理，不仅有巨大的生态效益，还有可观的经济效益，是经济活动的特殊形式。

沙产业是 1984 年由我国著名科学家钱学森首次提出来的（黄帆，2009）。他认为，沙产业是在"不毛之地"上，利用现代科学技术，包括物理、化学、生物学等科学技术的全部成就，通过植物的光合作用，固定转化太阳能，发展知识密集型的农业型产业。沙产业作为知识密集型与农业型产业，可以在我国 174 万 km^2 的沙漠、戈壁和沙漠化土地上，"为国家提供上千亿元产值""为人类开拓新的食品来源"。沙产业理论的提出，使人们得以用全新的视角审视沙地及其资源，防沙治沙工作将由过去的被动防治走向主动开发利用沙地资源，寓环境保护于经济发展之中，既控制了沙漠化的蔓延，又为实现人类与自然的和谐发展指出了一条新的出路。

　　案例三：多年来，民勤地区在钱学森院士沙产业的理论指导下，在党中央的大力扶持下，立足沙区的光、热、水、土资源，在发展沙产业方面已初具成效。长期坚持实施"外保牧场、边锁风沙，内建绿洲，大力发展绿洲及边缘人工草地"的策略，在绿洲外围形成了乔、灌、草三位一体的防风固沙绿色生态屏障，在绿洲边缘发展了以苜蓿、甘草、马铃薯种植、酿造葡萄栽培、暖棚式饲养羊为主的沙产业（刘雨沛，2008）。此外，民勤所在的河西地区也大力实施"白色革命"，推广的温室技术，发展地膜粮食、棉花和温室大棚蔬菜瓜果；应用不同农作物生长在时间、空间和营养上的差异，发挥边际效益，积极示范推广多种形式的带状间作种植技术；以压低管道、U形渠疏水、温室滴灌、果树滴灌、地膜下渗灌、无土栽培等为主的节水生产技术的应用及暖棚式舍饲养殖业。形成了一批试验示范基地，有酒泉的暖棚式养羊业，酒泉、张掖、武威等地建成的一批玉米、小麦、牧草及瓜果良种繁育基地及草产品加工基地，酒泉、金昌、武威等地的啤酒大麦、啤酒花种植及加工，武威、民勤等地的酿造葡萄基地的建立，莫高、皇台等名牌企业的酒的加工生产。这些地区沙产业的发展，已经发展成为当地的支柱产业和新的经济增长点，同时也带动了当地农林牧业的发展和产业结构的调整，实现了生态和经济的双赢局面，堪称沙产业的典范。沙产业不同于传统农业，它的发展有赖于科技的推广和应用，因而，在考虑发展沙产业时，必须因地制宜，结合本地特点，既看到经济利益也要注重生态效益。国家已针对相关地区制定了《沙产业发展指导意见》，明确了沙产业发展的原则、规范沙产业开发范围和内容，确定不同区域的产业发展重点和方向。

　　案例四（人民网，2011）：库布齐亿利集团从防沙、绿化开始，亿利资源就以创新的思维埋下了产业化治沙的种子，而且始终坚持技术创新发掘沙漠经济价值和生态价值的最大化。这是亿利资源治沙模式的核心关键之所在。企业把库布齐沙漠作为生态绿化、发展沙漠经济的一盘大棋，主要发展了三块沙漠产业。

　　一是利用广袤的沙漠空间，大规模种植了既能防风固沙又能产业化应用的甘草、肉苁蓉、藻类等沙旱生中药材，构筑了产值 40 亿元的甘草现代化产业，同时也构建了有益健康、关爱生命的"天然药圃"。

　　二是利用沙漠独特的自然景观，并加以巧夺天工的点缀，发展了库布齐沙漠七星湖低碳旅游产业，构建人类与沙漠和谐相处的生命乐园。

　　三是依托广袤的土地空间和 20 多年的生态建设成果，发展了清洁能源、生物质能源、太阳能光伏产业。就是变沙漠劣势为优势，在大规模防沙绿化的同时，实施了清洁能源生产与沙漠碳汇林建设有机结合的"1+2"工程，即到 2013 年，清洁能源总投资达到 1000 亿元, 并在目前 5000km^2 绿化面积的基础上, 新增 2000km^2 的碳汇经济林面积。

2011 年年初亿利资源联合了中国七大民营企业, 采取发展清洁能源和沙漠生态碳汇相结合的举措, 在库布齐沙漠建设了"库布齐清洁能源基地", 主要发展煤制乙二醇、化肥、天然气、MTO、生物能源、太阳能电站电池组件。目前, 项目正在紧锣密鼓的建设之中。亿利资源在 2013 年, 也就是亿利成立的 25 周年, 我们实现了两个目标——清洁能源总投资 1000 亿元, 绿化库布齐沙漠 1 万 km^2。

5. 科技支持体系

环境科技在解决重大环境问题、建立环境管理制度等方面发挥着重要的引领和支撑作用。国家环保总局在 2006 年 6 月 27 日发布的《关于增强环境科技创新能力的若干意见》指出 (国家环保总局, 2006), 我国环境科技的现状还不能适应环保形势发展的需要, 主要表现在环境管理与决策缺乏依靠科技的工作机制、环境监测和执法的技术支持不力、污染防治储备技术不足、科技成果转化率较低、环境科技投入不足, 以及尚未形成稳定的环境科技投入机制等诸多方面。加强科技推广工作, 建立健全科技推广服务网络, 设立专项科技成果推广资金, 对实践中研究出来的有效的防治技术, 如飞播造林治沙技术、小经济生物圈技术等进行大力推广。可以从以下方面三个方面着手。

1) 提高全民生态安全意识

建议加强对各级领导干部的教育培训, 借助各级党校和干部培训机构对各级党政干部进行生态安全方面的基本知识和有关法规政策的培训, 增强各级领导干部维护生态安全的使命感, 提高他们依法办事的能力。要进行全民生态安全意识教育, 特别是对青少年的教育, 要从小开始, 学校应该开设生态安全课程。在全社会形成人人懂得生态安全、个个维护生态安全的良好氛围。利用电视、广播、展览等传媒工具, 诸如知识竞赛、有奖问答、宣传画报多样形式的生态环境科普宣传教育, 使全社会了解维护生态安全的必要性和紧迫性。积极培育生态文化, 通过生态教育进学校、进家庭、进社区, 建设生态文化设施, 提倡绿色消费, 推广环境标志产品, 开展生态公益活动等综合措施。进一步加强舆论监督, 表扬先进典型, 揭露违法行为, 完善信访、举报和听证制度, 充分调动广大人民群众和各民间团体参与维护生态安全的积极性。

2) 加强科学技术研究来支撑生态安全的维护

科学技术是一个国家、地区兴衰的关键所在。引进固沙技术、舍饲技术等科学技术, 使粗放生产方式转变为集约生产方式, 提高农畜产品的科技含量, 提高农畜产品的质量, 走"科教兴区"之路, 建议加强对维护生态安全的科技研究。组织力量就环境污染防治、清洁生产工艺、循环经济、生态工业、生态环境恢复与重建等方面的关键技术开展科技攻关, 制定优惠政策鼓励优先发展符合生态要求的技术、工艺、设备和能够降低环境负荷、有益健康的生态产品。加强软科学研究和攻关, 开展工业生态化、农业生态化、城市建设生态化系统理论研究, 为保障生态安全提供科学的决策依据。

对此，政府需要从完善环境管理科学决策机制、搭建环境科技创新平台、实施环境标准体系和技术管理体系建设、加强环保科技基础能力建设及建立多元化的环境科技投入机制等方面入手，逐步构建我国环境治理技术支持体系。但这里需要特别强调，我们需要在一个更广泛的背景下把握技术特征和变化的主要趋势。正如 Arnulf Grubler 所言，任何技术的变化，不管是"渐增的变化"还是"根本的变化"，都来自经济系统的内部，是新的机会、刺激、缜密的研究与开发、实验、营销和企业家努力的结果。所以，环境技术支持体系的构建同样需要环境治理多元主体的共同参与、互动和合作。

3）改变农牧业生产经营方式

沙漠化地区粗放、落后的农牧业生产经营方式是产生"五滥"的根源，也是生产力发展水平低的重要原因之一。为了制止"五滥"、消除贫困，必须改变农牧业生产经营方式，变分散、粗放经营为集约、规模经营。农业上：一是建设基本农田，大力改造中、低产田，以稳产高产增效益；二是坚持开展以农田水利为重点的农业基础设施建设，增加有效灌溉面积，普及节水灌溉技术；三是调整土地利用结构，宜农则农，宜林则林，宜牧则牧，已开垦的不宜农耕地要退耕还林还牧；四是强化科教兴农，发展高产、优质、高效的生态农业。牧业上：建设人工草场，改良天然草场，建立人工饲料基地，以草定畜，做到畜草平衡；由收取"割头税"改为按牲畜头数收税，以降低存栏率、提高出栏率和商品率；严格放牧制度。

案例五（腾讯科学，2015）：对于近期美国加州创历史记录的干旱气候，政府显然没有太好的方法。目前，洛杉矶政府提出一项独特的方法保护水资源，政府组织人力在洛杉矶水库倾倒了 9600 万个"遮光球"，覆盖了水库表面。8 月 11 日，最后一批黑色遮光球倒入水库。它们覆盖在水面上，可以避免灰尘、雨水、化学物质和野生动物对水质的污染，减少水分蒸发。这些黑色球漂浮在水面上，阻挡紫外线照射，从而避免水分蒸发。通过这种方式，还能避免水质化学反应生成溴酸盐等致癌物质。这些黑色遮光球是由聚乙烯材料制成，每个成本 36 美分，它们都是黑色，因为只有黑色能够偏转紫外线。洛杉矶水电局退休生物学家布莱恩 - 怀特（Brian White）博士是提出使用遮光球改善水质的第一人，称这些遮光球有望比其他类似技术节约 2.5 亿美元。

参 考 文 献

鲍勃·杰索普. 1999. 治理的兴起及其失败的风险: 以经济发展为例的论述. 国际社会科学杂志(中文版), (1): 31~48.

布鲁斯·米切尔. 2004. 资源与环境管理. 北京: 商务印书馆.

丁文广. 2008. 环境政策与分析. 北京: 北京大学出版社.

国家环保总局. 2006. 关于增强环境科技创新能力的若干意见. 环境保护, (16): 11~15.

何增科. 2002. 治理、善治与中国政治发展. 中共福建省委党校学报, (3): 16~19.

荒漠化防治. 一亿棵梭梭. 地下水保护. 2015-7-10. 阿拉善SEE基金会: http://www.see.org.cn/Foundation/Home.

黄帆. 2009. 内蒙古阿拉善盟地区荒漠化防治的法律问题研究. 兰州: 西北民族大学硕士学位论文.

联合国开发计划署(UNDP). 2002.中国人类发展报告2002: 绿色发展必选之路.北京: 中国财政经济出版

社, 72~77, 84.

梁莹. 2003. 治理、善治与法治. 求实, (2): 50~52.

刘雨沛. 2008. 我国荒漠化防治法律问题研究. 长沙: 中南林业科技大学硕士学位论文.

齐顾波, 胡新萍. 2006. 草场禁牧政策下的农民放牧行为研究——以宁夏盐池县的调查为例. 中国农业大学学报(社会科学版), (2): 13.

任志宏, 赵细康. 2006. 公共治理新模式与环境治理方式的创新. 学术研究, (9): 92~98.

宋言奇. 2006. 非政府组织参与环境管理: 理论与方式探讨. 自然辩证法研究, (5): 59~63.

腾讯科学. 2015. 美国加州大旱水库用9600万个塑料球保存水分. http: //tech.qq.com/a/20150813/009377. htm?pgv_ref=aio2015&ptlang=2052#p=1. 2015-8-13.

夏光. 2001. 环境政策创新. 北京: 中国环境科学出版社.

肖晓春. 2007. 民间环保组织兴起的理论解释——"治理"的角度. 学会, (1): 14~16.

叶文虎. 2002. 环境管理学. 北京: 高等教育出版社.

亿利资源集团库布齐沙漠生态治理和沙漠新经济发展情况介绍. 2015. 人民网: http://news.cntv.cn/china/20110708/112288.shtml.2015-7-12

张世秋. 2005. 中国环境管理制度变革之道: 从部门管理向公共管理转变. 中国人口·资源与环境, (4): 90~94.

赵哈林, 赵学勇, 张铜会, 等. 2003. 科尔沁沙地沙漠化过程及其恢复机理. 北京: 海洋出版社.

赵淑琴. 2007. 西北地区沙漠化防治的法律对策研究. 甘肃: 西北民族大学硕士学位论文.

钟水映, 简新华. 2005. 人口、资源与环境经济学. 北京: 科学出版社.

周生贤. 2006.全面加强环境政策法制工作, 努力推进环境保护历史性转变. 环境保护, (12): 8~14.

朱德米. 2004. 网络状公共治理: 合作与共治.华中师范大学学报(人文社科版), (2): 5~13.

United Nations Economic and Social Commission for Asia and the Pacific (UNESCAP). What is good governance. http: //www.unescap.org.　2014-10-25.

后　记

　　2011 年年初，本人有幸得到兰州大学副校长、兰州大学西部环境教育部重点实验室主任、兰州大学"985 建设平台"首席科学家陈发虎教授（现为中国科学院院士）的信任和委托，授权我组织团队申请国家科技支撑计划课题"重点领域气候变化影响与风险评估技术研发与应用"项目下"气候变化对沙漠化影响与风险评估技术"课题的申请，深感责任重大。于是，本人以严谨的科学态度，以高度的责任感和使命感积极遴选项目团队成员，组成了以兰州大学西部环境教育部重点实验室、中国科学院地理科学与资源研究所和中国科学技术信息研究所为主体的研究团队，有 18 名研究人员参与该课题的申请和研究。2011 年年底，该项目顺利立项，实施期限为 2012 年 1 月至 2015 年 12 月。

　　在以往四年的研究期限内，研究团队以课题组组建的多学科交叉的创新团队为核心，发扬锲而不舍的精神、严谨的科学态度，以三家合作机构为平台，特别是在中国科学院院士、兰州大学"985 建设平台"首席科学家陈发虎教授，本项目首席科学家、中国科学院地理科学与资源研究所吴绍洪研究员和科技部社会发展司康相武处长等领导的全力支持下，充分发挥了合作机构在干旱半干旱和沙漠化领域的研究优势及研究成果，在自然地理学、大气学和生态学等长期且雄厚的积累基础上和新兴学科（如遥感与地理信息系统、环境社会学）的推动下，开展了富有成效的研究，顺利完成了研究任务。

　　参与研究的团队成员包括兰州大学西部环境教育部重点实验室和资源环境学院的丁文广教授、颉耀文教授、李丁教授、巩杰副教授、汪霞副教授、蒋志勇讲师等；中国科学技术信息研究所的佟贺丰研究员、杜红亮副研究员和封颖副研究员；中国科学院地理科学与资源研究所的许端阳副研究员、任红艳副研究员、李征副研究员、蔡红艳助理研究员等。在研究过程中，兰州大学资源环境学院的研究生冶伟峰、许婪、赵晨、徐浩、陈利珍等 30 多位研究生先后积极参与了该项目，在遥感解译、制图、数据分析和处理、二手数据查阅等方面作出了重要贡献。作者借此机会，对上述参与研究的所有成员致以最诚挚地感谢！

　　该课题团队成员年龄结构和知识结构合理，凸显了以中青年组合的交叉学科团队的优势。该项目产生的著作、论文、模型、研究报告和相关技术将以数据信息库的形式储存，除了涉密资料外，其他资料将通过科技部、中国科学院和兰州大学的数据信息库共享，可供研究者和决策者参考，为国家的社会经济发展提供支撑服务。

　　因研究团队的能力有限，本著作反映的研究成果可能存在不足，敬请相关领域的研究者和同仁提供批评指导。您的批评和指导是我们学术进步的动力！

丁文广

2016 年 3 月 9 日于兰州大学观云楼